日本自動車産業の海外生産・深層現調化とグローバル調達体制の変化

リーマンショック後の新興諸国でのサプライヤーシステム調査結果分析

清 晌一郎 編著　Sei Shoichiro

社会評論社

はしがき

　本書は、文部科学省科研費プロジェクト「自動車産業におけるグローバルサプライヤーシステムの変化と国際競争力に関する調査研究」（2011 — 2016 年度、研究代表者清晌一郎関東学院大学教授）の成果の一部を取りまとめたものである。本プロジェクトでは、すでに 2016 年 4 月に、日本国内の自動車部品 1 次サプライヤー 600 社、2 次・3 次サプライヤー 7,000 社を対象としたアンケート調査を実施し、並行して実施したインタビュー調査、地域研究の成果を取りまとめて、「日本自動車産業グローバル化の新段階と自動車部品・関連中小企業」と題して出版した（清晌一郎編著・2016 年 4 月 1 日社会評論社刊）。当然のことながら、ここでの主要な関心は、急速に海外生産が拡大する時代における、日本国内の 1 次、2 次・3 次サプライヤーの間で顕著になる格差の拡大、両極分解の内容を解明することにあった。

　本書はこれに続いて、本プロジェクトの主要な問題関心である、自動車産業のグローバル化の進展に伴う資材・部品調達システムのグローバルな変化に関する調査・分析結果を取りまとめたものである。「日本・地域別」に対する「グローバル・テーマ別」とでも特徴づけられる本書の各論文は、2011 年〜 2015 年にかけて実施された海外進出企業実態調査をそのベースとし、さらに各人が個別に実施した膨大な海外渡航調査の結果が反映されている。このうちプロジェクトが中心となって集団で実施した調査は以下のとおりである。

　2012 年　3 月　インド

　2013 年　3 月　インドネシア　　9 月　タイ

　2014 年　3 月　ベトナム　　　　9 月　台湾

　2015 年　3 月　メキシコ　　　　9 月　ドイツ

この間、本プロジェクト「チーム調査」の訪問先企業はおよそ70社にものぼるものとなった。これ以外にメンバーによる海外調査は、中国、韓国、ブラジル、アメリカ、フランス、イギリスなど、極めて広範なものとなった。この調査結果の掘り下げた分析は、参加者それぞれの課題でもあるが、ともかくもリーマンショックの後、激変する世界の自動車産業の海外オペレーションの実態を記録できたことは大いに意義があると考えている。上記の海外渡航調査を実施した2011年12月〜2015年に至る時期の、日本自動車産業の海外生産とグローバル調達をめぐる情勢はおよそ以下のようなものあった。

① 2008—09年のリーマンショックの影響から立ち直る過程において、海外生産の急拡大が始まった。2009年の海外生産台数1,012万台に対し、翌年から1,318万台、1,338万台、1,586万台、1,676万台、そして2014年には1,747万台に達するものになった。この間の世界自動車生産台数の45%増に対して、日本のそれは51%、海外生産だけ見れば73%増という驚異的な水準に達した。

②この背景の一つは、リーマンショック後、かつ東日本大震災後の過酷な状況の中で円高が高進し、1ドル＝70円台まで達した点にある。しかし海外生産拡大の理由を円高だけに帰することはできない。リーマンショックの2008年、9年時点から海外生産台数が急増する結果を見ると、この設備投資が稼働する以前、すなわち2000年代初頭から中葉にかけて、リーマンショック以前の段階でこの海外生産拡大が準備されていたことに疑いはない。一般に企画から生産開始まで4〜5年はかかるからである。

③以上の海外生産の本格的増大の国内関連産業への影響は甚大なものがあった。ピークの1985年には74.9万事業所あった製造業事業所数は、2008年には44.3万事業所と、ほぼ高度成長初期の数値に減少し、従業員数でもピークの1985年に1,154万人から2008年には873万人に激減していた。自動車産業はこの中で製造部門従業員数814,000人と90年代初頭の水準を維持してきたが、リーマンショック以降、事業所数、従業員数、出荷額とも

に顕著に減少し始めたのである。

　問題は、この海外生産急増と並行して進められた「現調率の拡大＝深層現調化」の推進であり、またそれを補完する「グローバル・部品調達ネットワークの形成」である。本書のタイトルとなった「深層現調化」は、この時代を代表する調達政策であり、リーマンショック以降の時代の海外生産を支える現地調達システム分析に格好の切り口を提示している。1ドル＝79円台までの円高のなかで日本企業の追求する高品質での調達と新興国での低価格水準をどう解決するのか、2010年代の日本自動車産業の海外生産が直面した課題は、この一点にあった。

　当然のことながら、この問題解決のためには、日本自動車産業のグローバル戦略の転換が求められるものと考えられた。なぜならば、先進国との競争において圧倒的な優位性を誇示してきた「日本的生産方式」が、特にコスト面でインド・中国を含む新興国では通用しないことが懸念されていたからである。周知のように、1970年代以降、日本の自動車産業は欧米先進諸国との競争において、日本的労使関係と日本的系列下請関係を軸とした日本的生産方式を完成させ、これを武器として世界戦略を展開してきた。しかし21世紀に入って主たる戦場となった新興諸国の賃金水準は圧倒的に低く、産業基盤は脆弱であり、日本資本主義の「後進国的側面」を軸とした日本的生産方式では戦えないことが予想された。日本企業はこれに替わって、新しい戦略方針を見つけ出さねばならなかったのである。

　以上の情勢の中での本プロジェクトの調査・研究の具体的な出発点は、中国自動車産業に続いて次第に成長を始めたASEAN地域に着目し、インド、インドネシア、タイ、ベトナム、台湾、そしてメキシコと、新興諸国における自動車産業発展の現状を調査することにおかれた。このなかで、比較的歴史のあるタイ、インドネシアと、新興の中国・インドは当然状況が異なっていることが想定され、特に後者は産業基盤はぜい弱であり、設備機械・治工具や金型などの調達、部品やボディ関係の加工品などの調達、技術者・マネージャー、現

5

場作業者などの人材確保など、あらゆる側面で蓄積が不足しているものと思われた。これらの国々で、果たしてどのような形で産業基盤の移転・定着と発展が可能であるか、新興国の低コストへの対応はどのように可能か、我々にとっては非常に関心を呼ぶテーマだったのである。

　本書を構成する各論文は、かなりの幅があるこれら諸問題について、参加メンバーのそれぞれが独自の視点で執筆したものである。新興国を中心とした海外渡航調査結果の分析を行い、グローバルな視点からサプライヤーシステムの変化に着目し、それぞれの問題関心に沿って執筆したこれらの論文は、独自に視点に基づいた論考である。従って、全体が整合的・統一的であるとは必ずしも言えないが、ある程度のグルーピングができるので、本書では、全体を3つに区分して下記のように編成することとした。

Ⅰ．総論
Ⅱ．日系自動車メーカーのグローバル生産展開とサプライヤーシステム管理
Ⅲ．サプライヤーのグローバル経営とサプライヤーシステムの変貌

　第Ⅰ部は総論である。21世紀に入って以降のグローバルサプライヤーシステムの変動について、本書のタイトルとなった「深層現調化」と「日系系列」の形成を取り上げたほか、より包括的にグローバル生産ネットワークの戦略再構築の分析を配置して総論とした。

　第Ⅱ部は、「日本自動車メーカーのグローバル生産展開とサプライヤーシステムの管理」として取りまとめた。トヨタのグローバルサプライチェーン・マネージメント、インド市場におけるスズキ、トヨタの取り組み、サプライヤー一体となったマツダのJ－ABC活動、タイ洪水に対処するホンダとサプライヤーの取り組み、そしてアジアのフロンティア、ミャンマーの分析である。

　第Ⅲ部は、「サプライヤーのグローバル経営とサプライヤーシステムの変動」というタイトルでまとめた。メキシコ、中南米、タイ、インドネシア、ASEANを対象とし、それぞれ新しいサプライチェーンマネージメント、日系

企業がほとんど進出していない地域での調達体制、日系中小企業間の連携可能性の分析、日系企業進出の受け皿である工業団地、さらに生産現場にも目を向けた生産組織の移転可能性、人材とサプライヤー育成の取り組みの順で配置した。

　このような形で本書を取りまとめてみた結果、編集の最終段階になって次第に重要な事実が明らかになってきた。それは、日本自動車産業のグローバル生産拡大の中で、日系自動車メーカーと日系部品メーカーとの取引が巨大なものとなっており、海外進出日系企業は、その中にいるだけで充分にビジネスが成立するだけの枠組みが成立しているという点にある。本書の成立した経過との関係でいえば、「中国・インドにおいて日本的生産方式の移転が成立するか」という問いに対して、「日系企業同士の巨大な取引ネットワークの形成」がその回答だったということである。この内容の分析は今後の課題である。ともあれ「日本的生産方式の移転」が「日系企業同士の取引ネットワークのグローバルな拡大」によって可能となるという、この重要な傾向を提示できたことは、本書の最大の成果だったということができるかもしれない。

　最後に、本書の執筆にかかわるインタビュー調査、工場見学、その他の情報収集に、実に多くの方々のご協力をいただいた。いちいちお名前は記さないが、心から感謝申し上げたい。また本書の編集に際しては、実質的に京都産業大学の具承桓先生には、原稿のとりまとめから索引の作成まで、大変なお骨折りをいただいた。併せて感謝申し上げたい。

　2017 年 2 月

研究代表者・関東学院大学教授　清晌一郎

日本自動車産業の海外生産・深層現調化と
グローバル調達体制の変化

リーマンショック後の新興諸国でのサプライヤーシステム調査結果分析

目次

第5章 サプライヤーとの協力体制の刷新 ―― 木村 弘・145
AAT：A-ABC活動を中心にして

第13章　深層現調化に見る「ヒトとサプライヤーの育成」

タイにおける日本型組織編成原理の発現

第Ⅰ部

総論

第1章

海外現地生産における「深層現調化」の課題と巨大「日系系列」の形成

清晌一郎

　2010年代に入って、中国・ASEAN・インド、次いでメキシコで急速に生産を拡大しつつある日本の自動車メーカーは、現地の低コストに対応するために2次・3次メーカーから調達する資材・部品の、現地調達への切り替えを進めてきた。現地企業はこのような購買システムの転換を、「深層現調化（深層現地化、NET現調化）[1]」という新しい用語で表現し、海外生産が本格的に巨大化する時代における新しい調達システムを構築しようとしてきた。「深層」という用語からも類推されるように、この新しいシステムの特徴は、現地における資材・部品の調達について2次・3次の、より深い階層までの調達を現地化しようとする点にある。これは以下の2点で我々の関心を引く。第一に、関連部品の輸出によって潤ってきた日本の2次・3次下請けの経営に直接の影響を与える点であり[2]、第二は、基礎的な産業・技術基盤が脆弱で、かつ従来の日本的生産方式の通用しない中国・インドなどで、どのようにして現地化が可能なのか、という点である。

　しかし問題はこれにとどまらない。特に後者についていえば、実際の「深層現調化」は、現地企業の開拓や指導・育成、外資系部品メーカーの使っている現地企業の発掘、あるいは日系2次・3次サプライヤーの海外進出、さらに1次サプライヤーによる内製化など、様々な方向での取り組みが必要となる。その中でどうやら重要な役割を果たしているのは、「日系サプライヤーの生産拡大と相互依存」であるように思われる。現地に進出した日系企業同士が、従来の「系列」の枠を超えて相互に発注を行い、取引を継続して意味のある企業間関係を

構築していく。日系だからこそ成り立つこのような関係を、本稿では「日系系列[3]」の形成という用語で表現した。

　ここで問題となるのは、「現地化の困難」と「日本的生産方式の優位性」の内容である。日本で常態化している企業間取引慣行や雇用・労働慣行が、結局は海外現地生産でも重要な意味を以って立ち現れる。しかしそれは現地に「移転」されるというよりも、むしろ「日系企業同士の相互依存の拡大[4]」という形に結び付いたのではないだろうか。仮にそうだとすれば、日本企業が本格的に海外現地生産を開始してから 40 年近く、改めて「現地化の困難」が新しい形態で表面化したことになる。様々な実践を重ねてきた上でのこの問題提起には重いものがあると言わねばならない。

　本稿では、「深層現調化」を通じて問題提起された「日本的生産方式」の意義と限界について、取引関係における「日系系列」の特質および日本型職種構造の特質を取り上げ、論じてみたい。本稿の構成は以下のとおりである。

　　1．リーマンショックを契機とした海外部品調達構造の転換
　　2．「深層現調化」を必要とする理由＝見かけの現調率と現地生産のコスト高
　　3．「深層現調化」への多様な取り組みと「日系系列」の形成
　　4．日本的「企業化取引関係」と「職種構造」の特質

1　リーマンショックを契機とした海外部品調達構造の転換

　日本自動車産業の海外生産台数は一貫して拡大を続けており、海外における部品調達金額もこれに応じて増加の一途をたどっている。しかし、海外生産に対する部品供給の構造は、2007 年のリーマンショックを契機に大きく転換することとなった。2000 年代前半には海外生産の増加に伴って部品輸出も増大し、また国内市場の堅調もあって自動車部品の国内出荷額は増加していたのに対し、2007 年以降は、自動車の海外生産が激増し、総生産台数は増加しているのに対し、自動車部品の輸出は停滞し、国内部品出荷額も 2007 年のピークを、

2016年になっても回復できない状況が続いている。

（1）2007年を契機とする輸出・出荷動向の転換

　表1、全世界の自動車生産台数は2001年の5,637万台から2015年の9,080万台に増加し、1億台の大台に近づいている。日本自動車産業の総生産台数は世界のほぼ30%程度を占め、2000年の1,682万台から2015年の2,737万台まで1,055万台、63%の増加を見せている。うち国内生産台数はおよそ100万台減少したのに対し、海外生産台数は2000年の629万台から2015年には1,809万台へと、2.88倍の増加となった。

表1　自動車および自動車部品の海外・国内生産動向

| 年次 | 世界生産台数（万） | 日本全生産台数（万台） | | 日本自動車部品工業会調査（百万円） | | | 海外拠点数（生産） | 年平均為替レート |
		国内生産	海外生産	部品海外売上高	部品国内出荷額	部品輸出額		
2001	5637	1682	1014	668	37,007億円	13,552,401	1,565,307	1182	121.52
2002	5899	1771	1026	765	48,860	14,383,817	1,853,652	1237	125.39
2003	6066	1890	1029	861	53,042	15,228,001	2,049,760	1323	115.93
2004	6450	2032	1051	980	54,630	16,013,930	2,271,051	1425	108.19
2005	6655	2140	1080	1060	61,980	17,565,033	2,628,457	1475	110.22
2006	6922	2245	1148	1097	87,483	19,002,664	2,893,023	1539	116.30
2007	7327	2346	1160	1186	93,454	20,916,462	3,248,688	1626	117.75
2008	7052	2323	1158	1165	7.8兆円	17,901,376	2,544,033	1562	103.35
2009	6179	1805	793	1012	6.0兆円	16,657,435	2,727,187	1598	93.57
2010	7763	2281	963	1318	6.2兆円	17,789,938	3,194,399	1645	87.78
2011	8009	2178	840	1338	61,210	18,266,102	3,224,026	1752	79.80
2012	8424	2580	994	1582	88,852	17,797,813	3,170,904	1858	79.79
2013	8750	2639	963	1676	101,704	18.9	3,645,574	1949	97.60
2014	8975	2724	977	1748	139,261	19.8	3,937,146	1989	105.94
2015	9080	2737	928	1809	167,323	—		1986	121.04

出所：日本自動車工業会、日本自動車部品工業会、他。

　その一方、日本自動車部品工業会調査による自動車部品国内出荷額の動向を見ると、2000 年代に入って部品産業の国内出荷額は順調に増加し、2007 年には 20.9 兆円に達した。この間、国内生産は 1,014 万台から 1,160 万台へと 146 万台増加したのに対し、組み付け用自動車部品の出荷額は 9.35 兆円から 13.16 兆円へと、かなり早いテンポで増加している。この時期の海外自動車生産は 2000 年の 629 万台から 2007 年の 1,186 万台へと 550 万台、88％の増加を示した。対応する自動車部品の輸出は 1.5 兆円から 3.25 兆円に増加しており、2007 年以前は、国内生産、海外生産とも順調に増加し、並行して自動車部品出荷額・輸出額も順調に推移していたことがわかる。

　問題は 2007 年のリーマンショック以降である。2009 年の国内自動車生産は 793 万台にまで激減、2010 年代に入っても 950 万台水準で低迷しており、これに対応して、組み付け用部品の出荷額も 11 兆円程度で停滞している。他方、2007 年以降の自動車海外現地生産は 2010 年 1,318 万台、2013 年 1,582 万台と急増しているのに対し、自動車部品の輸出向け出荷額は 2008 年に 2.5 兆円、09 年 2.7 兆円、10 年に 3.2 兆円となるが、それ以降、停滞状況にある。すなわち、2007 年以前は海外現地生産の増加に対応して、自動車部品輸出が増加したのに対し、2007 年以降は、海外生産の激増にもかかわらず、自動車部品輸出は増加していない。このことは、2007 年以降の自動車産業の海外生産拡大に際して、海外生産の増加分に必要な自動車部品は、日本からの輸出に代わって、海外からの直接の調達で賄われたことを示している。

（2）貿易統計による検証

　ところで日本自動車部品工業会の出荷動向調査は会員企業へのアンケート調査であり、日本の主要部品メーカーを含んでいるが、対象が会員企業だけで、企業数も回答率も毎年変化するなど、正確な統計データではない[5]。一般に自動車部品統計に関しては、財務省関税局の『貿易統計』における SITC コード第 784 項などが使われるが、この場合も代表的な自動車部品だけが対象となって

表2　日本の自動車部品貿易

年	貿易収支（億円）			増加率	
	輸出	輸入	（純輸出）	輸出	輸入
2000	41,254	6,998	34,256		
2001	41,289	8,038	33,251	0.1	14.9
2002	45,522	9,703	35,819	10.3	20.7
2003	47,959	10,279	37,680	5.4	5.9
2004	52,698	11,296	41,402	9.9	9.9
2005	57,797	12,982	44,815	9.7	14.9
2006	61,962	16,502	45,460	7.2	27.1
2007	68,485	19,637	48,848	10.5	19.0
2008	64,365	20,028	44,337	-6.0	2.0
2009	47,395	11,955	35,439	-26.4	-40.3
2010	62,472	15,747	46,724	31.8	31.7
2011	61,597	15,543	46,054	-1.4	-1.3
2012	64,194	17,626	46,568	4.2	13.4
2013	69,880	21,481	48,399	8.9	21.9

出所：藤川昇悟、「日本の自動車部品貿易と企業のグローバル化」（阪南論集 51 − 1）より転載、原資料は貿易 DB。

おり、カバレッジの点で問題がある。

　そこで西南学院大学の藤川昇悟氏の分析結果を表2で見ると、[6]自動車部品輸出額は、2000 年の 4 兆円規模から 2007 年には 7 兆円規模まで増加しており、この時期の増加率はおおむね年率 10％水準であることが分かる。同じ時期の自動車部品工業会の出荷動向調査が 1.5 兆円から 3.25 兆円への増加を示しているから、部品工業会調査のカバレッジは藤川氏の解析の半分以下であるが、基本的傾向は共通である。問題の 2007 年から 2013 年にかけてのリーマンショック以降の様相だが、2009 年には 5 兆円を割り込み、その後、2013 年にようやく 6.9 兆円を回復することになる。藤川氏によれば、2007 年以降、自動車部品輸入も増加しているため、貿易収支（純輸出）は停滞的としているが、輸出総額についても 2013 年に 7 兆円規模を回復したにとどまっており、自動車生産の全体の伸びと比べると停滞的であるといってよい。

　以上の事実は、2000 年代以降の日本自動車産業のグローバル化を支える発展構造に、根本的な転換があったことを示している。すなわち、2000 年以降、

2007 年までは、海外現地生産の増加は、日本からの部品輸出の増大をもたらしたのに対し、リーマンショック以降になると、自動車の海外生産は未曽有の発展を遂げるのに対し、日本からの部品輸出は停滞し、国内の部品出荷額も停滞することになる。別の言葉で言えば、日本自動車産業の 2010 年代以降の大規模な発展は、自動車用資材・部品の、海外での直接調達によって、初めて可能になったのである。

2　深層現調化を必要とする理由＝見かけの現調率と現地生産のコスト高

　2007 年のリーマンショック以降、急拡大する日本自動車産業の海外生産への部品供給は、日本からの CKD 部品輸出[7]を抑制し、代わりに現地調達を拡大することによって賄われた。2010 年代の日本自動車産業の海外現地生産では、自動車メーカーも部品メーカーも、こぞって日本からの部品輸入を徹底削減し、現地調達に切り替えるという、「深層現調化」の活動を開始していたのである。深層現調化を必要とする事情は、以下のとおりである。

（1）日本からの輸入による現調率低下とコスト上昇

　一般に自動車メーカーの公表する海外現地生産における完成車の現地調達率は非常に高く、アメリカで 98 ～ 99％、中国やインドでも 90 ～ 95％という高い数値が出されている。しかしこのような現地調達率の高さは、実は現地進出した 1 次サプライヤーから自動車メーカーが購買することによって実現されたものであり、1 次サプライヤーがどこから買っているかは問われていない。例えば当該部品メーカーが要素部品を日本から輸入していても、現地の鋼材商社から日本製の鋼材を買っても、いずれも現地調達と評価されるが、これが真の現調率を表現してはいないことは言うまでもない。現調率についての比較的

客観的な数値としては、日本自動車部品工業会が公表している海外事業概要調査結果がある。これによると、自動車部品メーカーの海外現地生産における現地調達率は、2014年段階で、北米で75から78％、欧州で75％、アセアンで70％、中国で70－78％程度と、概ね70～78％前後の水準にある。その中に日系のサブ・サプライヤーからの調達が含まれていることを考えると、実質現調率はもっと下がるものと思われる。インタビュー調査では、現調化が最も進んでいる北米の場合でも、品目によっては真の現調率は60～70％水準である可能性が指摘されている。

図1　日系部品メーカーのコスト構成

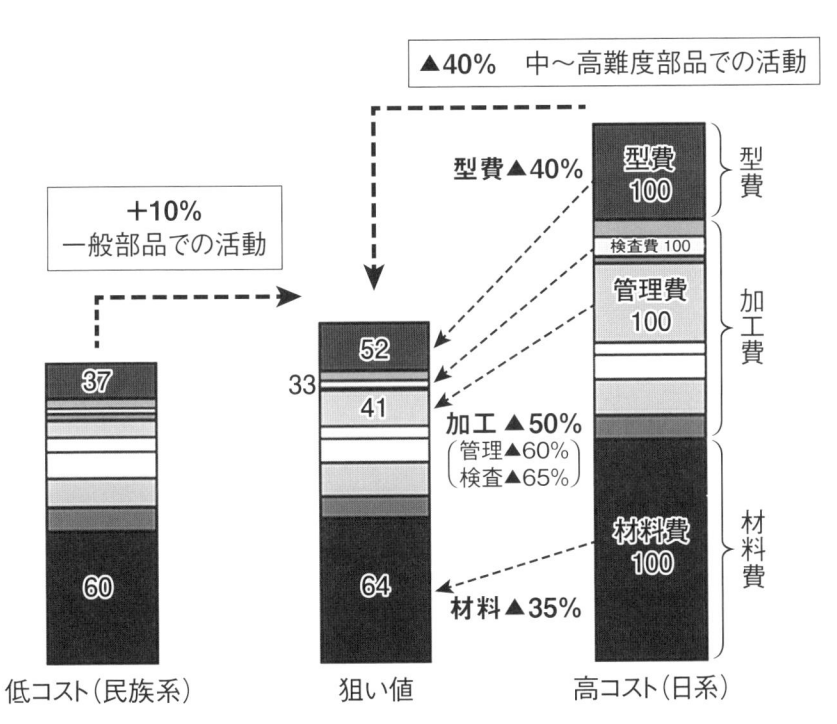

出所：Ｃ社（中国）投資有限公司上海技術センターによる。

ところで日本からの CKD 部品の輸入が、海外現地生産においてどの程度の価格上昇をもたらしていたのか、この点に関するある企業のデータを紹介しよう。図 1 は、2012 年に中国で実施したインタビュー調査で入手した、中国に進出した日系 C 社の作成したコスト構成表であるが、左側が民族系企業の低コストモデルであり、ここでは価格水準は 100 に仮定されている。これに対して右側は日系企業のコスト水準であり、日本からの材料の輸入、金型調達、それに日本流の検査方法や駐在員コストなどを加えて、相当に高い価格になるとしており、ここでの価格水準は 178 と想定されている。

我々のインタビュー調査でも、2010 年代初頭には、「中国で現地生産を行った場合、日本から輸出した場合の輸送コストを加えた数値の 120 ～ 130％くらいの価格になる可能性もある」（日系 S 社、天津）という状況であり、中国の民族系企業のコスト水準と比較すると、上記図表の 178 という価格水準は想定の範囲内にあるといえよう。これに対して、中央の狙い値を示している改善目標の価格水準は、ここでは 113 と設定されているが、ここでは、左側の民族系低コストモデルをベースに、それぞれの要素に補強を加え、一定範囲の価格上昇を容認しながら品質向上を目指すか（一般部品）、あるいは右側の日本企業の現地生産をベースに資材、金型、その他の項目について代替案を組み込み、価格の引き下げを目指すか（中高難度部品）、2 つのアプローチがある。

（2）急速な円高＝現調化の現実的契機

ところで、上記のコスト構造は、為替レートの変動によって直撃されることになる。表 1 に示すように、年平均対ドル為替レートは 2007 年までは 110 円から 120 円水準で推移してきたが、08 年に 103 円、09 年 94 円、10 年 88 円と急速に高進し、2011 年、12 年には 80 円水準にまで至った。この為替レートの高進は、折から、リーマンショックからの経営立て直しを図り、海外現地生産の拡大を準備していた日系企業にとっては、極めて厳しいものであった。120 円、110 円、100 円でもなんとかなるが、80 円、90 円では「否も応もなく」（イ

ンド・H社関係者）、現地化に走らざるを得なくなる。すなわち「深層現調化」は、一般的な政策方針というよりは、実は厳しい円高への対応という側面を色濃く持っており、目前の超円高へのコスト削減策として立ち現れた。我々が実施したインタビュー調査では、以下のような発言が見られたのである。

「為替レートが110円前後だった2000年代初頭には、従業員の賃金切り下げや残業規制で凌ぐことができた。しかし2009年に90円、10年に80円の円高を超えると、日本でのコストダウンの限界を超える安さになり、2次・3次に諦めが広がった。同時にアジア諸国のローカルが力をつけ、特殊な技術や重要保安部品以外なら製造が可能になっていった。その結果、a社、b社、c社など、日本の2次サプライヤーが次々に経営難に陥った」（2011年、日系1次E社、インド）。

したがって、深層現調化を要求する自動車メーカー側の要請も厳しいものとなる。インドに進出したIH社の場合、NET現調化という用語を使っていたが、その購買価格は厳しいものであった。「自動車メーカーIH社の新製品は、15万ルピーも安い価格で発売した結果、販売台数も増加しつつあるが、販売価格は生産コストよりも低く、赤字覚悟でやっている。IH社さんから部品メーカーのわが社に対しては、『販売価格を下げた分、部品価格も下げてくれ』と要請されている。その辺でわが社も苦しいところで、四苦八苦している」（2012年、日系I社インド）。「インドでは価格競争が熾烈なため、自動車メーカーは進出したサプライヤーに極めて厳しいコストダウンを要求し始めた。一方、時を経るに従ってローカル、あるいは欧米系の部品メーカーも台頭し、コスト力が日系を凌駕する傾向もみられる」（2013年、日系F社インド）。

こうした中で、日系1次サプライヤーの購買方針も厳しいものとなった。すなわち、「我々の主要カスタマーのA社さんも、日本からのCKD部品輸入については非常に気にされているから、我々もそれを受けて、『基本的なところとして日本からのものは買わない』という立場を明確にしている」（2012年、日系I社インド）。このように、たとえ価格が安くても、「ともかく日本からのものは買わない」という大原則がたてられることとなった結果、「現地のもの

より明らかに安い製品を持ち込んだが、安いことはわかっていても買ってもらえなかった（2014年、大田区・中小企業）」というように、日本製部品の輸出は大幅に抑制されることとなったのである。

　以上述べたように、中国・インドをはじめとして新興諸国における価格引き下げ圧力は2010年代に極めて強いものとなった。こうした中で、日系自動車メーカーも部品価格の恒常的な引き下げを可能とする諸手法の開発を迫られた。なぜならば、仮に市場において同一商品が異なる価格で販売されるとすれば、これは将来、値崩れを意味する以外の何物でもない。中国・インドの海外において低価格販売を行ったとすれば、いずれ輸入を通じて、あるいはノウハウ移転によって国内の市場価格に反映され、その引き下げをもたらすことは目に見えているからである。部品サプライヤーの経営を成立させるためにも、売価と製造コストのギャップ解消は不可欠の課題となる。ここでは、コスト構成諸要素の詳細な点検と改善の取り組みが開始され、低価格に対応する「合理的な根拠」の形成が追求された。2010年代の中国・インドなど新興国市場でのコストダウン活動の特徴は、中国・インド市場において、実態のある低コスト構成を実現するための新しい取り組みができるかどうかの一点にかかっていたのである。

（3）価格引き下げの合理的根拠の形成

　具体的な深層現調化（実質現調化、ネット現調化）のための取り組みには様々な内容が含まれる。この中で最も基本的なアプローチは、部品価格を構成する個々の要素の細部まで見直し、吟味して購買の判断をしてゆくことである。深層現調化に向けた構想の一例として、日系大手部品メーカーC社のケースを挙げておこう（表3）。表の各項目分野はそれぞれに製造に関する重要な要素であり、その確立には長い時間を要する。そして実際にその全分野を現実の生産基盤として確立するためには、一国の工業水準そのものを構築するのに等しい国民経済的な前進が必要である。このような条件が整っていない中国・イン

表3 「深層現調化」の構想と解決策

日本の仕事の仕方	合理化案	問題点・解決策
素材＝日本製素材はノウハウが蓄積された提案力ある素材	台湾製・外資系企業の製品など、様々なトライ・アンド・エラー。	鉄はタイなど、ある程度買える。ケミカルは難しい。
機械＝日本製は耐用年数も高く、使い勝手が良いが、価格が高い。	要求精度に応じて台湾製、中国製、日本製の使い分け。コスト分だけ耐用年数があれば使う価値はある	現地にノウハウを教えてしまう。しかし追いついても、こちらがさらに先に進めば、問題はない。
治工具・加工	生産付帯設備は自社設計が基本	安い加工は寸法はずれや高い不良率を生み出す。空いた設備で適宜加工など不適切な処理が付随する
	加工は社内で開発された適切な作業が基本。変えない	
金型＝日本製金型は、納期は早いが、価格が高い。能力。	樹脂型、プレス型とも特殊な場合を除いて中国製に切り替える	すでにかなり買えている。用途によって使い分ける。
検査・梱包＝工程ごと品質保証、見えない部分の外観過剰検査。過剰包装の側面がある	重要寸法・一般寸法の区分、図面寸法緩和など発注段階で価格反映品質ポイント梱包、収容効率向上	適切な寸法指示など図面を書き換える。梱包は専門人材の育成などが課題。
設計＝日本品質を基準とし、現地材の	現地材料利用の設計変更、デザインの単純化、部品流用、製造コスト抑制、耐熱など仕様の軽量化	品質・安全をキープしながら低コスト化
駐在員＝管理コストが高い	駐在員数の削減。	基本は必要なコスト。投資と考える

出所：C社（中国）投資有限公司上海技術センターの資料などによる。

表4 日系C社における購買政策とサプライヤーの区分

区分	精度・重要度	コスト	取引関係	購買政策
内製	重要部品	100	外製しない	―
準内製	中高難度部品・交差精密級	70〜80	ノウハウ開示・技術支援	長期パートナー
域内共通仕入先群	域内数量まとめ	60〜70	QCD前提・継続取引	選択購買
一般仕入先群	コスト優先・寸法公差中級	40〜60	競争購買・全数検査	選択購買

出所：日系C社（中国）投資有限公司上海技術センター。

ドでどのように購買を進めるのであろうか。

　C社の「深層現調化」のための取り組みは、さらにサプライヤーの区分と購買方式の転換にも現れる。表4は、部品メーカーC社の新しい調達構想であるが、ここではサプライヤーを技術難易度別に区分し、それぞれに長期パートナーから一般競争購買まで、グレード別に取引関係を区分している。

　このサプライヤー区分は今までの日本的な購買政策では見られなかったものであるが、いくつかの重要な問題が指摘されている。[9]

①　1次サプライヤーからみて、技術的に高度な内容と中級レベルの加工水準と、いくつか段階的に区分されている。ここでは技術が評価基準として提示されており、ここでの対象部品は高難度部品である。

②　QCDに関する評価は、できて当たり前であり、仮にQCDに問題が出ると、選択購買の対象として取引を打ち切られる。

③　比較的技術難易度の低い部品については、完全な一般競争購買を導入し、コスト水準を半分以下に切り下げるという構想がありうる。ただし、伊パン競争購買の対象は技術的にも難易度の低い一般部品である。

　以上3点については、まだ日本企業の購買方針としては一般化してはいないし、C社自体もこの方針を全面展開しているわけではない。しかしこの方針が否定されているわけではなく、また現実に、このインタビュー調査の4年後の2016年段階で、ある自動車メーカーH社は、一般競争購買を導入し、価格水準を大幅に切り下げることに言及し始めている。その意味で、上記のモデルは今後の可能性の一方向を示している。

3　「深層現調化」への多様な取り組みと「日系系列」の形成

　以上の構想のもとに進められた「深層現調化」の実際の成果はどうだっただ

ろうか。2010年代に取り組まれた実態について検討してみよう。この内容は、地場民族系企業の発掘、日系1次サプライヤーの生産拡大と相互取引拡大、1次による内製化の推進、2次・3次サプライヤーの現地進出、CKDパーツが現調化されない要因とグローバル調達に区分される。

(1) 現地企業の発掘と育成

表5は、大手1次サプライヤーC社の、深層現調化への取り組みの成果である。ここでは、現調化を進めるために大規模なテクニカルセンターを持ち、また現地の民族系サプライヤーに関する系統的な情報収集を行い、さらに調達先を拡大するための特別月間まで設定して調達先の拡大を図った。表では、準内製の高精度加工の外注先は少ないものの、中難度部品、一般部品についてはサプライヤー数が一気に増大している様子が示されている。このような成果を上げるためには、当該サプライヤーが資本面、人材面、また技術蓄積においても相当の力量を持っていることが必要であり、実際にはこの力量の差が、深層現調化の成功を保証する重要な要素となっている。この点について、中国、インドに進出した日系企業は以下のように述べている。

「弊社では2000品番のすべての部品について、一つ一つ材料はどこから買っているか、型はどこから買っているか、細部まで明らかにしたマップを作っている。今までもこの活動はやってきたが、現在は基本的に全部現調化しないと

表5　C社（中国）における低コスト現調化活動の成果

	既存サプライヤー	新規進出・開拓採用	合計
準内製・重要部品	技術・ノウハウを開示し、高難度部品を低コスト化		
	4	2	6
域内共有・中難度部品	技術・ノウハウは開示せず、品質・工場管理手法は指導		
	27	11	36
一般部品	コンペを通じ、是々非々で最安値仕入策に発注		
	47	19	66

出所：2012年8月、天津におけるインタビュー調査より作成。

戦えないと考えている。このマップではローカルか輸入か、ローカルの中でもインハウスかアウトソーシングか、インポートでもASEANか日本か、というように一つひとつの要素部品まで分けている」（2012年、B社、インド）。

「インドではまだなかなか技術はないが[10]、中国にはある程度ある。機能部品のようなものは、今は日本やタイから買っているが、同業他社、特に欧米系の企業は中国から買っていることがだんだんわかってきている。弊社としても中国については、買えそうな企業はすべて調査している。品質基準がこうだと言っても、敵が買っているということならば、もう一度考え直してみることになる」（2012年インドD社、中国G社）。

テクニカルセンターの設置に関しては、企業によってその取り組み姿勢には大きな開きがある。2010年代初頭の段階で本格的な取り組みを進めている大手企業の場合、風洞試験や耐熱・耐寒テスト室、無響室など大掛かりな試験・研究施設を設置し、自動車メーカーや大手企業に貸し出すなど、顧客からの信頼を得て市場拡大に役立てる取り組みを進めている。しかしこのようなケースはごく一部であり、2012〜13年の段階では、多くの専門部品メーカーでは、限定された試験設備を置いて、テスト・評価を軸に現地化に取り組む水準であり、システムサプライヤーに分類されるような大手でも、本格的テクニカルセンターの設置については、構想すらない状況も見られた。

現地における地場企業の育成が進んでいるといわれるタイ[11]では、現地企業の育成には相当の取り組みが行われている。「深層現地化」を掲げて部品調達だけでなく、人材の育成、エンジニアリングの現地化を目指しているT社のケースを紹介しておこう。

「1次サプライヤーによる地場企業での改善活動のための現地人エンジニア教育。タイに進出して40年の経験を持つT社は、深層現地化（現調ではない）の一環として、現地サプライヤーの生産ラインと同じラインを社内に作り、その改善活動に現地人エンジニアを参加させ、実際に大幅な生産コストの引き下げを実現し、その成果をもって、現地人エンジニアを現地の地場工場に派遣し、改善の指導をさせるという手順をとっている」（2013年9月、タイT社）。

さすがに 40 年の現地生産の歴史があるタイでは、それなりに育ってはいるが、それでも新規のサプライヤー開拓はそうむやみに増えてはいるわけではない。この問題はどのように解決されたのだろうか。

(2) 日系 1 次サプライヤーの現地生産拡大

2010 年代の現地調達の拡大は、何よりも日系 1 次サプライヤーの投資の拡大、生産規模の拡大によって進められた。まず、業界全体の海外事業売上高の推移を確認しておこう。表 6 を見ると、2005 年に 6.1 兆円、2007 年に 9.3 兆を記録したのち、リーマンショック後の不況で 6 兆円規模に縮小、2012 年から 8.8 兆円と増加を再開、2013 年に 10 兆円、14 年に 14 兆、2015 年には 16.7 兆円に達することになる。

なお、同時期の海外自動車生産はそれぞれ 1,060 万台、1676 万台、1748 万台であり、2015 年には 1,806 万台に達する。この間の自動車と自動車部品のそれぞれの海外事業拡大のテンポを比較すると、自動車生産台数は 1.64 倍（2014 年 /2005 年）であるのに対し、自動車部品の海外売り上げは 2.24 倍（2014 年 /2005 年）であり、2015 年には 2.7 倍に達する。部品工業会の海外事業調査は任意のアンケート調査で、統計的検討には耐え得ないことを踏まえても、この間の海外事業の発展状況は、むしろ自動車生産台数の増加ペースを上回っているように思われる。この間、自動車部品サプライヤーの経営は、国内中心の単独決算内容は惨憺たる状況であるのに対し、海外を含む連結決算の絶好調が対照的である。その結果、表 6 に見るように、主要自動車部品 1 次サプライヤーの海外売上の比率は軒並み上昇し、多くの企業は 60％台に到達したのである。

ところでこれらの 1 次サプライヤーの海外事業拡大が、どのような市場に依存していたか、これも同じ部工会の海外事業調査によれば、2005 年段階の販売先のうち、日系企業の比率は 57.8％であったのに対し、2013 年、14 年の状況を見ると、それぞれ 74.6％、74.1％と日系企業の比率が著しく高まっている。最新の 2016 年の調査結果では 78.3％にまで達している。すなわちこの間の日

表6　主要自動車部品メーカーの海外売上比率推移

順序	企業名	2005 年	2013 年	2014 年
自動車	海外自動車生産台数	1060 万台	1676 万台	1748 万台
部工会 会員企業	海外売上高（億円）	61,980	101,704	139,261
	1 拠点当たり平均売上高	98.7 億円	159 億円	153 億円
	日系企業への販売比率	57.8%	74.6%	74.1%
	海外生産拠点数	1,475	1,949	1989
1	デンソー	47%	54%	57%
2	ブリヂストン	72%	81%	81%
3	アイシン精機	34%	36%	39%
4	トヨタ紡織	38%	49%	52%
5	ジェイテクト (旧光洋精工)	51%	56%	59%
	ジェイテクト（旧豊田工機）	—		
6	カルソニックカンセイ	42%	62%	68%
7	住友ゴム工業	—	51%	53%
8	豊田合成	40%	56%	58%
9	小糸製作所	36%	54%	60%
10	日本精工	48%	62%	66%
11	タカタ	73%	87%	88%
12	横浜ゴム	—	38%	40%
13	NTN	55%	72%	73%
14	テイ・エス　テック	60%	83%	85%
15	フタバ産業	26%	43%	40%
16	東海理化	39%	45%	49%

出所：FOURIN『隔年刊日本自動車部品産業』2006 年版、FOURIN『日本自動車部品産業
年鑑』2015 年版より作成
部工会資料については、日本。自動車部品工業会海外事業概要調査、各年版。

系 1 次サプライヤーの海外事業での売り上げ増加が、主として日系自動車メー
カー向けであったことが示されている。この事情について、1 次サプライヤー
X 社は以下のように述べている。

　「現在、インドネシアの自動車産業が好調でして、自動車メーカーさん各社
でどんどん現調化を進めていますので、金型が供給不足なのか、当社も非常に
多く受注を頂いております。今までお取引があまり無かった D 社さんからも
金型を作ってくれないかという依頼を頂いています」（2013 年 3 月、インドネシ
ア F 社、金型）。

　「今直近のベースで行くと 8 割弱くらいまで最終的に IH 社ブランドの自動

車関連です。ご存知のように海外だとあまり系列の壁も無いですし、各社足りない工程もあるので、相互に発注しています。４輪のクラッチフレッジャーディスクはＥ社さん、ほかに電機のＳ社、Ｐ社さんの合弁から水中ポンプのケーシング、あとは１次サプライヤーのＳＤ社さんだとか、色々なところのお付き合いがあります（2013年３月、インドネシア、Ａ技研、日系２次）。

「ＩＨ社様、Ｍ社様から仕事をいただきまして、Ｄ社様、それからＳ様。今はＳ向けが一番のお客様です。品質など、いろんな賞状をいただきながら、ＨＨ社様とか、２輪も他のお客様にも出しています。最近2009年には南部のＲ社様も進出されて、そこの小型車にも納入しています（2012年３月、インド、Ｌ社）。

以上、枚挙にいとまはないが、日系１次サプライヤーを中心に、２次をも含めて、日本での系列は関係なく、お互いに関係なく、新しい取引関係を行った工程について、仕事を依頼し、依頼され、新しい取引関係が形成される。そのような現地取引がきっかけになって、日本での新規取引のような、日系同士の新しい関係の形成が随所にみられる。

(3) 現地生産に伴う内製化

以上のように日系企業自身の設備投資と生産の伸びは著しいが、それに対して現地企業の育成の伸びは一朝一タには進まない。本プロジェクトで実施した１次サプライヤー調査や現地調査によっても、現地の２次・３次サプライヤーの育成は容易ではなく、タイの場合は比較的順調に進んでいるが、中国・インドは難しく、自力で改善や品質活動ができないなど、国による違いも見受けられる。総じて「一進一退だ」という評価もされているが、このような局面においても代替策として進められた重要手法が、海外現地生産を契機とした「内製化」の推進である。そのさまざまな形態を紹介しておこう。

① 現地企業育成のために、本国で内製化し、社内で指導者を育成する

北関東の１次サプライヤーＹ社の場合、中国の進出先で地場のサプラ

イヤーを育成しようとしたが、日本でも外注でやっているために、社内にノウハウを持っていなかった。そこで、日本で外注している仕事を内製化し、日本人のスタッフをつけて内製しながら、人材を育成している。一定の目途がついたら、スタッフを中国駐在として送り出し、現地の指導に当たらせる方針でいる（2011 年、1 次サプライヤー Y 社）。

②　下請企業に依頼して、現地工場の中にラインを作ってもらう

　　愛知県の1 次サプライヤー K 社のケースだが、タイの進出先で地場企業の育成が難しく、また日本の関連中小サプライヤーに海外進出の話を持ち掛けても、なかなか具体化しなかった。そこで日本のサプライヤーに依頼し、現地工場内に、サプライヤーの生産ラインを作ってもらい、アドヴァイスを受けながら内製することとなった。1 次サプライヤーは内製で管理でき、2 次の側は海外展開のリスクを負わずに、カスタマーに恩を売ることができた（2017 年 2 月、K 社）。

③　下請企業に生産技術エンジニアを派遣させる

　　愛知県の大手サプライヤー Q 社の場合、海外生産の活況で自社の生産技術エンジニアは払底して、現地で内作することも難しくなった。そこで日本の下請に要請し、生産技術エンジニアを現地に出向させ、生産ラインも下請に作ってもらい、その管理・運用も下請のエンジニアに任せるという形で現調化を進めた（中国、Q 社）。

　現地生産に伴う「内製化の進展」は、なかなか表面には出てこないが、実際の現地生産を進めるうえで重要な手法である。地場企業の育成、経営管理水準引き上げ、現地エンジニアの教育は手間暇のかかる仕事であり、自社の生産技術エンジニアも不足している。このなかで内製化によってノウハウと人材を蓄積して現地に送るか、あるいは直接に下請企業に現地のラインを作らせ、エンジニアの出向まで外注化して現地での内製化をサポートさせるか、Tier1 からTier2 に対する事実上の強制を含めて、関連中小下請企業の動員の仕方はさまざまである。

（4）日系２次・３次サプライヤーの現地進出

2010 年代の自動車産業グローバル展開の一つの焦点は、国内で停滞色を強めている関連中小企業の新たな市場開拓、海外進出への誘導である。しかし、もともと資本と技術の蓄積が不十分であり、人材もひっ迫している中小企業にとって、海外進出は、非常にハードルの高い事業展開である。本プロジェクトのアンケート調査においても、２次・３次サプライヤーの中で海外進出を実施し、また計画している企業は、回答企業の 13％程度(71 件／ 519 件中)に過ぎず、投資負担、人材確保、現地の情報不足など、厳しい状況にあった。実際の中小企業海外進出のケースを紹介しておこう。[13]

① 　プレスメーカー M 社（296 人、インドネシア進出）は、2011 年夏より情報収集など、検討開始。国内の不振をカバーするために全製品の現地生産を目指し、レンタル工場利用、設備稼働率を高めるために系列以外の受注も確保、経験不足のために商社および現地資本との合弁とする、などの方針をコンサルタントが提言。2012 年 3 月段階でトライアウトが始まっている。

② 　金型メーカー T 社（196 名、インド進出）は、インドの金型需要の大きさを知り、進出を構想、コンサルタント、商社を通じてインド Ti 社（年商 500 億円）を紹介され、商社を交えて 3 者で 1 年間ほど、FS と事業計画の検討を行った末、2013 年 7 月に合弁設立に合意、2-3 年後の現地生産開始を視野に入れる。CATIA に金型ノウハウをビルトインした自動設計システムが核技術として評価された。

以上、２次・３次メーカーの海外進出のケースであるが、このわずか数例の成功事例の裏面にはその数倍の失敗事例がある。こちらもまとめて紹介しておこう。

１）提携相手を探していたインド Ti 社と精密プレス Ts 社。両社積極的で、Ts 社は何回かインドにも出かけたが、Ts 社側は板鍛造技術を背景に高額

技術援助費を主張、Ti 社の ROI 観点の技術料試算と最後まで接点を見いだせなかった。

2）AI 社（マフラー、エグゾーストの２次）は、インド進出に強い希望があり、交渉開始、インドを何回か訪問したが、相手側は１次になることを希望、開発機能を持たない AI 社は及び腰、親会社も難色を示したため、立ち消えになった。

3）SZ 社（金型設計、技術コンサル）は、インド最大の部品会社 M 社傘下の開発エンジニアリング会社 MD 社と相互訪問を繰り返し、一旦は試作金型製造目的の合弁設立で合意したが、SZ 社は 70％株式所有を主張し、MD 社は 50-50 であり、結局合意できずに見送りとなった。

進出案件が不調に終わったケースは枚挙にいとまがない。現地工業団地土地販売会社、客先購買など、不確実な情報に翻弄されているケース、単独進出を決めたのち親会社に反対されたケース、合弁相手先のファンドの状況変化、自社の人材不足などのほか、インドやインドネシアなど進出先を絞り切れなかったケース、最終的な社長の判断ができなかったケースなど、いずれも中小企業の力量不足が進出決定の大きな障害になっている。

（5）CKD の要因とグローバル調達

現調化が困難な諸要因の一つとして、そもそも CKD 部品について、CKD の理由そのものが明確であって、現地調達が基本的に困難な部品群がある（表 7）。現調化が困難な理由は、現地に技術力がなく、材料がなく、開発が日本主体で、製造できる企業が系列の１社しかなく、これは技術的に現地で製造することがそもそも無理で、移転が不可能だという製品である。もう一つの側面は、現地の市場規模が小さく、現地生産を行っても採算が取れない、集中生産によって量産規模を確保しなければ世界市場に通用しない製品である。これは経済性から見て移転が不可能という分野の問題である。

これらの技術的な評価、経済的な評価は、それぞれに無限のオルターナティ

ブがあり、また相互に関連しているから、判断はそれぞれの部品ごとに異なる。例えばルネサスのＩＣなどのケースは、図面段階でメーカーを決定し、量産によって購入する部品であり、少量生産の意味はない。ここで想定されている部品群は、比較的技術レベルの高い部品群である。一例としてシートフレームを見ると、量産の場合は金型を起こして生産するが、少量生産ならばパイプの曲げ加工と溶接で代替できる。この程度の加工なら容易に現地化が可能だが、要求技術水準が高まると、途端に現調化は困難になる。

　もう一つ注目される点は、現地生産における「深層現調化(現地化)」の追及は、最終的には各国におけるサプライヤーシステムの構築に向かうとは限らず、必要に応じてグローバルに情勢を見極め、最適な調達＝グローバル調達に結び付いてゆくことである。Ｂ社へのインタビューでは以下のように述べる。

　「こういう対応のために、定期的に会議を行い、世界中のどこで、どんなモノづくりをやっているのか、どんな技術が必要なのか、情報を集めてディスカッションを行っている」(Ｂ社天津)。

　ちなみに日本最大手の自動車部品メーカーであるデンソーの場合をとってみ

表7　日系Ｂ社の中国における現調活動の現状と課題

CKD 部品の業種		CKD の要因		CKD 脱却への課題
電子部品		開発が日本主体		仕入れ先企業の戦略的誘致
組み付け・S/A				
プレス				
切削・研磨	⇔	担当仕入れ先がいない	⇔	量のまとめ
鍛造				
熱処理				
表面処理		数量が不足		既存仕入れ先の育成
螺子				
ゴム		技術力がない		内製化
成形				
焼結・磁石		材料がない		ハイスペックの抜本見直し
ダイカスト				

出所：C 社中国投資有限公司（上海技術センター）.

41

ると、2017 年 2 月現在、連結子会社数 188 社（日本 62、北米 28、欧州 34、アジア 52、南米その他 2）、持ち分法適用関連会社数 36 社（日本 13、北米 4、欧州 4、アジア 13、南米その他 1）というグローバル展開が行われており、アメリカや中国のように 1 つの市場である場合は問題ないが、ASEAN 域内のように 30 の拠点がある場合は、必然的に域内での相互貿易が生産の基盤とならざるを得ない。

　以上述べたグローバルネットワークの形成は、新興国の低価格購買では必須要件になっている。インドにおける資材・部品購買を最終的に支えているのは、部品供給基地としてのタイであり、また製造大国中国製の金型である。なお、インタビュー調査の中で明らかになったデータを紹介すれば、自動車メーカーA 社のケースを見ると、タイへの投資の集中が進み、世界戦略車についてタイからの完成車輸出のほか、ブラジル、中東を含めた全世界に部品供給が行われ、実質的にタイが世界戦略の基軸としての役割を果たしている。すなわちグローバル化は、日本から直接に展開されるのではなく、タイをハブとして、ここから重層的に構築されている。もちろん、タイのハブとしての役割の強化は、タイへの投資の集中と過剰生産の顕在化の中で、タイの過剰設備を効率よく使いこなすというもう一つの役割をも担っているのである。

4　日本的な「企業化取引関係」と「職種構造」の特質

　2010 年代、「深層現調化」の取り組みの中で、日本企業の海外現地調達は 2 つの傾向を明らかにしてきた。その第一は、「深層現調化」を求める動きは地場企業の育成、外資系企業の活用、日系 2 次・3 次の現地進出など、次第に多様化することになり、同時に 2014 年から 15 年にかけて為替レートも 110 円～ 120 円と大幅に円安に戻して、「深層現調化」は次第に後景に追いやられたことであり、第二は、それらの多様な現調化の動きの中で、日系 1 次サプライヤーによる投資・生産の拡大は急であり、リーマンショック後の海外現地生産

の拡大は日系企業同士の結合、すなわち自動車メーカーと１次サプライヤーを軸として構築されることになったことである。「日本的生産方式の海外移転」は、外国企業に対する緩やかな現調化＝日本方式の移転を通じてではなく、自動車メーカーと１次サプライヤーという日系企業同士の結合によって、急速に実現されることになった。海外における「企業系列」解体と並行し、「深層現調化」を通じて日系企業同士が結びつく、いわば「日系系列」の形成が進んだのである。

　以上の新しい海外調達構造が形成されるうえで、改めて、「日本的生産方式」を支えている企業間取引慣行と労働慣行の２側面が重要な役割を担っていることがわかる。以下、この２点について検討しておきたい。

（1）企業間取引関係の特質

　「深層現調化」の時代においても、日系１次サプライヤーが生産体制の中核に座り、積極的な投資と生産の拡大を行っていくのは、日本自動車産業の現実から見れば、至極当然の結果であるといえる。このような海外現地生産においては、「系列を離れた自由な取引関係が形成されている」との報告は数多くされているし、筆者も1980年代からその事例を確認してきた。しかし、だからといって単純に系列が崩れたとは言えない。自動車メーカーは海外現地生産を展開する際、系列部品サプライヤーに打診し、海外進出を促し、自動車メーカーの進出に合わせて投資が行われ、必要なタイミングで生産準備が行われ、現地調達率90％以上の生産体制が整備されていく。このような投資行動における優位性は何よりも、本来の系列関係を基盤としていると言わなければならない。

　そのうえで、実際の取引では様々な形で日系企業が、「現地化」のための取り組みを進める。現地で日系企業が進出していれば外注化を試みるし、受注する側も、現地における受注確保と稼働率の引き上げは最大のテーマであるから、必然的に系列を超えた「自由な取引」が成立する。この「自由な取引」内容を見ると、日系企業への発注理由は明確である。直接的な部品取引についていえば、品質の高さ、納期の遵守だけではなく、突発的な事故や機械停止などに伴

う異常の処理が適切に行われるなど、ラインストップは最小限に抑えられる。すなわち、系列関係がなくても、日本企業に発注すれば、「いちいち言わなくても」一定水準のパフォーマンスは保証されるのであって、現地企業を指導・育成し、あるいは外資系企業に発注する手間を考えると、はるかに容易に、一定のサービスが期待できる。また、日系企業に発注するメリットは、このような個別部品取引の優位だけではない。取引を開始したら、特に問題のない限り、長期取引に発展させる。このような形での生産体制の安定も重要な要素となる。

重要な問題は、これらの「部品供給の安定性」を支える QCD 管理と長期取引が果して企業間関係を形成する上でどのような位置に置かれているかにある。日本の企業間取引では、ビジネスを開始するに際して、QCD 管理と長期取引についての基本姿勢を問われ、その協力的態度を確認した上で初めて取引口座が作られる[17]。すなわち協力的な態度がまず出発点にあり、その後も QCD の原理として、日常の取引すべてを貫通する大原則として取り扱われる。当然のことながら、この取引の大原則は、深めれば深めるほど、生産の全体系を円滑に機能させてゆく方向で作用する。このやり方は、企業間の「分業関係」を構築するというよりも、むしろ企業間の「協業」を確認し、そのうえで仕事の分担を求めるという、独特の関係性の構築だと考えることもできる。トヨタ・メソッドの前にまずトヨタ・ウェイがあり[18]、生産方式は個別の手法ではなく、参加者の精神と態度の問題として取り扱われる。QCD 管理は日本的の生産方式の基礎にあり、これこそが日本企業の国際競争力の核心をなしている。この関係性は、「市場を通じての契約の仕組み」よりもより密接な、特別な企業間関係を構築することをも意味している。

しかしこの２つの原理、QCD 管理と長期取引は、安定的な企業間取引を構築するための「カスタマー側の条件」であり、サプライヤー側からは、大きな負担を負ってもこの原理を遵守し、カスタマーの信頼を得て受注拡大を目指すか、あるいは過大な負担を拒否して、価格引き上げや取引条件改善をめざすか、２つの選択肢がありうる。この選択肢のどちらを選ぶかは、得られる結果次第ではなかろうか。2010 年代の自動車産業における経営パフォーマンスを見る

と、積極的に海外展開を果した1次サプライヤーにとっては、海外で売り上げを飛躍的に伸ばし、発展するための条件となったが、国内で受注減・単価切り下げに直面した2次・3次小零細サプライヤーにとっては、「自動車をやっている限り儲からない」、「やれるだけやって出来なくなったら止める」、「自動車には新規投資はしない。隠れて他に回している」という状況だったのである。

　海外では高い品質を武器に市場拡大をもたらし、国内においてはQCD管理の成果は評価されず、受注減・単価引き下げの中で呻吟する。現在の部品取引ではQCDの高水準は当たり前のこととして扱われ、特別にコスト計算されてはいない。しかしそれは「深層現調化」の活動を通じて「日系系列」を形成してゆく重要なフィルターとなっている。それを競争力として使える階層と、それが負担となって衰退してゆく階層、その2側面をQCD管理コストの構造として明示することは、国民経済の健全性と国内関連中小企業の経営にも大きく関連する課題として、深く検討される必要があろう。日本の国際競争力の骨格であるQCD管理を、一度きちんとコスト化してみることが重要なのではないだろうか。

(2) 日本的職種構造の特質

　企業間取引関係とともに、それを基礎において支える雇用・労働慣行の特殊性も大きな問題になる。そのもっとも中心的なテーマは、欧米において区分されている職種を、如何にして有機的に結び付け、稼働させるかであり、それは上述の「安定的な」企業間関係を成立させるうえでも重要な役割を果している。ここでは、「協業」を重視する日本的な職種構造上の特徴として、2つの点を指摘しよう。

　第一は、日本の製造現場では、熟練の仕事内容が解体され、職場共通のノウハウとして蓄積されていることである。日本の職場では、看板方式が導入され、ラインストップが出るとその原因を追究し、異常発見・原状回復のサイクルの短縮を図り、ノウハウを職場に蓄積する。ドイツではマイスターの聖域として

頑強に守られてきた熟練者のノウハウは、日本では異常発見・原状回復、あるいは改善活動のなかで解体され、ノウハウは職場集団に共有されることになり、生産効率の著しい向上をもたらすことになる。他方、ドイツにおけるマイスターのラインストップ後の原状回復は、一人ひとり、それぞれに違うやり方で行われるため、交代勤間の共通の理解が困難で、「大量生産にとっては、実に都合が悪い」[19]という結果をもたらすことになる。

　職種構造にかかわるもう一つの問題は、欧米の職種別雇用における職務内容と日本企業の職務内容には実は大きな差があるという現実である。とりわけ生産技術、生産管理、品質管理、部品調達などの職種ではそれが著しい。この点について、京都産業大学の北原敬之氏は以下のように述べている[20]。

　①　アメリカの「生産技術」（Production Engineering）は、製造設備・機械の設計・製作をメイン業務とする職種で日本の工機部に近い。日本企業の生産技術は、「ものづくりの要」で、生産全体のコントロールタワーの役割を果たしており、「生産技術の強さ」が日本の製造業を支えている。経営者は「監督」、設計は「脚本家」、生産は「俳優」であるのに対して、生産技術は「演出家」であり、生産全体に精通し、生産に関わる関連部門（設計・製造・生管・調達・物流など）間の調整能力が求められる。

　②　調整能力は、日本的な仕事のやり方に共通の、重要な特徴を示している。「仕事と仕事をつなぐ仕事」「部門と部門をつなぐ仕事」「人と人をつなぐ仕事」は、個人の責任範囲を明確にする Job Description 文化のアメリカ人には理解されにくい。生産プロセス全体をうまく Coordinate する生産技術の仕事は、日系企業においても、「人の現地化」が進んでいないケースは多い。伝統的なアメリカの「Production Engineering」と区別するために、「生産技術」を「Monozukuri Engineering」と訳す例もある。

　③　生産管理に関する違いは、製品・部品の納期管理・日程調整の部分で見られる。日本の生産管理が、サプライヤー・調達・製造・物流・営業と幅広い部門間の調整役を果たしているのに対して、「責任と権限」で自分の守備範囲を限定してしまうアメリカの生産管理の調整機能は十分とは言えない。生

産管理は一般的に「Production Control」と訳されるが、日本の生産管理は「Production Coordination」と訳した方が実態に近い。

　④　アメリカの品質管理部門には、大学で品質管理を専門で学んできた社員が多く、品質データの解析や統計処理は、日本よりもアメリカの方が優れていることが多い。ところが、品質問題の原因究明と再発防止策に関する全社調整のような仕事になると、アメリカの品質管理部門は弱い。また、部品調達分野では、短期的なコストダウンの達成を優先して、時間をかけてサプライヤーを育てる長期的な視野に欠けるため、日本企業のような信頼をベースとした長期安定的なサプライヤー・ネットワークを形成するのが難しい。原因は、アメリカの企業文化である「短期業績思考」と「Job Description」（業務分担）であり、いずれも「人の現地化」を阻害する要因である。

　「仕事と仕事をつなぐ仕事」という問題を、もう少し原理的なところまで立ち戻って考えると、「協業と分業の在り方」に帰着するように思われる。一般に、欧米的な職種・職務区分と日本的な職種・職務区分との比較検討を行う場合、両者の分業の在り方が注目されることが普通である。たしかに分業の問題であるに違いないが、1970 年代以来、日本企業の海外進出に伴って常に問題にされてきたのは、むしろ「協業の在り方」により近い問題群であったのではないだろうか。理論的にもこの両者の相互関係は、まず協業が出発点であり、この前提、すなわち同じ仕事を集団で遂行するという前提があって初めて、分業、すなわちその中での役割分担の違い、専門化、単純化とその統合が考えられる。日本企業の場合、トップマネージメントから末端のワーカーまで、企業の哲学や文化、時々の経営目標まで、圧倒的に共有できているケースが多い。それは企業内の全体を経営の意思によって統一するだけではなく、調達を通じて、企業外部のサプライヤーに対する意思の共有という分野にまで広がっている。この「仕事と仕事をつなぐ仕事」という日本流の仕事の仕方は、企業間取引関係の中核をなす QCD 管理を円滑に進めるうえで最も重要なキイワードになっているように思われる。

まとめ

　2007 年以降の自動車の海外現地生産の拡大局面にあって、日本の自動車部品産業は、日本からの輸出拡大を抑制し、可能な限り海外での直接調達によって賄うという方策を採用した。この場合の具体的な調達様式として、「深層現調化」（あるいは「NET 現調化」、「深層現地化」など）が提起され、追及された。中国・インドなどの低価格市場での需要拡大が続く中で CKD 部品の高価格が問題となり、見かけの現調率を超えて、高価格の CKD 資材・部品を「現地調達」に切り替えることが求められた。この「深層現調化」は、折からの円高の高進によって一層加速された。2009 年 94 円、10 年 88 円、11 ～ 12 年は 80 円という超円高の中、部品調達は「否も応もなく」、海外での現地調達に切り替えられることになったのである。その点で、まずなによりも「深層現調化」は2010 年代前半に特殊的な「時代の産物」であった。

　2010 年代の「深層現調化」をその実態において支えたのは、日系 1 次サプライヤーによる圧倒的な投資と生産の拡大であった。2011 年の海外売上高は6.1兆円であったが、2014 年は 13.9 兆、2015 年は 16.7 兆円にまで拡大したのである。海外自動車部品生産の増加テンポは自動車生産の伸びをも上回り、その結果、連結決算での海外売上高の比率は、概ね 40% 前後から 60% 水準まで引き上げられた。この間、「深層現調化」も進められ、民族系企業の育成、外資系企業の活用、日系 2 次・3 次サプライヤーの現地進出などの方策がすすめられたが、日系 1 次企業の拡大のテンポは速く、規模も巨大であった。従って、多様なサプライヤーの開拓の中で、主流は日系 1 次サプライヤーとなり、いわば日本自動車メーカーと日系 1 次サプライヤーとの結合、すなわち巨大な「日系系列」の形成がこの時期の重要な特徴として立ち現われたのである。

　ところで、「日系系列」の形成を促した基本要因は、日系企業の提供する「安定した部品供給」にあった。QCD 管理の行き届いた安定した部品供給、これを基礎とした長期取引による安定した生産体制の構築、そしてそれらを結びつ

ける「仕事と仕事をつなぐ仕事」、日系企業では当たり前と思われているこれ
らの仕事のやり方は、現地における日系企業間の「日系系列」構築の最も大き
な要因であった。

　この「日系系列」形成には、「独特のモノづくりの在り方」が強く作用している。
海外移転が困難なこの「日本的生産方式」の特徴は、モノづくりにかかわる分
業の仕方にあるのではなく、実は分業の前提になる「協業」の在り方に特徴が
ある。企業間の取引における効率の高さは、「協業」への意思が明示されてい
る中で、初めて成り立つ。通常の、市場での契約による協業への参加に比べて
遥かに密接な関係ということができる。朝礼による意思統一、企業目標や生産
目標の共有、Toyota Method に先立つ Toyota Way、そして取引契約に代わ
る「基本取引契約書」、いずれも日本的生産方式に共通の、協業への意思の確
認がその出発点にある。

　こうして形成された「日系系列」は、中国・インドの低価格市場に対応して
いるかはともかく、品質に関しては確実に一定水準を保証し、これを基礎に巨
大な成長をもたらした。しかしその裏面にはグローバル化できない国内の生産
と、特に関連中小企業との間に大きな格差を生み出している。近年の単独決算
内容は惨憺たる状況であるのに対し、連結決算は未曾有の活況が続く。その結
果として、国内の小零細企業では次第に事業所数、従業員数、出荷額の減少が
現れ、階層構造の下層から縮小が開始される。この格差の拡大は、次第に容認
される範囲を超えつつあると指摘されている。

　「日本的生産方式」でひとくくりにされる QCD の水準の高さは、国際競争
力の基盤である。しかしその基盤が、「企業の競争力」ではなくで、「日本の国
際競争力」で総称されるということは、この競争力の基盤が、個別企業の経営
努力以前に、日本社会に特有の社会的文脈に依存して、形成されていることを
意味する。この社会的問題解決へのアプローチ、すなわち国際競争力と日本の
経済社会の健全性の両者をどのように調整するかは重要な課題である。この問
題を解明するための一つのアプローチは、QCD による安定した供給体制をコ
スト化して考えてみることにあるように思われる。それは QCD 管理の成果を

グローバル経営の発展として享受できる階層と、それが負担となって経営を悪化させる階層相互の利害関係のあり方、およびそのコストを成立させるための諸要素、すなわち技術と労働の全体系の検討を含み、いわゆる「日本的生産方式」と総称されるさまざまな取り組みの、全体を再評価するための出発点になるのではないだろうか。

[注]
(1)　この時期に各メーカーは一斉に現地化への取り組みを強めた。内容的にはほぼ共通であるが、深層現調化（N社インド）、深層現地化（N社中国・タイ）、ネット現調化（H社・インド）など、企業によって用語は異なる。深層現調化は調達に重きを置いているが、深層現地化は人材や改善の取り組みを含む広い分野を想定している。いずれにせよ、自動車生産の基盤をなしている2次、3次サプライヤーにかかわる資材・構成部品調達の現地化を目指していることは共通している。なお、本稿の基礎データは、2012年中小企業学会報告「中国・インドの低価格購買に対応する『深層現調化』の実態」をベースにしている。

(2)　本プロジェクトでは、この点に関する関心を出発点に日本国内の下請分業構造の調査・分析を行い、その結果を刊行した。『日本自動車産業グローバル化の新段階と自動車部品・関連中小企業』、2016年4月1日、社会評論社。

(3)　海外現地生産における「系列を超えた日系企業間の取引」については、すでに多くの調査結果が示しており、系列を超えた自由な取引の証左とされてきた。しかしここでは、「系列」がなくなっても、日本企業同士の取引が、特別の重要性を持つこと、それに伴って日系企業同士の取引関係が形成されることを取り上げている。そのための用語として「日系系列」、「日系ネットワーク」「日系企業間取引」など、いくつかの用語の使用を検討した。本稿では「日系系列」という言葉で表現している。

(4)　日系企業同士の相互依存の拡大については、1980年代のアメリカにおける現地生産の時代から指摘されてきた。「アメリカではアメリカの社会事情に沿ったベストプラクティス」を標榜していたトヨタ自動車も、短期間でもアメリカ社会の変革は困難であり、結果的に日系サプライヤーの現地進出に依存することを選択している。

(5)　2014年度の集計結果を見ると、調査対象は会員企業442社であり、うち回答企業394社で回答率は86.0％となっている。

(6) 藤川昇悟「日本の自動車部品貿易と企業のグローバル化」、阪南論集 51（1）107 － 125、2015 年 10 月。

(7) CKD（Complete Knock Down）は、完全な部品状態で輸出して、現地で組み立てること。SKD（Semi Knock Down）は、一部を本国で組み立てて輸出し、現地で部品を追加組み立てすること。ここでは日本から輸入する資材・部品を指している。

(8) ここでいう「合理的根拠」は、日系企業のグローバル展開の中での、合理的な価格差の形成という意味である。実際の中国、インドなどの価格水準は異常に低く、現在に至るも日系自動車メーカー、部品メーカーでも利益を充分には出していない、とのインタビュー結果もある（2017 年 2 月、元大手駐在員）。

(9) ここで提示された 3 点、①系列・下請け関係をベースにした「ものづくり」よりも技術的内容の評価が重要であること、②その場合、系列・下請け管理の内容である QCD 管理はどのように評価されるのか、③一般競争購買で QCD がどのように担保されるのか、これらは研究課題としても、現実の中小企業政策推進のうえでも、非常に重要である。

(10) 国による産業基盤の違いは、品目ごとに異なる。インドではホワイトボディや電子回路（PCB）、マウンティングなどは難しい。東南アジアではダイキャストは難しいなど、部品ごとに地域特性もある。

(11) 現地企業育成状況は、国によって異なる。あるインタビューによれば、現地における産業集積の形成が重要であり、タイでは時間をかけて育成した結果、40 万人規模の産業集積地が形成されている。この場合、重要であるのは、製造業への熱心な取り組みが社会的に評価されているかにあり、利益優先の商業（商人）資本的な感性の強い中国・インドでは難しい面がある、との指摘もあった

(12) 前掲「日本自動車産業グローバル化の新段階と自動車部品・関連中小企業」（2016 年 4 月、社会評論社）を参照のこと。

(13) 関東学院大学「自動車関連中小企業の新興国進出に関する支援および調査研究」、2012, 13, 14 年度（関東学院大学私立大学戦略的研究基盤形成支援事業、㈱ラウンド、笠木英文氏への委託調査報告書）。

(14) 一般に産業の発展は各国近代化の要件だと考えられるが、域内での自由貿易の上に労賃の上昇など、生産条件の変化に応じて企業が生産拠点を移動することが普通になるなかで、各国が自立した産業構造をもち得るか、難しい課題といわなければならない。

(15) 連結決算には連結法と持分法がある。原則として 50%以上の議決権を持っ

ているか支配している子会社は連結法を適用。関連会社は 20％～ 50％以下で議決権を持ち、経営に重要な影響を与えることができる会社が対象。

(16) タイの能力過剰は深刻である。人口は 6000 万人、国内市場は 70 ～ 130 万台くらいまで変動するが、現在の生産能力は 250 万台。新しい環境基準のもとでさらに拡大する計画もあった。国内市場が先進国並みの 300 万台規模に拡大する展望はなく、当面 100 ～ 150 万台規模の完成車輸出、あるいは部品輸出が不可欠であり、IMV の部品供給、インドの現地生産のサポートなど、ハブとしての機能を強めている。

(17) 取引口座開設の条件として、「取引基本契約書」の存在とこれをめぐる契約のあり方を挙げておかなければならない。日本の自動車産業では「取引基本契約」と対になるはずの「個別契約書」は存在せず、替わりに看板などの納入指示によって取引が継続する。結果的に「取引基本契約」が契約書の位置に置かれ、「不良品を納入しないこと」などの一般的で無限定な規定が、サプライヤーの姿勢を問う根拠となる。サプライヤーは QCD 取引実績を評価され、基本姿勢に問題があると判断された場合は取引を打ち切られる。これらの基本文書をアメリカ現地法人に適用しようとした M 社のケースでは、米人顧問弁護士を使ったサプライヤーからは、「無限定な一般規定を認めると定款に違反する」としてことごとく否定された。

(18) トヨタ自動車ＨＰによれば、「トヨタ・ウェイ 2001」の 2 つの柱は、「知恵と改善」（常に現状に満足することなく、より高い付加価値を求めて知恵を絞り続けること）と、「人間性尊重」（あらゆるステークホルダーを尊重し、従業員の成長を会社の成長に結びつけること）、と規定されている。

(19) ドイツ M 社のコンサルタントとして指導を行っていた日本人のエンジニア Y 氏からのインタビューによる。「ドイツでのマイスターの仕事の仕方は大量生産に向いていない」との評価である。

(20) 北原敬之「日本企業の海外拠点における現地化と業務移転の困難をめぐる諸問題」、関東学院大学『経済系』、第 270 集、2017 年 1 月。

第２章

グローバル生産ネットワークのリデザインとインテグレーション[(1)]

生産・調達・開発のリンケージとしてのロジスティクス戦略の再考

具承桓

1 問題提起：研究背景と目的

　海外生産拠点の拡大と拠点数の増加、生産品目の増加と頻繁な入れ替え、生産量変動などといった企業環境の不確実性が増す中、効率的かつ効果的なグローバル生産オペレーションを遂行するためにはどのような視点と能力が求められるのか。これが本研究の問題意識と目的である。すなわち、グローバル生産ネットワーク（Global Production Networks：以下 GPN）の構築・維持にはどのようなロジックで展開されていくのかについて、その制約要因を考慮しつつ、生産・調達・開発を統合的に認識すべきであるという視点に立ち、それぞれの機能を統合する戦略軸として「ロジスティクス戦略」の重要性と、今後の研究課題を明確にしたい。

　21 世紀に入り、多くの多国籍企業の活動舞台も新興国市場を中心に展開されることになり、生産をはじめとする開発や調達などの諸企業活動の複雑性は増していく。国境を越えた企業活動は、当然ながら経済論理だけではなく、政治的、地理的、文化的な要因などの影響を受けながら変貌していくことになる。1991 年ソ連の崩壊と共に、社会主義と資本主義で分断されていた世界経済体制が１つになった。1980 年代から開放政策を進めてきた中国が、2001 年に WTO に加盟し、本格的に世界市場へ編入するようになった。これらの出来事は、経済のグローバル化を加速化させた[(2)]。低コスト生産拠点の候補地、巨大

市場が誕生することになったのである。また、ASEAN 地域経済圏や NATFA の形成などが加わり、このような経済のブロック化と制度変化が多国籍企業の投資活動の方向性と生産活動に大きな影響を与えることになった。

　海外直接投資（FDI）は、実行当時の市場及び技術環境の変化によって生産立地の決定因の重み付けが異なる。生産拠点の立地問題に関する古典である、A. Weber（1909）『工業立地論』によれば、市場への接近性及び原材料の輸送費、生産地の労働費用が工場立地の主な要因とされる。実際の企業の意思決定の際、これらの要因だけではなく、進出国生産拠点のオペレーション能力や労働市場状況、労働力レベル、ノウハウや管理能力、設備能力、投資金額、為替、関税、さらに政治的かつ文化的な要因などの制約要因が立地選択に影響する。[3]

　企業のグローバル生産拠点の展開は、進出当時の様々な要因の中でその立地が決められた。しかし、需要変動によって、生産拠点の拡張・増設、生産品目の入れ替えが行われるため、当該生産拠点の戦略的位置付けは変化されてしまうのが必然である。何故なら、投資当時より、FDI の投資国環境も変貌し、戦略的位置付けも変わるからである。労働賃金の上昇と所得水準向上などによって、新興国は生産基地から消費市場へと変わり、本国の生産拠点を含めて各生産拠点の位置付けは変化する。これに加えて、同一経済圏の中の国家間で所得や賃金の上昇率や水準にもアンバランスが生じる。従って、多くの多国籍企業の生産戦略は一変する。

　特に、垂直型 FDI（VFDI: vertical foreign direct investment）が多く採用される製造業の場合、部品や中間財の生産は一国集中するのではなく、第三国を含めて様々な生産拠点のネットワーク連結が行われるのが実態である（大久保、2016）。多くの外部サプライヤーの参画で成り立つ自動車産業には、垂直型 FDI 志向傾向がより強く、市場環境変動によって、生産拠点間の連結の見直しやリデザインが必要となる。

　また、既存サプライチェーンの完全な移植が困難で、あるいは構築に時間的なギャップが生じるため、完成品メーカー（以下、OEM）及びサプライヤーの海外生産戦略も、進出国のみならず周辺経済圏、そして国内生産拠点との間

で分業の見直し、集中と分散の再編が必要とされるようになる。
GPN 展開プロセスは、主に次のような変化を伴う。

① GPN 予測・実行の乖離：最初から現在に至るまですべての海外生産拠点の立地と生産品目、能力などを完全に予測することは不可能であり、実行当時の様々な要因によって予想計画と乖離していくのが一般的であろう。

② 市場環境変化と企業戦略の変化：経済発展スピードや所得水準の変化、人口構成の変動、賃金上昇率など、企業活動のインプット及びアウトプット関連の市場状況や進出国の政治・経済・文化的な要因に影響を受けながら、時間が経つことにつれ、進出当時の狙いや役割も変わっていく。つまり、企業の市場戦略や製品戦略も見直しされていくのが一般的である。

③ 生産拠点の位置付け役割変化に伴う部品調達システムの変化：既存取引先だけではなく、新しい取引の探索・育成などによって取引先が変更されることも多い。OEM 生産拠点の位置付けの変化は関連サプライヤーの生産拠点の見直しも伴うことになる。例えば、2 万点以上の多岐にわたる部品と多様な素材で構成される自動車のような製品製造の場合、この問題はより複雑である。また、構成部品の大きさや形状、質量も様々である。自動車メーカーが使う鋼板だけではなく、部品の素材の調達先、2 次、3 次の加工メーカー間の分業作業を考慮するとより複雑性を増す。

GPN 展開プロセスには、既存の生産ネットワークに新たな生産拠点を加えながら、同時に既存の生産ネットワークにおけるサプライヤーシステムの欠落と補完を考慮に入れながら、資源の再配置と生産拠点のリロケーション（relocation）を含むグローバル生産戦略をリデザイン（redesign）していく、ダイナミックなプロセスが展開されるはずである。この観点に立ち、グローバル生産戦略を把握する必要があるだろう。部品によって、その開発及び受発注プロセスにおける調整、生産計画や納入・搬送のあり方も異なってくる[4]。自動車メーカーの（生産）グローバル化は、サプライヤー側との製品開発及び量産、

調達（納入）プロセスとのリンケージを考慮に入れ、生産品目の分散と集約を図らなければならないのである。このような状況の中では、サプライヤーの組織能力、部品の特徴、戦略的位置付け、そして現地進出国と本国（日本）との間で物理的な距離を考慮した分業形態（組み付けの場所と単位など）を戦略的にデザインしなければならない。

この問題を解明する第一歩は、サプライヤーを含む生産拠点間のネットワークをつなぐ機能、すなわち、「ものの流れ（物流）」と「受発注情報」を共有し実行する意味での「ロジスティクス」を軸に、生産拠点間の分業と連携、リデザインなどを統合的に認識する必要がある。グローバル生産・供給時代においては、単一工場内での部分最適化を超え、真の淀みのない流れを作り上げることが、より重要な戦略的課題であろう。トヨタ生産方式の原点は「物流改善」にあり、それが経営高度化へ導くものであると張（2006）も指摘する。

しかしながら、これまでアカデミック側では、開発、生産、調達、物流といった具合で各機能分野に関する専門領域に留まった傾向が強かったことは否定できない。リーン生産システムとして代表される日本の自動車産業における開発・生産の効率性も、日本国内を想定した議論であり、カイゼン活動や日本企業の仕組みなども個別事業体や工場内における効率性の追求として捉えられていたと思われる。そこで、以上の問題意識に基づき、本研究では生産・調達・開発を統合的に認識すべきであるという視点に立ち、それぞれの機能を統合する戦略的軸として「ロジスティクス」の重要性を明らかにしつつ、ロジスティクス戦略と理論探索を試みる。

2　先行研究のレビューと限界

本研究の問題意識と関連する既存研究において、(1) 企業活動のグローバル化の実態と範囲、(2) グローバル生産とロジスティクス機能の重要性、(3) 自動車産業のロジスティクスに関する研究についてレビューを行う。

(1) 企業活動のグローバル化実態と範囲
：世界のフラット化 vs. 「regionalization process」

　企業の国際化は間接輸出から直接輸出、現地生産(組立―新製品の現地生産)、地域・グローバル統合の段階を踏んで発展していく (Dunning, 1993)。現地生産段階以後、生産拠点の増加の中で様々な地域の拠点を結びつけながら世界を舞台に企業活動を行うことになる。[5]様々な海外拠点間の資源依存性の進展の中、グローバル化は、調整と統制範囲の空間的な広がりと資源制約の中で様々な拠点間の繋がりや連結を図りつつ、成長していくことである。

　ところで、空間的な広がりは単純に物理的な距離を意味するわけでない。A. Chandler (1986) によれば、ジェット機の登場、通信プリンターの開発、大西洋電話ケーブル開通による電話でのコミュニケーション (1956年)、商業通信衛星の実用化 (1965年)、コンピューター通信の広範囲な利用 (1970年代) が世界の空間を大幅に収縮させた。こうした企業を取り巻くインフラの向上が企業活動のあり方を変化させる要因となった。また、社会体制対立の壁が崩壊に伴い、世界はより狭くなった。さらに、近年のICT進展は極めて安価で、数秒で金融決済や文書のやり取り、情報収集を可能にしてくれる。Freedman (2005) のいう、「世界はフラットだ」と認識するようになった。彼のいうインターネットの普及、共同作業を可能とするソフトウェアの誕生、多様な製品のグローバル調達、世界に広がる更なる技術進展の加速化と融合などの要因が世界のフラット化の可能性を与えたに違いない。

　しかし、実際の企業活動、とりわけ多様な部品によって構成される複雑な製品製造ではどうなのか。ここで、もう一度企業活動範囲としてのグローバル化について考えてみよう。我々に「グローバル化」という用語であり、様々なイメージを連想させてくれる。[6]地理経済学者である P. Dicken (2011) は、我々はグローバル化におけるいくつかの神話を持っていると指摘した上、世界はフラットでも、ボーダレスでもなく、グローバル企業が世界を支配していること

図1　インワードとアウトワードFDIのグローバルマップ

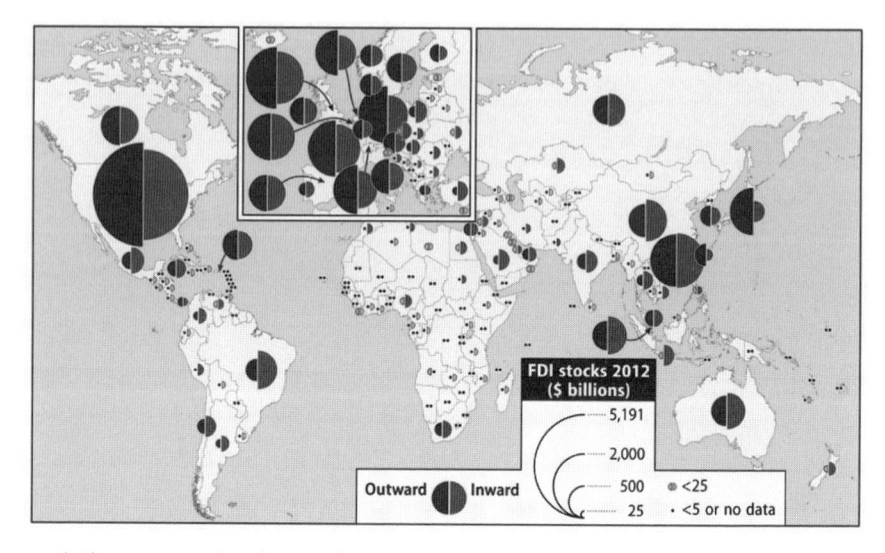

出所：Dicken, P.（2015）p.44.（Figure 2.19 The global map of inward and outward FDI）

でもないという。現実との乖離を指摘する。一つの例としてFDIの投資先を
みると、北米、EU、東南アジアや中国が中心で全地球ではなく、特定地域（先
進国と新興国）に集中していることがわかる（図1参照）。つまり、彼によれば、
グローバル化は経済活動が限りなく地理的に拡大しながら、経済活動の諸機能
の統合の度合いが向上されていくといったイメージとは違うことを喚起してく
れる。Dicken（2011）は「国家の違い」やFTAなどの地域経済圏といった制
度的な枠組みを考慮しながら、一定地域内（inter-regional）の連携を図ること
で事業が展開されているのが現状であると主張する。

　要するに、グローバル化は時間と空間の両方において極めて不均一なオペ
レーションプロセスであり、そこに内在する不確定なセットが存在すると
し、地理的な距離の拡大はある程度制約されたローカルにおいて経済活動の
機能統合を図るプロセスがあると注意喚起する。彼はこれを「regionalization
process」と呼ぶ。すなわち、多国籍企業の投資先一つあるいは一国を捉え、

その中での現地化問題として捉えるのではなく、複数国で成り立つ経済圏を「地域（region）」として捉えるべきであり、そこにおける機能統合プロセスが展開されていることを指摘している。

(2) グローバル生産とロジスティクス機能の重要性

GPN において最も重要な要因のひとつは立地選択問題である。工場・ウェアハウス（warehouse）の立地決定要因に関する古典的な研究である A. Weber（1909）の『工場立地論』では、工場製品の生産から販売までの主要な生産費用を分析した上、低い輸送費と労働費が工場立地選択に重要な決定因である。その後、A. Weber の議論は地理経済学者などによって継承されながら、輸送費と労働費用だけではなく、間接的な費用なども工場立地決定に影響するものとしてみなされた。最近、Barnes（2002）の研究によれば、生産拠点の立地形態は新市場へのアクセス（潜在的市場、企業成長）と資源へのアクセス（低賃金労働力や熟練労働力、原材料への潜在的な利用可能性）がある。他に、Womack & Jones（2003）は、生産拡張コスト（ramp-up process cost）や他のオペレーションコスト（overhead cost、輸送コスト変化、輸送信頼性維持コスト、輸送時間を考慮した在庫コスト、新規サプライヤー問題）などを考慮した連結コスト（connectivity cost）が立地選択の要因であるとする。さらに、彼らは政治リスク、財政（為替）リスク、連結リスクを考慮し、SCM[7] を構築すべきであるとしている[8]。

ところが、複数の生産拠点がグローバルに展開していくと、サプライチェーンをどのように構築していくかが重要となる。また、生産過程のどの工程作業をどこまで行うか、そのために必要な原材料を現地もしくはグローバルで調達するかという戦略的意思決定に直面する。グローバル生産展開になると、いわゆる取引コスト、知識及び技術の重要度、外部企業に対するコントロールやガバナンス構造などの要因だけではすまない。どの地域の拠点で製品及び部品の生産・加工を遂行するかというところまで決めなければならない。さもないと、

実際の生産オペレーション活動は困難な状況になる。

　この問題をめぐって Meixall & Gargeya（2005）は、原材料の購入―部品生産―サブアセンブリー―最終組立―流通センターという連鎖が、マルチサイドで展開される OEM とサプライヤーとの間で相互リンクされた重層的モデルを提案している。また、Errasti（2013）は、彼らの研究を援用しながら、サプライヤー側との統合された生産システムの構築のためには、JIT のような同期化された生産システムを考慮した分業形態とモデルを提示している。

　さらに、複数の地域に生産拠点を設けた企業はそのネットワークの連携が重要となる。この点に注目したのが Miltenburg（2009）である。彼は、海外拠点間のネットワーキングのキー要因は、一般的な国際生産戦略（国内 or グローバル）、生産ネットワーク、ネットワーク生産のアウトプット、ネットワークのレベル、ネットワークの組織能力、生産工場のタイプであるとしている。その中で、特に注目したいのが、工場レベルにコスト、品質、納期、製品パフォーマンス、生産量変動に柔軟性、革新性（新製品への対応）が求められる。ネットワークのレベルでは、市場・生産要素・政府機関へ接近性、規模の経済性追求と複製回避能力、製品・工程・構成員への移動性、製品・生産・マネジメント知識・顧客ニーズ・文化への学習能力などで左右されると指摘する。

　こうしたネットワーク能力を構築するためには、Ferdows（1997）の主張のように、単純な製品及び生産エンジニアリング、購買意思決定、アフタサービスだけではなく、より大きな範囲での責務を現地法人に付与する必要がある。言い換えれば、本社と海外子会社の間に引き起こされる責任と権限の問題を現地の状況と製造拠点の役割の中でバランスが求められるのである。それは生産ネットワークを構成する個々の生産拠点の能力を考慮に入れて、またトータルでの連結原価を考慮に入れた戦略的位置付けにマネジメント上の諸機能を付与するか否かを決定すべきであることを示唆する。

（3）　自動車産業の物流及びロジスティクスに関する研究

　本研究で注目する「ロジスティクス」に関する研究の大半は、工学的なアプローチを用い、狭義の意味で物流あるいはロジスティクスの効率性や効果的な輸送のあり方、輸送形態、効率的な荷姿などに関する研究である。また、地域経済圏の再編と最近のインフラの整備状況が物流に与える影響について、地域別、輸送手段別に分類し、国際交通物流戦略の実態を報告している研究（黒田・家田・山根 2010）も多い。

　本研究では、物流そのものの効率性というよりもその機能に注目するため、これらのアプローチに関するレビューにまでは立ち入らないようにする。よって、新興国市場の成長と自動車産業を対象にした研究、とりわけ ASEAN 地域の自動車産業とロジスティクスに関する研究に絞って考察しようとする。

　まず、トヨタのロジスティクス戦略に関する根本・橋本編（2010）の研究が挙げられよう。この研究では、ASEAN と中国地域におけるトヨタのグローバル・ロジスティクスの実態を明らかにしている。自動車メーカー、物流事業者の部品調達ロジスティクスについて、物流研究の側面からその輸送手段、経路、部品調達システムについて詳細な議論がなされているものの、他の企業機能領域や SCM 全体の関係性や戦略的側面についてはあまり議論されていない。

　同様に、李（2014）は、「荷主への物流サービスの提供及びその支援を事業内容とする企業の集合体」として物流産業を定義した上、中国の物流産業の基盤になるインフラに対する中国政府の政策、輸送モード別の特徴と現状を明らかにしている。そこで、中国物流市場の構造的な問題として、地域間の不均衡と市場需給のミスマッチを指摘しているが、同研究も物流産業そのものの発展及び障害要因が分析の中心になっている。

　一方、川邊（2011）は、ASEAN、特に進出歴史の長いタイトヨタについて海外子会社の自立という側面から歴史的な分析を行っている。トランスナショナル企業の戦略的意味合いで、タイトヨタの成長の歴史は産業環境の変化の

中で、海外子会社の自立のために取り組んだ人材・教育、輸出戦略、そして IMV プロジェクトと現地化への取り組みが組織の知識向上へと繋がり、自立化が促進させるようになったとしている。その点で、現地化の意味がタイトヨタの自立の尺度として見なされている。

　ASEAN 地域における自動車部品の相互補完生産システムについて本格的な研究としては平木ら（2003）や加茂（2006）の研究が挙げられよう。まず、平木ら（2003）では、ASEAN 地域の複数の国にまたがり、生産・在庫・輸送関係において複数事業体を自動車部品・コンポーネントの輸出入関係によって協調的な運営システムのスキームとその背景について論じている。すなわち、BBC スキーム（Brand to Brand Complementation Scheme：1988 年）から AICO（Asian Industrial Cooperation Scheme：1996 年）、AFTA（CEPT：Common Effective Preferential Tariff 共通実効特恵関税、1999 年）への地域経済圏の環境変化を背景に、現地国の現地化要請への対応策として捉えられた、部品補完システムとその分業関係、物流システムなどについて詳細な分析とモデルを提示している。加茂（2006）は、「東アジア」地域の日系自動車産業を理解のため、通貨危機、輸入代替型産業、AFTA（ASEAN 自由貿易地域）に関する理解が必須であるとしながら、ASEAN 地域における部品分業と調達の変遷について丹念な分析を行っている。

　正面から物流改革に論じているものとしては楠（2004）がある。彼の「物流」とは、生産計画に連動するサプライヤーを含めて、背後に生産関連情報の流れを意識した、「物の流れ」を指す。同書からトヨタ物流改革の歴史的な一面を伺えることができる。1980 年代にアメリカへの輸出の際、完成車の物流問題の実態と、NUMMI 設立に伴う部品輸送問題について明らかにしている。そこでは、新工場の建設に伴い、ものの移動経路や手段、コストを考慮にしなら、いかに完成車と部品物流を重要視していたのかがわかる。グローバル生産展開に伴う物流、すなわち「ロジスティクス」と GSCM（Global Supply Chain Management）構築の難しさや重要性が見えてくる。

3　GPN と GSCM の統合機能としてのロジスティクス戦略

（1）トヨタ自動車の海外現地生産史からの示唆

　日本自動車産業の代表的な企業であるトヨタの海外生産展開から考えてみよう。トヨタの海外現地生産の第一歩は 1959 年 5 月生産開始をしたブラジルからである。最初のブラジルビジネスは、1952 年大型トラック FX 型 100 台の CKD 輸出からである。CKD にせよ、現地生産にせよ、補給部品の問題、現地調達部品の問題が表面化しており、それが海外生産活動において大きな問題になったことがわかる。「トヨタ 75 年史」にはこう書いてある。[9]

　　ブラジルへの輸出は、1952（昭和 27）年 1 月に同国政府の許可が下り、大型トラック FX 型 100 台が初めて CKD 輸出された。組立生産には、ブラジル・フォード社から工場の一部を借用し、同年 6 月から生産を開始した。さらに、1954 年 2 月には大型トラック 120 台を CKD 輸出し、同じく組立生産を行った。ところが、FX トラックの販売後、その補給部品が供給されず、次第にトヨタ車の評判は悪くなっていった。1 ブラジル政府が外貨不足対策として、自国で生産できる自動車部品の輸入を禁止し、国産品で賄う政策をとっていたからである。ブラジルの国産部品をトヨタ車の補給部品に用いるには、品質と価格に問題があった。…（中略）…1959 年 5 月からランドクルーザー FJ25L 型の生産を開始した。これまでのスポット的な CKD 輸出とは異なり、トヨタでは初の海外における本格的なノックダウン生産となった。当初の国産化率（重量比）は 60％であった。

　2016 年現在、トヨタの海外生産拠点はエンジンやトランスミッションなどの中核内製部品工場を含めて、26 か国 51 か所の海外生産拠点を有する企業にまで成長しており、今後もメキシコなどの新しい生産拠点が設立される予定で

図2　トヨタ自動車の海外車両生産地域変遷（生産開始─生産終了）

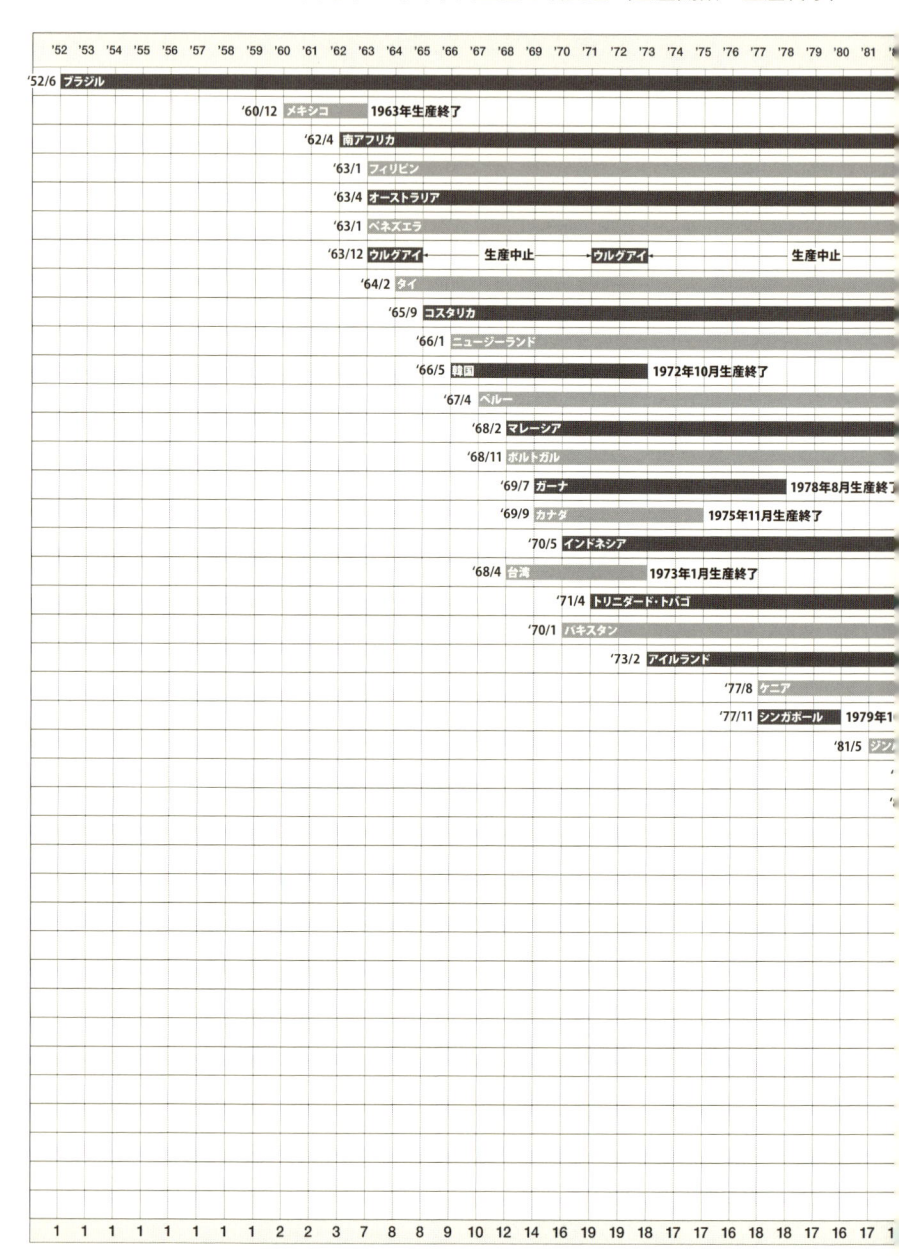

出所：トヨタ自動車ホームページ（2015 年 12 月 1 日アクセス）

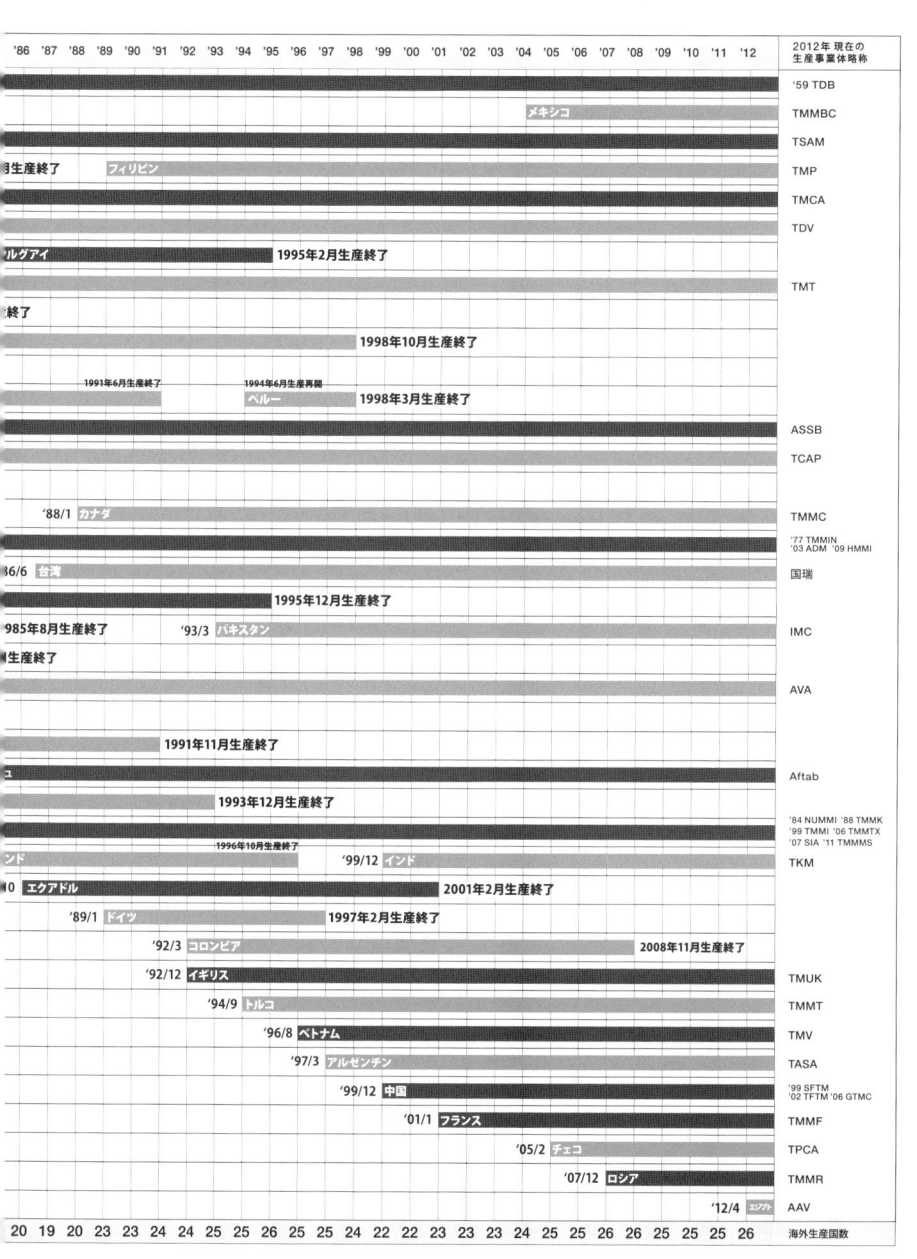

ある。ここで、図2のトヨタの海外車両生産地域（拠点）の変遷に見られる特徴を確認しておきたい。

① **生産国の変化と生産拠点の分散**：現地生産国は南米、ASEAN、豪州、アフリカなどに地域を広げながら、アメリカには NUMMI（1984年）である。その後、インドや EU、ASEAN 地域に拡大していくことがわかる。生産拠点の設立年代・生産開始時期の違いや同地域における生産拡張が行われていることが確認できる（図2）。生産拠点地域の移り変わりの背後には、貿易摩擦、中国と東ヨーロッパ諸国の世界経済体制への編入、NAFTA,ASEAN、EU などによる低賃金活用と豊富な労働力、市場への接近性、経済統合のメリットがあった。ここに、トヨタグループの車両企業の拠点を照らし合わせてみると、より複雑なネットワークが存在していることが改めて確認できよう。

② **海外生産拠点の断続性と入れ替え**：現地生産が開始された後、数年後生産拠点が閉鎖されたり、また復活されたりすることが確認できよう。代表的な国はウルグアイ、ペルー、フィリピン、パキスタン、カナダ、インドなどがこれに当る。豪州生産拠点も 2017年に閉鎖され、タイやインドネシアの ASEAN 地域に集約される予定である。

③ **経済共同体中心の生産能力補完と相互依存性の深化、ロジスティクス重要性増加**：とりわけ、ASEAN を含むアジア太平洋地域の 11か国に、生産・販売拠点6か所、生産拠点6か所、販売会社6か所を設けている。韓国と台湾、豪州地域を除く ASEAN 地域に限ると、生産販売拠点が4か所、生産拠点が5か所、販売拠点が3か所になる。当初、1963年フィリピン、1964年タイ、1968年マレーシア、1970年インドネシア、1977年シンガポール（1979年10月生産中止）のような展開だった。トヨタ70年史によれば、現在、同地域における生産能力（2直/定時）としては、2003年633千台から 2012年1550千台まで拡張している。その中でもっと高い生産能力を有しているのはタイである。また、同地域（8か国）生産拠点の生産車種は、

乗用車が6モデル、ミニバンが3モデル、SUVが1モデル、IMVを含めた商用車が4モデル、生産されている。このように、モデル数と生産能力の増加は、内製部品のロジスティクスだけではなく、関連部品、補修部品の適時供給可能なロジスティクスシステムを構築しなければならない。

　トヨタの海外生産拠点展開からわかるように、中国のWTO加盟とASEANの経済統合化、新興国需要及びニーズの変動、現地化率を含む制度的な要件などの影響によって生産能力の増強（生産拠点の数と生産能力の増加）しており、各拠点間のネットワーキングが一層複雑化するようになったのである。前述の平井らと加茂（2006）の研究で注目するように、1990年代に構築された域内における部品の相互補完体制によって現地生産が行われてきた。実際に、1988年のBBCスキームの調印を受けて、トヨタは日本自動車メーカーとしてはじめてアセアン域内部品相互補完体制を構築してきた。その概要はタイでディーゼルエンジン、インドネシアでガソリンエンジン、マレーシアでステアリング部品、フィリピンでドランスミッションの集中生産体制を確立するものであった（加茂2006、p148）。このような部品相互補完体制はASEANの変化と中国のWTO加盟によってさらなる変化を見せる。

　アジア太平洋研究所（2014）によれば、アジアにおける日系法人の現地調達部品の仕入高ベースでみると、日系から18.1%を、ローカル企業から42.2%で域内調達であるが、残りの部分に関しては近隣第3国からの輸入が約12%、日本からの輸入が約27%を占めている（図3）。

　自動車部品においてもそれほど変わらないと思われる。むしろ日本や第3国からの仕入れが多い。というのも、自動車の場合、①製品アーキテクチャ的特徴上、部品間相互依存性が高いため、企業間調整が極めて多い製品、②プラットフォーム（platform）戦略やモジュール生産戦略の拡大に伴い、承認図取引方式の割合が増えている状況の中では、生産地が離れても機密性を要する開発機能において、メーカーとサプライヤー間の調整は依然として日本で行なうのが大半である（具2013）。さらに、技術標準の改訂により品質問題を避けるため、

図3　日本企業のアジアにおけるサプライチェーンの特徴（2011 年）

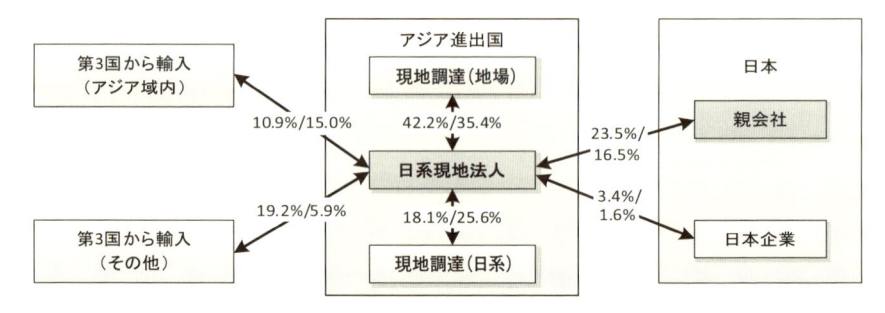

注：矢印中の数字は、仕入れ高％／売上高％を示す。
資料：経済産業省『海外事業活動基本調査』。
出所：アジア太平洋研究所（2014）p13 より筆者加筆。

検証済み部品あるいはサプライヤーとの取引を好む傾向があるからである。このような変化は、完成車輸出入業務に限らず、現地生産のための部品輸出入業務も極めて複雑な形で行われていることが推測できよう。

　GPN のリンケージやリデザインは企業の壁を超えて、サプライヤーを含む SCM の頑丈さが戦略展開プロセスにおける鍵となる。ところが、サプライチェーンを構成する各々企業の異なるグローバル経営能力や発展段階のアンバランス状態を前提に、ある一定地域範囲で異なる地域拠点間の物理的な距離を念頭においた生産・調達オペレーションプロセス、そしてサプライヤーの参画が行われていることに注目しなければならないことを示唆するものであろう。

（2）GSCM 構築：4 つのジレンマと課題

　企業活動は一企業内で完結しない。2 万点を超える部品によって成り立つ自動車の場合、エンジンやトランスミッション、これらの生産に欠かせない一部の金型など、車両機能性を左右するコアコンポーネントは内製傾向が強い。しかしながら、約 7 割部品は外部サプライヤーから調達される。最終組立ライン

だけでも約３千点が必要となる。これらの部品が適時に適量が納入されなければ生産計画は実行できない。それを握るのがサプライチェーン全体のマネジメントである。

　一般的に企業間関係を分析する際には、Van de Ven and Ferry（1980）の提唱した３つのレベル、すなわち２つの組織間の関係（dyad レベル）、焦点となる組織とそれに直接関わっている組織間の関係（組織セットレベル）、複数企業組織の集合体の関係（組織間ネットワークレベル）が用いられる。自動車産業における取引構造に関する研究においても、OEM とサプライヤーをダイアドレベルや組織セット構造として捉えて分析を行うものが多い（Dyer1996、Dyer and Nobeoka,2000、藤本 1998）。ところが、生産活動がグローバルに展開していくと、その取引実態は様々な地域や国に分散している OEM の多数の生産拠点と、多数のサプライヤーの複数生産拠点間のリンケージのためのマネジメント能力が求められる。

　ところが、日本国内のサプライヤーシステムの発展過程で形成された系列システム（和田 1991）はグローバル次元で完全な移転・移植が困難であり、類似なシステムの構築には長い時間を要する。安保（1988）は日本型経営方式や形態の移転問題について「適用か適応か」という観点から海外生産問題を扱っているが、サプライチェーン全体の構築問題を対象にしていない。トヨタの場合、タイやインドネシア進出歴が 50 年あるいは 40 年を超えても、まだ本国と海外の生産拠点間では技術の差は依然として残っている。

　近年には国際経営分野ではトランスナショナル企業への注目とグローバル次元の競争に勝ち抜き、キャッチアップされないために、現調化（現地調達）問題が焦点になっている。現調率は基準（金額ベース、部品点数ベース、重量ベース等々）を何にするかによって異なる。その点、グローバル生産戦略の展開プロセスにおける SCM 関連問題を整理してみると、大きく４つのジレンマに直面している。

　第一に、当該生産拠点の部分最適化と GPN 最適化問題である。現在の GPN は最初からグローバル次元で計画された産物ではない。結果的に、現在の市場

ニーズや需要に適した最適立地ではないため、時間経過と共に分業と連携のマネジメント問題が発生する。海外生産拠点の立地選択には、前述したように、様々な経済・政治的な要因、インフラ、制度と規制などが生産拠点接点の選定要因にもなる。ところが、当初、各々の海外生産拠点は、進出当時の様々な要因の中でその立地が決められたが、制度的要因（関税、租税、規制など）と需要変動によって、生産拠点の拡張・増設、生産品目の入れ替えが必要になる。そのため、当該拠点の戦略的位置付けが変化されてしまうことが多い。したがって、OEM及びサプライヤーの海外生産戦略も、進出国のみならず、周辺経済圏、そして国内生産拠点との間で分業の見直し、生産品目の集中と分散の再編が必要とされるようになる。つまり、進出当時、当該海外生産拠点の機能と役割は当初のミッション（単純な組立など）から徐々に変貌していき、各々生産拠点の組織能力の均衡と不均衡状態が繰り返して起きることになる。そのため、生産拠点間のネットワーキングの必然性が出てくるのである。

　第二に、生産拡張機会の取得と能力展開リスクの問題である。OEMとサプライヤーの海外展開能力のギャップから生じるサプライヤーシステムの寸断と分散問題に対処しなければならない。OEMが市場需要に合わせた生産能力構築が展開できるとしても、サプライヤーの場合、原材料の調達、人材、海外経営経験不足、技術移転問題、関連メーカーとの取引などの理由により、海外進出できない企業が存在することで、サプライヤーシステムが不完全な移転に留まってしまう可能性が高い。関連企業の発展段階が必ずしも同一段階にあるとは限らないからである。一方、サプライヤーの場合、国内顧客だけを目当てに生産拠点を展開するにはリスクが高い。工場単位で量産規模確保が必要であり、海外新規顧客の開拓、新規取引や為替変動に伴う経営リスク、競争圧力などを背負わなければならない。量産規模の確保は、生産の集約を意味する。そのため、その生産拠点より離れた工場の活用はロジスティクスコストを含め、生産計画を遂行するための追加コストが掛かってしまう。同時に、当該工場との緊密なリンケージ（生産品目、量産規模、工程分業など）が重要となる。逆に、これらのリスクを克服できれば、サプライヤーが新たな市場・顧客を手にし、新し

い成長の原動力を手にすることができよう。

　第三に、現地化の努力と技術標準の改訂リスク及び追加コスト問題を引き起こす。進出国規制によって、生産の現調化率に適するサプライチェーン構築が必要になるものの、量産オペレーションに求められる品質、コスト、納期、フレキシビリティを満たす企業が十分ではない。これを克服する方法は、3つ考えられる。①空間的・物理的な問題があっても検証された既存のサプライヤーを活用する。②時間をかけて現地サプライヤーの育成を図り、長期において安定したサプライヤーシステム構築を目指す。この選択肢は長い時間とコストがかかると同時に当分不完備な状態が続くことになる。③不完全なサプライヤーシステムを補完するために、既存地域（日本）の検証された国内サプライヤーを活用するか、もしくは第三国・地域に進出している海外サプライヤーの活用による方法である。この選択肢の場合、多くの日本企業は国内における取引慣行や業務調整のパターン、技術標準や評価方法を維持しようとする。(10)同時に、新しいサプライヤーがそれに対応するか否かという不確実性が発生する。

　第四に、生産供給地と消費市場間の空間と物量のアンバランスによって生じる生産の集積と分散のジレンマである。この問題は、上記に述べたものが複合的に現れる問題である。生産拠点は必ずしも消費市場の近くに立地するとは限らない。需要量と生産量にズレが生じた場合、何らかの形で生産量の配分と最適生産地を模索しなければならない。ところが、コストパフォーマンスを高めるためには、「規模の経済性」の追求が必要になる。なるべく、生産の集積が求められる。特に、OEMよりもサプライヤーの場合、規模の経済性を満たせる量産規模・個数が多いのが一般的である。そのため、特定顧客への依存度が高く、企業特殊資産性が高ければ高いほど投資リスクが高くなる。これは機会であり、リスクである。さらに、重層的サプライヤーシステムの下位レベルになればなるほど、適正量産規模の確保の不確実性も高く、投資リスクも高まることが、サプライヤーシステムの不均衡状態を引き起こす要因となる。

　上記の4つの海外生産展開のジレンマは、本研究の分析対象にしている自動

車のように、複雑な製品システムであればあるほど、自社生産拠点だけではなく、様々な部品や中間財メーカーの生産拠点が既存ネットワークに加わることになることを意味する。同時に、生産及び供給ネットワークの重層性を考慮すると、サプライヤーシステムの Tier1、Tier2、Tier3 などの企業が一つの国、一つの地域に集約された、完結したサプライヤーシステムを構築しているわけではなく、制度や産業基盤が異なる国や地域に分散していることが推測できよう。こうした状況の中で、生産量の変動、品目変動に対応できる生産ネットワークとそれを支える SCM 構築がグローバル競争力を左右する要因となる。

(3) GPN における生産分業とロジスティクスの機能

リージョンないしリージョン間の相互補完分業体制のリデザインには、生産量とモデル、労働コスト、サプライヤーの能力などが影響する。各事業体の組織能力を補完する取り組みは、自然に相互依存性を高めることになるものの、オペレーション上の複雑性を助長することにもなる。実際の「もの」と「情報」が動いているロジスティクス現場がその問題を解決できるキーになる。ロジスティクスの問題は物流コストだけで片付けられない。特に輸送費が低下する時期はその重要性を適切に評価できず、安価なものとして考える傾向があるが、これは実際に生産活動に直結するものであり、長い物流は在庫コストを押し上げる要因になる。

先述したように、現地企業の組織能力のバラツキ、生産における経済的効果、技術・品質的問題、安定的な材料供給などの問題を前提に、なるべく経済合理性を追求しながら調達活動を行わなければならない。そこで、調達戦略は仕入先に大きく3つのルートで行われる。

① 調達部品に対するミルクラン（milkrun）方式：OEM 工場を中心に比較的隣接しているサプライヤーの生産拠点に決まった運行ダイヤで巡回しながら後工程から引き取り輸送することで、安定かつ効率的に供給するミル

クラン方式がよく取られる。トヨタの場合、この方式が2001年に導入され、リーマンショック以後には全世界的に導入されるようになった。できる限りものの移動距離を短くすると同時に、安定した生産オペレーション実現のためのツールである。その結果として現調率の向上への取り組みの成果が出たと見られる。もちろん、FTAによる関税圧力は現調率の向上を促すに間違いないが、技術的な要因（材料、品質要因）などによって日本に依存している基幹部分が大きいのが現状である。

② マルチソーシング部品（MSP）：各地域の多事業体間の部品取引である。筆者の取材によれば、MPS部品のコンテナ取扱量（2011年、FEU／年）でみると、ASEAN域内から他の地域への量は、約17％が域外へ供給されており、残りの8割以上がアジア太平洋地域内で相互補完的に供給する体制になっている。域外国のなかで最も取扱量が多いのは南アフリカへのルートである。生産集中による効果や技術品質維持、原材料の入手の容易さ、運搬コストなどを考慮し、分散集中生産体制をとったと思われる。同様のことがTier1サプライヤーの一部でもみられる。

③ 日本調達輸入部品のルート：小物から大物まで重要な基幹部品や耐久性に関わる部品がこれに当る。車両によってバラツキがあるが、平均部品点数としては約2～3割の部品が日本からの輸入部品である。日本調達部品の場合、材料特性や加工レベルの問題によって現地化できないものである。日本調達部品が存在する分だけ、サプライチェーンは長くなるし、生産計画・指示の複雑性も増すことになる。同時に物流が長くなる分、ロジスティクスオペレーションの複雑性も増加することになる。つまり、サプライチェーン全体の効率化を考慮した取り組みが実行される必要がある。

　GPNにおけるこれらの3つのルートにおいて、いかにして適時に適量を淀みのない流れを作り、効率化するかがロジスティクス戦略の機能である。物流現場におけるオペレーションは、生産工場―部品搬送（トラック）―（部品倉庫）―港―船便―港―（トラック）―部品倉庫―部品納入―生産工場の流れで行わ

れている。トヨタの場合、これらの業務が多様なグループ企業や関連企業との協力によって実施されている。近年、注目すべき動きとしては、V to V（Venter to Venter）物流が挙げられる。各企業が顧客先へ輸送する形態から、各社の貨物を集約し、定期便に（まとめて積載し、効率かつ安定供給する形態が捉られている。これによって、積載効率の最大化と輸送リードタイムの短縮、在庫圧縮を図っている。

（4）GSCM と開発のリンケージ：ロジスティクスのための開発（Design for Logistics）

　大規模な投資と一定のスキルを要する自動車及び部品製造には、簡単に工場撤退と新規投資を決められない。また、投資確定から実際の生産開始まで時間を要する。富野・新宅・小林（2016）は ASEAN、中国地域などを中心に、トヨタとサプライヤーを含めて市場特徴と部品調達を考慮した SCM の重要性を主張している。トヨタの場合、様々な市場変動の不確実性による生産側の変動をなるべく最小限にし、計画された生産量をなるべく計画通りに遂行することでサプライチェーン全体の安定性を確保することを重視する。すなわち、生産計画の安定化・平準化を図ることで工場内の不安定性を回避しようとする体制を堅持する姿勢が伺える。

　いずれにしても、前述したように、SCM の範囲は広範囲に及ぶため、そのリンケージをどのように保つか、頑丈な体制を構築できるかが鍵となる。というのも、トヨタの歴史からもわかるように、海外生産が本格化すると、日本からの完成車の輸出ロジスティクスだけではなく、部品ロジスティクス問題に本格的に取り組まざるを得なかったこと（張2006）から示唆される。

　そこで、GSCM の効率化を念頭においた競争力である製品設計が行われる。つまり、製品開発本来の製品機能及び設計も重要であるが、その製品あるいはサブシステム、部品が作られた地域から離れ、他の地域で組立てられ、装着される場合は、輸送効率を上げることが重要となる。よって、製品（部品）設計

の際、輸送モードやコンテナーの形と、運ぶ際の荷姿が効率的な形状か否かを考慮した設計を行うことである。つまり、GPN においては、できあがた部品やサブシステムを、どのように梱包し、物流期間中に品質を維持しながら、効率的に運ぶかを考えることだけではなく、トータルコスト面でどのような形状や荷姿にすれば効率的なのかを予め設計に反映する。また、どこでどの部品まで組み立てれば、その拠点の能力にフィットしつつ、FTA 制度を考慮し、工程分業のあり方を検討することまで至った。

　実際の A 社事例を上げてみよう。ハイブリットエンジンのバッテリーを積載する鉄の容器はその製造費用が数万円であった。また、搬送期間中に製品品質を維持するため、間接的に保管間接財などが使われる。そのコストも、1 個当り数千円掛かっていた。さらに、輸送中の安全輸送のため、バッテリーをブラケットに 8 本のボルトで固定していた。これらの取り組みは一見品質維持のためには必要なものであるに間違いない。しかし、製品そのものの付加価値の向上とは無関係である。そこで、物流現場の提案により、バッテリーについていた凸形状のブラケットをあらかじめ取り付けるのではなく、現地装着に切り替えることによって、搬送パレット内に 9 個積載することができた。さらに、積載モジュールがボルト 4 本で組立できるようにした。他にもパレット製作コストの低減、積載効率向上効果が得られた。

　この事例はロジスティクスの観点、すなわち荷姿の改良という考え方から、製品設計の変更と組み付け作業を担う生産拠点を変えた例であろう。もちろん、その背後には開発とロジスティクス、生産部門間の緊密なコミュニケーションと連携なしではできないものであろう。要するに、GPN のリンケージとリデザインのため、部品ロジスティクスを考慮した、物流、開発、生産分業といった部門間の連携に影響を与えた事例である。製品設計においても「製造しやすい設計（Design for Manufacturing）」を超えて「ロジスティクスしやすい設計（Design for Logistics ）」が戦略的課題となることを示唆する。また、生産地の決定と分業範囲をめぐる GPN のリデザインの効率化のために、開発を含めて検討されたものとして理解できよう。

5　結論に代えて

　本研究では、FTA の変化を考慮しつつ、ASEAN 地域市場を捉えながら近隣地域への供給機能を果すためには、生産分業や物流、開発だけでなく、GSCM 構築におけるジレンマを指摘した。また、ASEAN 各国に分散している生産拠点とサプライヤーの能力を相互補完的に活用だけではなく、その生産分業の形態を左右し、サポートするドライバーとなっているのがロジスティクスであり、そのためのロジスティクスを考慮したサプライチェーン・リデザイン戦略が必要とされる、という観点を提示した。

　OEM の生産拠点の立地という制約条件の中、サプライヤーシステムを「リージョン」を軸に、市場拡大と多様なニーズへの対応としての増産とモデル変動・増加に対応するためには、分散している生産ネットワークの能力とサプライチェーンをつなぎ、そのサプライヤーや生産拠点の能力を相互活用するに当って、最も重要な機能がロジスティクスであることが示されたと思われる。これは「工場内」だけではなく、国境を越えて生産とリンクしながら川上の開発まで巻き込む重要なファクターであることが分かる。まさに、ASEAN におけるトヨタの生産拠点の動きは、Ferdows（1997）が指摘したように、海外工場の場合、短期的なコスト優位性だけではなく、関税、貿易協定、労働コスト、ロジスティクスコストを享受できるようにマネジメント体制構築へ向かっているように見える。

　海外生産開始は企業活動範囲の拡大を意味する。同時に、国内にある程度完結していた諸機能（生産、調達、開発）間の連結に伴う管理の複雑性の増加を伴うことになる。多数・多岐にわたる部品によって構成される製品システムの場合、市場の拡大やニーズの多様化はこの問題を一層複雑化していく。単純にOEM 生産拠点が現地国に展開され、当該生産現場における加工組立といった生産オペレーション能力向上だけでは実現されないのである。

　外部環境の変化や資源・能力制約条件を全体的に考慮・予測し、最適化され

たマスタープランとして各生産拠点が展開されるわけではない。むしろ、進出当時の市場・技術変化や進出国の経済経営状況などを考慮し、その時の最適な地域に生産能力と生産品目が決定される。また、そこには現地から供給できない部品、もしくは戦略的に本国から供給すべき部品などがあり、国境を超えるものの円滑な供給システムを効果的に構築していく必要がある。要するに、現在のグローバル生産活動は、これまで様々な歴史・経済的要因変化の中で、設立された生産拠点の資源と能力を結合させながら、または相互依存性を回避しながら、最適に近い状況に生産ネットワークを繋げること、そのために部品供給システムをどのように構築・運営するか、そして市場変化による生産変動にフレキシブルに対応可能な GPN をどのように構築・運営するかがグローバル生産戦略、GPN マネジメントの鍵である。

　中国内陸の四川省の四川トヨタの場合、中国国内調達率は約5割で、他の部品は日本からの調達に依存している。部品のロジスティクスには、まず、中国上海まで船で運び、その後、上海から長江を使って輸送する（李 2008a、2008b）。トータルで約3週間を要する。この例は、グローバル生産・競争時代において、トータルコストという側面から様々な問題と戦略的な示唆を与えてくれる。淀みのない流れは工場内だけでは、グローバル生産時代には通用しない。工場内では秒単位で、ヤードでは時間単位で、積載港や鉄道ヤードでは日単位で、輸送手段の上では週単位で管理されている現実を考えると、改善活動の空しさも感じられる。

　グローバル生産時代に、何が本当に淀みのない流れを作れるのかを改めて考える必要があるだろう。部分最適化を超えて、GPN と GSCM 全体の効率化を理解するためには、個別の工場や生産活動の壁を超えて、調達と開発機能を考慮に入れ、それらを繋ぐロジスティクス機能との関連の中で分析を試みることが重要である。2016 年のイギリスの EU 離脱の騒ぎからも分かるように、経済圏の変動による関税や為替の変動が、それによるトータルコストや原価変動が、サプライチェーンの再編を含む生産オペレーション、GPN のリデザインに影響を与えることを考慮した視点に立つべきであろう。

　要するに、グローバル生産が強い競争力に結びつくためには、分散している生産能力・資源の迅速な再配置、ロジスティクス機能の戦略的重要性を認識すべきであろう。自動車産業以外でも、ZARA（フェドウズ、ルイス、マルシア、2004）、ウォルマート、セブンイレブン（信田2013）など、高い競争力を有する企業の柔軟かつグローバル事業システムの背後にはグローバルに対応できるロジスティクス戦略があり、またそれを支える情報管理システムの運用がある。和田（2013）は部品調達とロジスティクス、情報システムの整備という観点からトヨタの海外進出の遅れの理由を指摘する。

　最後に、本研究で残った課題は山積である。まず、様々な学問領域の議論をより十分に取り入れ、綿密な検討する必要がある。同時に、生産・調達・開発機能のより有機的な関係について議論を発展すべきであろう。OEMの物流・生産戦略の変化に伴い、日本や海外サプライヤーの変化、現地調達や現地開発の動きを連携して、部品物流のパターン、ものの流れと情報の流れを統一的に考察していく必要があると思われる。この点で、本章の議論はアイディア段階に過ぎないかもしれない。今後の課題にしていきたい。

［注］
(1)　本研究は、JSPS科学研究費（基盤研究（B）23330123（研究代表者：和田一夫）と基盤研究（C）研究課題26380543（研究代表者：具承桓）の助成を受けた研究成果の一部である。なお、本論文は2014年9月国際ビジネス研究学会中部部会で発表されたものであり、具（2015）を加筆修正したものである。
(2)　この点で、1989年6月の天安門事件、11月のベルリン壁の崩壊、1991年のソ連の崩壊による一連の政治体制の変化は、冷戦や理念対立時代の終わりに留まれず、企業活動の舞台を一新させる大きなターニングポイントとなったのである。
(3)　Abele, E. 他（2008）によれば、立地（location）選択要因とプロセス（生産活動）要因との間で重点変数が異なる。
(4)　自動車産業の場合、その製品システムとサプライチェーンが極めて複雑である。部品種類や品番が多く、その構成部品の材料と形状、大きさ、重量も多岐にわたる。そのため、一つの製品のためのサプライチェーンが階層的に

重なった構造に加えて、多面的な取引特性（部品属性による異なる取引方式の採用：浅沼1997）による取引及び分業構造で成り立つサプライヤーシステムによって支えられている。

(5)　グローバル化（globalization）は世界規模で経済経営活動の相互依存化が進んだ状態を意味する（浅川2003）。この観点に立つとグローバル経営は世界を単一市場と捉え、グローバル規模で企業活動を展開し、ネットワーキングしながら企業成長を図ることを意味する。

(6)　例えば、従来とは違って企業活動は国境が無意味で全地球的な範囲で自然にビジネス展開が可能となるというイメージがある。

(7)　SCMはマテリアル・情報・財務のフローを関連参画企業間で調整することで、ビジネスプロセスの改善・改革を図る考え方である。この議論の背後には当初の現場改善からICTの活用により、情報共有し、サプライチェーン全体の効率化と最適化を図れる仕組みを作り上げるという考え方である。最近では企業のグローバル経済活動という側面から既存のSCMの拡張したものとしてグローバルサプライチェーンマネジメント（GSCM）の議論が登場している。

(8) ここでは内外製の意思決定(make or buy decision)の基準や関連研究は省く。Fine and Whitney（1996）を参照されたい。

(9) https://www.toyota.co.jp/jpn/company/history/75years/（トヨタ自動車ホームページ第1部第2章第3項）。

(10)　他方、アジア太平洋地域における開発機能向上のため、生産の現地化だけではなく、開発の現地化を進める動きも強まっている。開発の現地化は言葉だけではなく、その内容や実活動を綿密に精査する必要があるが、トヨタの場合、テクニカルセンターが設立され、2004年に投入されたIMV車両のコアモデルや現地適応車両の開発業務を担っている。2007年には地域統括会社TMAP-EMが設立された。TMAP-EMの設立後、2008年に物流機能がシンガポール（TMAP-MS）からタイへ移管された。

［参考文献］

Abele, E. , T. Meyer, U. Naher, G. Strube and R. Sykes eds.(2008) *Global Production: A handbook for Strategy and Implementation*. Springer.

浅川和宏（2003）『グローバル経営入門』日本経済新聞社。

浅沼万里・菊谷達弥（1997）『日本の企業組織　核心的適応のメカニズム――長期取引関係の構造と機能』東洋経済新報社。

安保哲夫（1988）『日本企業のアメリカ現地生産：自動車・電機：日本的経営の「適

用」と「適応」』東洋経済新報社。

Barnes, D.（2002）"The Complexities of the Manufacturing Strategy Formation Process in Practice", *International Journal of Operations & Production Management*, 22（10）, pp. 1090-1111.

Chandler, A. D.（1986）「グローバル競争はどう発展したか」M.E. ポーター編『グローバル企業の競争戦略』土岐坤・小野寺武夫・中辻万治訳、ダイヤモンド社、1989 年。（Porter, M. ed., *Competition of Global Industries*, Harvard Business School Press, 1986）

張富士夫（2006）「トヨタ生産方式の原点は〝物流改善〞」『Material Flow』10 月号、pp. 16-21.

Dicken, P. (2011) *Global Shift: Mapping the Changing Contours of the World Economy*, 6th ed., London: Sage.

Dunning, J.H.（1992）*Multinational Enterprises and Global Economy*. Addison-Wesley, Wokingham.

Dyer, J. (1996)."Specialized Supplier Networks as a Source of Competitive Advantage: Evidence From the Auto Industry", *Strategic Management Journal*, 17, 271-291.

Dyer, J. and K. Nobeoka (2000) "Creating and Managing a High Performance Knowledge-sharing Network: The Toyota Case," *Strategic Management Journal*, 21, pp. 345-367.

Errasti, A. (2013) *Global Production Networks*. 2nd ed., CRC Press.

Ferdows, K. (1997)"Making the Most of Foreign Factories", *Harvard Business Review*, March-Aprl, pp. 73-88.

Fine, C. H. and D. E.Whitney (1996) "Is the Make-buy Decision Process a Core Competence?" Paper submitted to MIT IMVP Sponsors', at Sao Paulo, Brazil.

Freeman, T. L.（2005）*The World Is Flat: A Brief History of the Twenty-first Century*, Farrar Straus & Giroux（T）: Exp Upd edition: New York.（伏見威蕃訳『フラット化する世界（上）（下）』、日本経済新聞社、2006 年）。

藤本隆宏（1998）「サプライヤーシステムの構造・機能・発生」藤本隆宏・西口敏広・伊藤秀史編『サプライヤー・システム』有斐閣、pp. 41-70。

平木秀作・市村隆哉・片山博・石井和克・加茂紀子子（2003）『国際協力による自動車部品相互補完システム』渓水社。

加茂紀子子（2006）『東アジアと日本の自動車産業』唯学書房。

川邊信雄（2011）『タイトヨタの経営史──海外子会社の自立と途上国産業の自立』有斐閣。

具承桓（2015）「グローバル時代における生産・調達・開発のインテグレーショ

ン戦略」『京都マネジメント・レビュー』第 29 号、pp. 73-93。

具承桓（2013）「グローバル時代における生産・調達・開発のインテグレーショ
　ン戦略日本企業の競争力の変貌と開発現地化問題の本質――韓国自動車部品
　メーカー X 社の事例からみる開発現地化の再考」『京都マネジメント・レビュー』
　第 22 号、pp. 89-110。

フェドウズ，ルイス、マルシア（2004）「ザラ（ZARA）――グローバル SCM」
　『LOGI-BIZ』11 月号、pp. 26-33。

黒田勝彦・家田仁・山根隆行（2010）『変貌するアジアの交通・物流』技報堂出版。

李瑞雪（2014）『中国物流産業論――高度化の軌跡とメカニズム』白桃書房。

李瑞雪（2008a）「中国発ロジスティクス最新レポート：四川トヨタ①」『流通設
　計 21』1 月号、pp. 62-65。

李瑞雪（2008b）「中国発ロジスティクス最新レポート：四川トヨタ②」『流通設
　計 21』2 月号、pp. 59-61。

Meixall, M. and V. Gargeya (2005) Global Supply Chain Design: A literature review and
　a critique. *Transportation Research Part E*, 41, p. 531.

楠兼敬（2004）『挑戦飛躍――トヨタ北米事業立ち上げの「現場」』中部経済新聞社。

Miltenburg, J. (2009)"Setting Manufacturing Strategy for a Company's International
　Manufacturing Network", *International Journal of Production Research*, 47（22），
　pp. 6179-6203.

根本敏則・橋本雅隆（2010）『自動車部品調達システムの中国・ASEAN 展開』
　中央経済社。

大久保敏弘（2016）「海外直接投資概念の再整理――新しい FDI の分析手法と
　概念：ネットワーク『FDI』」木村福成・大久保敏弘・安藤光代・松浦寿幸・
　早川和伸著『東アジア生産ネットワークと経済統合』慶応義塾大学出版会。

信田洋二（2013）『セブイレブンの『物流』研究』商業界。

富野貴弘・新宅純二郎・小林美月（2016）「トヨタのグローバル・サプライチェーン・
　マネジメント」『赤門マネジメント・レビュー』15（4）、pp. 209-230.

Van de Ven, A. H. and D. L. Ferry（1980）*Measuring and Assessing Organization*. New
　York, NY: John Wiley & Sons.

和田一夫（1991）「自動車産業における階層的企業間関係の形成――トヨタ自動
　車の事例」『経営史学』26（2）、pp. 1-27。

和田一夫（2013）『ものづくりを超えて――模倣からトヨタの独自性構築へ』名
　古屋大学出版会。

Weber, A.（1990）*Üeber den Standort der Industrien, Erster Teil, Reine Theorie des
　Standorts*.（Tübingen, Mohr, 1922）（篠原泰三訳『工業立地論』大明堂、1986 年）。

Womack, J. P. and Jones, D. T. (2003) *Lean Thinking*. Simon Schuster: New York.

湯沢威・鈴木恒夫・橘川武郎・佐々木聡編（2009）『国際競争力の経営史』有斐閣。

［資料］

アジア太平洋研究所（2014）『日本企業立地先としてのアジアの魅力とリスク──日本企業のアジアサプライチェーン』アジア太平洋研究所。

トヨタ自動車（2013）『トヨタ自動車 75 年史』。

第Ⅱ部

日系自動車メーカーのグローバル生産展開とサプライヤーシステム管理

第3章

トヨタのグローバルサプライチェーン マネジメント

富野貴弘・新宅純二郎・小林美月

はじめに

　近年、経済の急速なグローバル化とともに、日本企業が構える生産拠点と販売拠点の立地も世界的な広がりを見せている。1990年代以降、かつてのような「日本国内で、上流から下流まですべてのものづくりを完結させ、最終製品を世界各国に向けて輸出する」というフルセット型の産業構造（関1993）が大きく変貌を遂げてきた。ものづくりの価値連鎖が世界各地に分散し、それが相互に結びついたものづくりのネットワークが形成されるようになってきた（Gereffi/Lee2012、琴坂2014）。自動車や家電製品を見ると、完成品を構成している様々な部品や材料の生産が一企業、一国内で完結しているということはほとんどない。例えば液晶テレビでは、液晶材料や偏光板など各種フィルムが日本で生産され、それを使って液晶パネルが韓国や台湾で生産され、最後に最終製品である液晶テレビが中国で組み立てられるといった生産ネットワークが東アジアで形成されてきた（新宅2009）。

　日本企業が海外で完成品を生産するときも、日本から海外工場に、直接あるいは間接的に部材を送って生産されることがほとんどである（新宅2014）。しかし、「生産の現地化」という問題が取り上げられるときには、その多くが完成品レベル、ないしはTier1レベルの調達であることが多い。海外工場が現地調達している場合でも、供給元のサプライヤー企業が部材を日本から輸入して

いるケースが多く見られ、Tier1 だけでなく、サプライチェーンのより深い階層まで降りて分析しないと真の現地調達の状況は掴めない（新宅・大木 2012）。

ものづくりの国際分業のあり方を問う研究では近年、製品・工程アーキテクチャ（設計思想）の違いと、国ごとの生産性の比較優位性にもとづいて最適な立地展開を考えるという潮流がある（新宅・天野 2009）。総論としては、ものづくりに伴う組織内・組織間調整の負荷が大きい製品（擦り合わせ型のアーキテクチャを持つもの）と調整負荷が小さな製品（モジュラー型のアーキテクチャを持つもの）という線引きを基本軸に、それぞれの国が持つ組織能力の得意不得意に応じて完成品と構成部品の最適生産立地を企業は選択すべきというものである。実際に、今日のものづくりの国際分業の実態を観察してみると、こうした選択基準によって、なぜそうなっているのかを説明できる面が比較的多い。本章で取り上げるトヨタでも、擦り合わせ的要素の強い部品（駆動系やハイブリッド関連の部品）の多くは今でも日本国内で集中して生産し、世界中の組立工場に供給している。

ただし、そのようにして選択された部品の国際生産分業とサプライチェーンマネジメントの問題を真正面から取り上げた研究は意外に少ない。さらに言えば、完成品生産の国際立地や輸出入の問題には注目が集まることが多いが、ものづくりのサプライチェーンの深い階層まで視点を広げた生産分業の問題については相対的に注目度が低いと言える。

こうして、ひとつの製品のサプライチェーンが複数の国や地域にまたがっていることが常態化してきた状況の中、各社に強く求められるのが、世界中に点在する完成品と部品の生産拠点と、各地域市場の販売拠点との間での活動連携である。各部品と完成品の生産立地を決定したうえで、適切なタイミングで部品を生産あるいは調達し、世界各地域それぞれに異なる市場特性に応じた完成品を効率よく送り出せるような調達・生産・販売の連携の仕組みを構築しなくてはならない（Goh/Lim/Meng, 2007、Blackburn, 2012、Choi/Narasimhan/Kim, 2012、Demeter, 2013、Williams/Roh/Tokar/Swink, 2013）。言い換えると、今日の製造業は、グローバルなものづくり連鎖の複雑な連立方程式を解かねばなら

ないという課題に直面している。

　このような問題意識のもと、本章ではトヨタ自動車（以下、トヨタ）のケースを取り上げ、自動車企業がグローバル市場に適応するためのサプライチェーンマネジメント（SCM）の態様について素描し考察する。2015 年 12 月現在、トヨタの完成車および部品の生産拠点は、日本以外で世界 28 か国・53 拠点、販売先は 160 か国以上に及んでいる。しかし、このように拡大した世界中の生産・販売拠点間で、車両の発注から生産・販売にいたるまでの流れが具体的にどのようになっているのかという点に関しては、既存の研究ではあまり明らかになっていない[1]。

　そこで本章では第一に、世界中に点在する生産拠点と販売拠点間のモノと情報の流れを整理し、トヨタが長く複雑に入り組んだサプライチェーン間をどのように連携させているかという側面を明らかにする。第二に、トヨタがグローバルなサプライチェーンを管理する上で、部品調達の側面と市場特性の違いが鍵を握っているという点を指摘する。とりわけ、部品調達の問題が、今日の自動車産業のグローバルサプライチェーンの実態を理解する際には特に重要であるという点に注目したい。

　例えば、ここで紹介する興味深い事実のひとつが、トヨタが日本国内の工場で完成車両を生産・輸出して、それを特定の海外市場で販売する際に要する発注〜納車リードタイムと、同じ海外市場で現地生産して販売するのに要するリードタイムがほぼ同じ、地域によっては日本から海外へ輸出する方がリードタイムが短いケースが存在するという点である。これには、海外現地生産であっても全ての部品が現地調達できるわけではなく、少なからず日本や他国からの調達部品が不可欠であるという現実が関係しており、そのことが、同社がグローバルなサプライチェーンを構築する際に避けて通れない問題となっている。

1　トヨタの生産・販売拠点のグローバル展開[(2)]

　最初に、トヨタのグローバル生産と販売展開の現況について、トヨタのホームページで開示されている情報をもとに簡単に確認しておこう。同社の自動車生産台数は、2010 年は世界首位、2011 年 3 位、2012 年首位であり、あらためて言うまでもなく世界を代表する自動車メーカーのひとつである。[(3)]2015 年 3月末現在、世界中で従業員 344,109 人を抱え、連結決算で 27 兆 2,350 億円の売上、2 兆 7,500 億円の営業利益を上げた。2015 年時点で、世界の約 170 か国で自動車を販売しており、生産台数、販売台数ともに海外事業が半分以上の割合を占めている。その販売台数（連結合計）を地域別でみると、日本が 24％、北米が 30.3％、欧州が 9.6％、アジアが 16.6％、その他地域が 19.5％となっており、

図 1　トヨタの世界生産拠点（部品工場を含む）＊ 2015 年 12 月現在

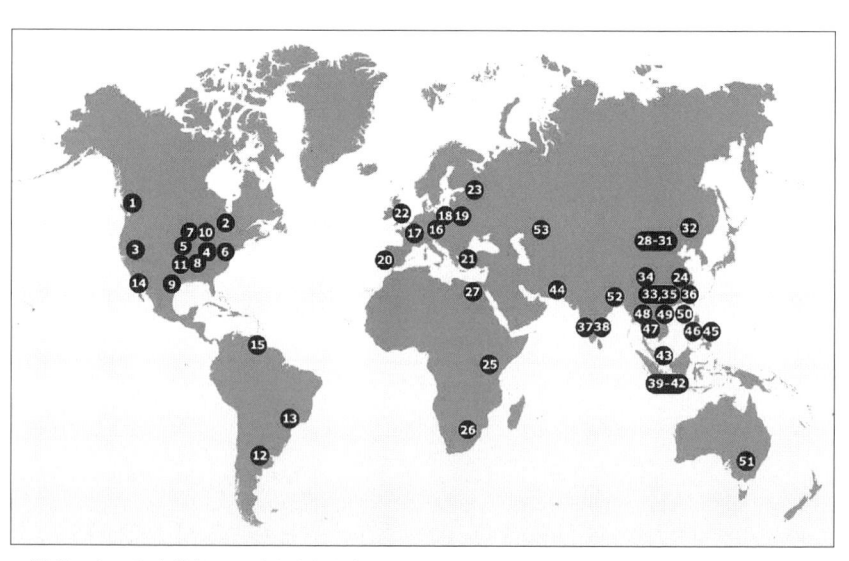

資料：トヨタ自動車ウェブサイトより。
http://newsroom.toyota.co.jp/corporate/companyinformation/worldwide

日本と北米市場への依存が大きいが、最近ではアジアなど新興国の比率が高まりつつある[(4)]。また、自動車事業にかかわる海外法人は、2015 年 12 月の時点で、生産法人[(5)]が 28 か国・53 拠点、販売法人[(6)]が 167 と、世界中にその事業拠点を構えている（図 1）。

　トヨタの車両組立工場に限定して整理したのが表 1 である。1959 年のブラ

表 1　国別生産車種および生産開始時期

生産国	生産開始年月	主要生産車種	トヨタ車両生産実績（千台）	従業員数
カナダ	1988.11	カローラ、マトリックス RX350,RAV4	505	7,500
アメリカ	1988.5 ケンタッキー	カムリ カムリハイブリッド アバロン、ヴェンザ	504	7,831
	1999.2 インディアナ	セコイア ハイランダー、シエナ	300	5,026
	2006.11 テキサス	タンドラ、タコマ	229	2,883
	2007＊ インディアナ	カムリ	97	―
	2011.10 ミシシッピー	カローラ	159	1,796
アルゼンチン	1997.3	ハイラックス フォーチュナー	94	4,232
ブラジル	1959.5	カローラ、エティオス	140	5,264
メキシコ	2004.9	タコマ	64	702
		デッキ	―	
ベネズエラ	1981.11	カローラ、フォーチュナー ハイラックス	9	1,771
チェコ	2005.2	アイゴ	185	2,425
フランス	2001.1	ヤリス	192	3,638
ポルトガル	1968.8	ダイナ	1	190
トルコ	1994.9	ヴァーソ、カローラ	103	3,300
イギリス	1992.8	アベンシス、オーリス オーリスハイブリッド	179	3.891
ロシア	2007.12	カムリ	36	1,652
	2013.2	ランドクルーザー	―	―
ケニア	1977.8	ランドクルーザー	―	204
南アフリカ	1962.6	カローラ、ハイラックス フォーチュナー、ダイナ	155	6,925

エジプト	2012 ＊	フォーチュナー	―	―
中国	2002.1 天津	ヴィオス、カローラ クラウン、レイツ、RAV4	425	12,749
	1999.12 四川	コースター ランドクルーザー ランドクルーザープラド プリウス	135	6,305
	2006.5 広州	カムリ、ヤリス ハイランダー カムリハイブリッド	303	8.073
台湾	1986.1	カムリ、カローラ ウィッシュ、ヴィオス ヤリス、イノーバ	169	4,131
インド	1999.12	カローラ、イノーバ フォーチュナー エティオス	174	9,670
インドネシア	1970.5	イノーバ フォーチュナー アバンザ	160	6,717
	2003 ＊	アバンザ	251	―
	2009 ＊	ダイナ	17	―
		ノア	3	―
マレーシア	1968.2	ハイエース、ヴィオス ハイラックス、イノーバ フォーチュナー	69	3,013
パキスタン	1993.3	カローラ、ハイラックス	38	2,305
フィリピン	1989.2	イノーバ、ヴィオス	35	1,817
タイ	1964.2	カローラ、カムリ カムリハイブリッド プリウス、ヴィオス ヤリス、ハイラックス フォーチュナー	846	17,344
		ハイエース	13	―
ベトナム	1996.8	カムリ、カローラ ヴィオス、イノーバ ハイエース フォーチュナー	32	1,670
オーストラリア	1963.4	カムリ、カムリハイブリッド	106	4,183
バングラデシュ	1982.6	ランドクルーザー	―	430

注1：従業員数は『トヨタの概況 2013』より。
注2：車両生産実績（KD および OEM を除く）は、千台以上のみ記載。
注3：＊は委託生産開始年。
注4：その他のデータは、トヨタ自動車ホームページより。
注5：生産実績は、2015 年 1 月〜 12 月。
http://newsroom.toyota.co.jp/corporate/companyinformation/worldwide

図2　トヨタの地域別販売と生産

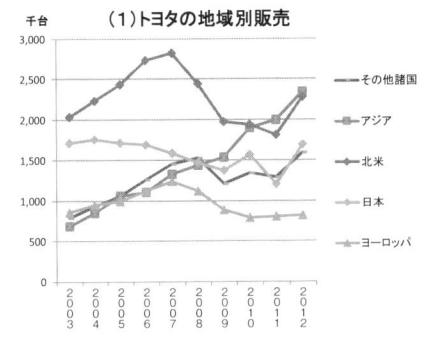

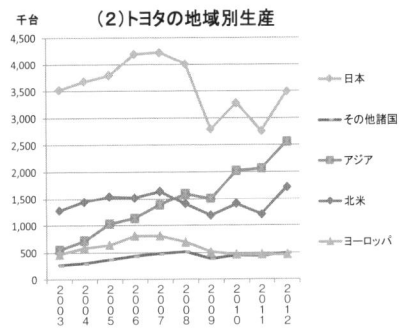

資料：吉原・新宅（2013、図1-2）より抜粋。

ジル工場を皮切りに、現在では30の海外法人[7]で生産している。とりわけ1990年以降、海外生産が急ピッチで拡大しており、92年から2011年の20年間は毎年1工場に近いペースで16工場を立ち上げている。しかも、近年立ち上げた工場は、当初の小規模な海外工場と異なり、年産20万台規模の国内量産工場に匹敵するものが多い。

　トヨタの地域別の生産・販売の推移を示したのが、図2である。2000年代以降、アジアを中心とした新興国で販売が拡大している。これに対応してアジアでの現地生産の規模も急速に拡大している。リーマンショック後はアジアが最大の販売地域になったが、2013年には再び北米が最大市場となり、北米とアジアが重要な市場となっている。

2　トヨタのグローバルSCMの実態と特徴

　次に、トヨタが世界展開している生産・販売拠点間の活動連携について具体的に見ていこう。ここでは、日本、米国、欧州、中国の4地域のケースを取

り上げる。各地域市場の販売情報がどこでどのように処理され、それが生産計画へと変換された後、車両の生産・販売へと結びついていくプロセスを詳述する。基本的には、日本国内で生産・販売する「国内完結型」、日本国内で生産し海外市場へ輸出する「輸出販売型」、海外で生産・販売する「海外生産販売型」の３パターンがある。[8]

（1）日本市場

日本生産／日本販売（国内完結型）

まずは、車両を日本国内で生産し国内で販売する「国内完結型」のパターンについて紹介する。[9]

N月に生産・販売する車両の生産計画を策定するのはN－1月である。N－1月初旬に日本全国のディーラーからトヨタ本社にある販売部門へと、N月に販売する車両の注文が集まってくる。[10]　ディーラー側から見れば、N月に販

図3　日本市場の生産計画策定プロセス

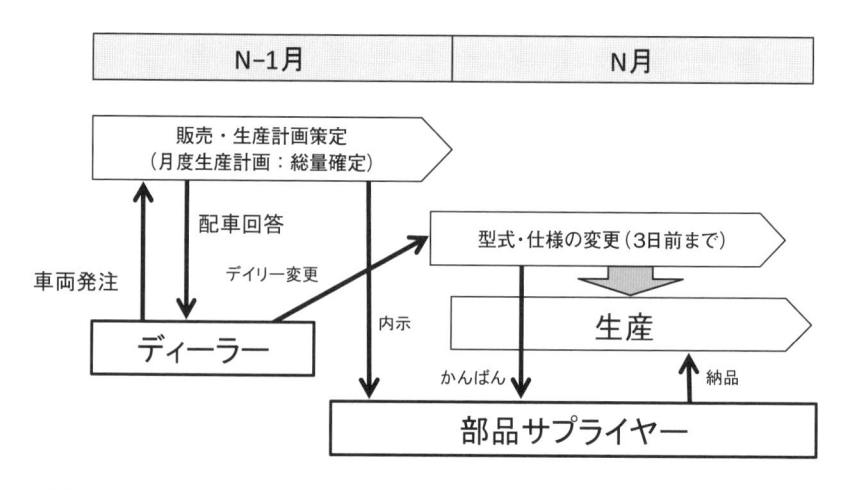

資料：聞き取り調査にもとづき筆者作成。

売したい車両の仕入れ要望ということになる。こうして集約された数値にトヨタ自身が持つ需要予測を加味し、各車両組立工場の生産能力、各ディーラーの販売能力に関するトヨタ自身の評価も適用しながら、車種別に、そして大分類（ボディタイプ・エンジンタイプ・トランスミッションタイプ・駆動タイプの組み合わせ）の仕様別にＮ月の生産計画を策定していく。これは月度生産計画と呼ばれており、後述するようにトヨタのグローバルな生販連携における要諦となっている。生産・販売・部品調達、それぞれの機能と役割を担う組織間がお互いの思惑を慎重に擦り合わせながら月度生産計画を作り上げていく。全国のディーラーとも、Ｎ月に配車する車両数量に関して交渉を繰り返す。こうして、Ｎ－１月20日過ぎにＮ月の車種別生産総量が決定され、この時点で原則としてディーラーには車両の引取り義務が課される。同時に、この月度生産計画をもとに所要量展開された部品の発注予告（内示）が部品サプライヤーに伝達される。

　その後、ディーラーは、配車される予定の車の詳細な注文を最終仕様レベルでトヨタ側に週単位で送る。Ｎ月に入ると実際に車両生産が始まるが、ディーラーは組立工場の生産日の最短で３日前までなら色やオプションに関する仕様の変更要望を出すことができる（「デイリー変更」と呼ばれている）。もちろん、全ての仕様変更が可能なわけではなく、上記の部品発注内示量の±10〜20％に収まる範囲内での生産計画変更に限られる。こうしたプロセスを経た後に確定した生産日程計画にもとづき車両が順次生産され、工場から各ディーラーへと輸送される（図3）。

　顧客がディーラー店頭で注文を行ってから手元に届くまでのリードタイムは車両登録に要する時間を含めて約20日というのが平均的な姿である。

（2）米国市場[11]

　最初に、米国自動車市場およびトヨタの米国市場での概況について確認しておく。2012年の世界自動車市場は、約8,200万台の規模があり、そのうち米国

市場は 1,450 万台で 17.6％を占めている。その 1,450 万台のうち、トヨタのシェアは、GM（17.9％、約 260 万台）、フォード（15.5％、約 220 万台）に次いで第 3 位（14.4％、約 200 万台）で、海外自動車メーカーのなかでトップの地位を獲得している。2013 年の米国乗用車販売ランキングでは、トヨタのカムリが 12 年連続 No. 1 を獲得しており、米国市場においてトヨタは強い存在感を示している。トヨタにとっても、2012 年時点で米国は、世界 1 位の重要市場となっている。北米（米国、カナダ、メキシコ）では、カムリ、カローラ、RAV4、ハイランダー、タコマ、タンドラ、シエナ等、幅広い車種の生産が 7 拠点の工場で行われている。

　米国で販売されるトヨタのブランドは、トヨタ、レクサス、サイオンの 3 ブランドである。ブランド別販売構成比率としては、2012 年時点でトヨタブランドの 23 モデルが約 85％、レクサスブランドの 14 モデルが約 12％、サイオンブランドの 5 モデルが約 4％を占める。販売に関してトヨタは州単位ではなく、米国市場をリージョンとエリアと呼ばれる地域に分割し管理をしている。具体的には、トヨタブランドを 12 リージョン、レクサスブランドを 4 エリアに分けている。リージョンとエリアはさらに細かいディストリクトと呼ばれる単位に分割される。各ディストリクトには販売担当者が配置され、1 人の担当者が 9 ～ 12 のディーラーをカバーする。2014 年 5 月現在のディーラー数は 1,467 店舗、トヨタ資本の直営ディーラーは無く、全て独立資本である。基本的には、1 ディーラーにつき 1 店舗となっている。

　米国市場での車両販売の最大の特徴は、ほとんどが在庫販売であるという点にある。米国市場の場合、日本のように顧客がディーラー店頭で好みの仕様の車両を注文し、平均 20 日の納期まで顧客が待ってくれるという注文販売とは大きく異なる。米国では、顧客は各ディーラーが持つ展示場ないしは在庫保管場所にある車両在庫を実際に見て試乗し、気に入ればその場で購入手続きを行い、その日のうちに乗って帰るという形態がほとんどである。ナンバープレートは後日、自宅に郵送され、顧客が自分自身で取り付ける。顧客の約 60％が即日納車を希望し、もしも自分の欲しい車が店舗にないときには、他の店舗に

行ってしまうことも多い。したがって、販売機会を逃さないためには、各ディーラーの店舗にどれだけ幅広い車種と仕様の在庫車両を的確に揃えているのかという点が戦略上非常に重要となる。1 ディーラー当たり概ね 40 〜 60 日分の在庫を保有している（2012 〜 13 年実績）。

　店頭に顧客の欲しい車種と仕様がない場合、当該ディーラーは近隣の他ディーラーが保有している在庫車両との交換を行い（時には、リージョンやエリアを超えて交換することもある）、顧客の要望に応える。これは店頭スワップと呼ばれ、各ディーラーはコンピュータ上で車両交換の手続きを行うことができる。このスワップを通じて販売される車両の割合が、約 25 〜 30%である(15)。それでも顧客の希望に応じられない場合は、日本からの海上輸送および米国内で陸送中のパイプライン在庫間での交換を実施することもある。

　このような販売方法が一般的であるため、米国市場への車両供給は、売れ行きに応じた在庫補充生産という色合いが強い。それでは、車両販売と生産の連携が具体的にどのように図られているのかについて見ていこう。

日本生産／米国販売（米国輸出販売型）

　ここで紹介するのは、日本国内の工場で生産し、それを米国へ輸出し販売する「輸出販売型」のパターンである。2013 年現在、米国市場で販売される車両のうち日本からの輸出分が約 30%を占めている(16)。

　N 月に日本で生産する米国向けの輸出車両の注文も、日本国内市場向けと同じように N − 1 月初旬までに、米国の販売統括会社（TMS：Toyota Motor Sales）を通じて集約される(17)。米国市場は、州をまたいだ 12 のリージョン（トヨタブランド）と四つのエリア（レクサスブランド）に分割され、各リージョンとエリアを統括する TMS の地域オフィス(18)が自リージョンおよびエリアへの車種別配分要望を TMS へと提出する。その数値に過去の販売実績、需要予測、販売計画等の要素を加味し、N − 1 月初旬に日本本社の販売部門へと最終仕様レベルで N 月生産分の発注をかける。したがって、日本のようにディーラーが直接トヨタに車両を発注するわけではなく、各リージョンおよびエリアの地

図4　米国市場の生販調整プロセス

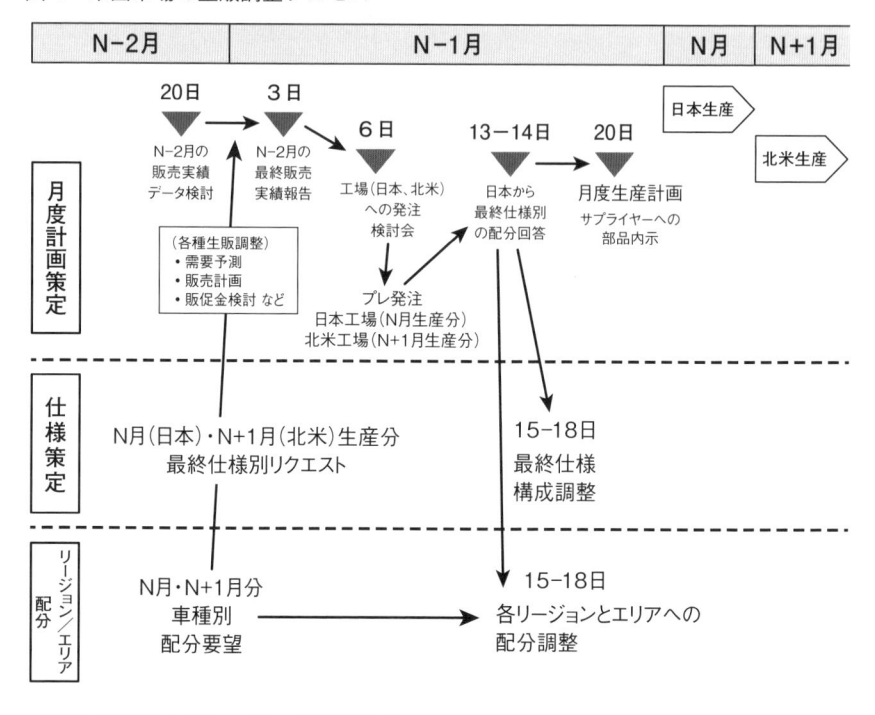

資料：聞き取り調査にもとづき筆者作成。

　域オフィスが管轄ディーラーの車両在庫状況を見ながら、その過不足を公平に埋めるように毎月 TMS に発注希望を提出し、最終的に TMS が日本側に発注を行う。各ディーラーへの配分は、過去の売上実績や在庫状況にもとづいて不公平感が生じないよう客観的な基準のもとに行われる。

　その後、日本側では日本国内市場向けの車両生産分との兼ね合いを図りながら組立工場毎の生産計画を練り、N－1月中旬に TMS に配分回答を行う。それを受け TMS は、各リージョンとエリア間の配分調整を実施する。そして、20 日過ぎに月度生産計画が策定され N 月の生産総量が決まり、同時に各リージョンとエリアへの配分数が決定する。この時点で車種ごとの仕様も詳細に

なっているが、色やオプション等の仕様に関しては、N月中に一部発注変更が可能である。変更可能範囲は、サプライヤーへの部品の内示量から約±10〜20％となっている。

　先述したように、ディーラーの在庫が顧客の要望と合わない場合、ディーラー間の在庫交換（スワップ）が行われる。それでも在庫の品揃えに問題がある場合には、最後の手段として、日本の工場の生産日の最短で3日前までなら色やオプションの変更を行うことができる（基本的には、車種と型式⁽¹⁹⁾の変更はできない）。この生産月内での仕様変更が販売車両全体の5〜10％を占めている。なお、後述するように、この仕様変更の仕組みは近年になって取り入れられたものである。

　以上のようにして生産計画が決定しN月の生産が行われた後、1か月の海上・陸輸送を経てN+2月までにディーラーの店頭へと到着する。したがって、TMSによる日本本社への発注からディーラー店頭到着までに要するリードタイムは、約3か月である（図4）。

北米生産／米国販売（現地生産販売型）

　次に、北米（米国、カナダ、メキシコ）での現地生産・米国現地販売のケースである。現在、北米には全部で7つの完成車組立工場を持っており、全製造事業所の統括を行っているのがTEMA（Toyota Motor Engineering & Manufacturing North America）である（図5）。米国で販売される車両の現地生産比率は、2013年時点で70％となっている。

　全米の各リージョンとエリアの販売統括会社からの発注要望を受け、それをTMS内で集約し各種検討を行った後にTEMAを通じて各工場の生産計画へと反映させていくまでのプロセスは、上述の輸出販売型とほぼ同じと考えて良い。ただしここで注目すべきは、北米現地生産の場合、N−1月に受注した分の車両生産が行われるのが翌N月ではなく2か月後のN＋1月という点である。したがって、月の後半に北米で生産される車両に関しては、発注からディーラーの店頭到達までのリードタイムが日本から輸出される車両とそれほど変わ

図5　トヨタの北米完成車組立工場

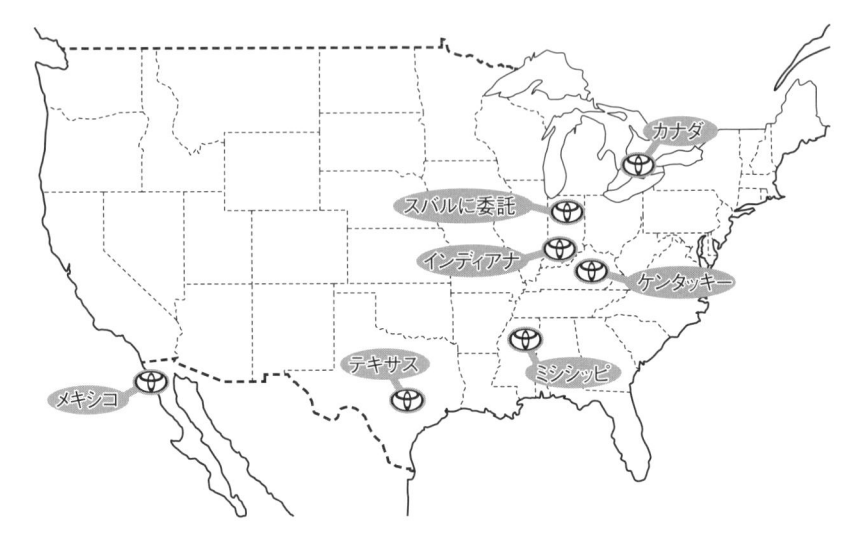

資料：トヨタ自動車資料および同社ホームページにもとづき筆者作成。

図6　米国市場の生産計画策定プロセス

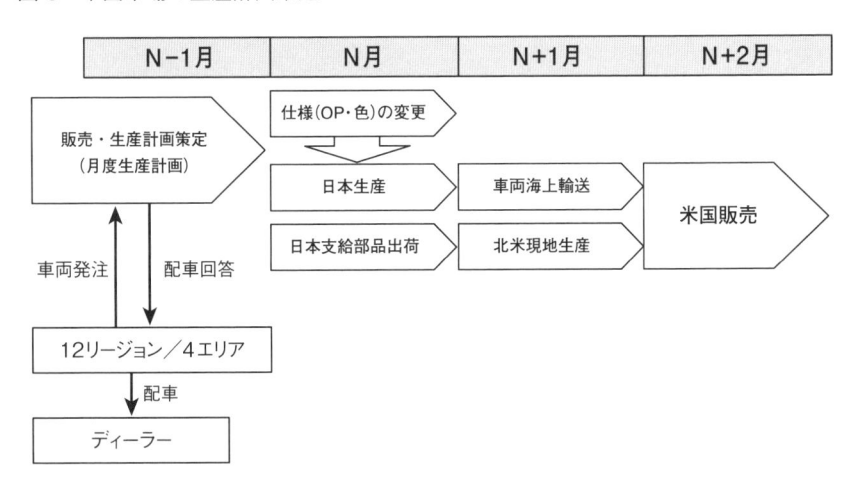

資料：トヨタ自動車資料および聞き取り調査にもとづき筆者作成。

らない、場合によっては、それより長くなるケースも存在する。

　現地生産車のリードタイムが長くなる要因は、部品調達にある。北米で生産される車両に使われる部品の一部（エンジン、駆動系の部品、ハイブリッド車のバッテリーなど）が日本から調達されており、それらの生産と輸送に約1か月のリードタムを要する。その時間分が加算されるため、どうしてもリードタイムが長くなってしまう。N−1月に北米生産分の月度生産計画が決定した後、日本から調達する部品の担当サプライヤーやトヨタ自身の部品工場に発注内示が出される。そしてN月に入り部品の生産が行われ、それを北米に送り出しN＋1月の車両組立が始まる。結果として、日本生産車両とほぼ同じリードタイムで市場投入されることになる（図6）。この問題は、次に紹介する欧州と中国の現地生産のケースでも同様に当てはまる。

（3）欧州市場[20]

　欧州全体の自動車市場規模は約1,800万台、米国（1,500万台）よりも大きな市場となっている。その中で2013年現在、トヨタの市場シェアは約5％である（図7）。トヨタが事業対象としている欧州市場は56か国におよび、それを30の販売会社で管轄している。欧州全体の統括本部（TME：Toyota Motor Europe）は、ベルギーのブリュッセルに拠点を構えている。車両生産工場は、TMEが直接管轄しているイギリス、フランス、トルコ、ロシアの4工場と、プジョー・シトロエングループ（PSA）との合弁工場であるチェコ工場（TPCA：Toyota Peugeot Citroën Automobile）である。

　欧州の大きな特徴は、全体で見ると大きな市場ではあるが、米国のように単一の性格を持った市場ではなく、様々な国の集合体であるという点にある。同じ車種であっても各国の法規制などで国ごとに仕様が異なっており、右ハンドル車と左ハンドル車が混在している。また、それぞれの市場特性に応じた販売スタイルをとる必要がある。日本と同じく受注販売を主体とする国もあれば、米国と同じ在庫販売を主体とする国もある。例えば、ドイツは受注販売が多い

図7　欧州自動車市場におけるトヨタの販売台数推移

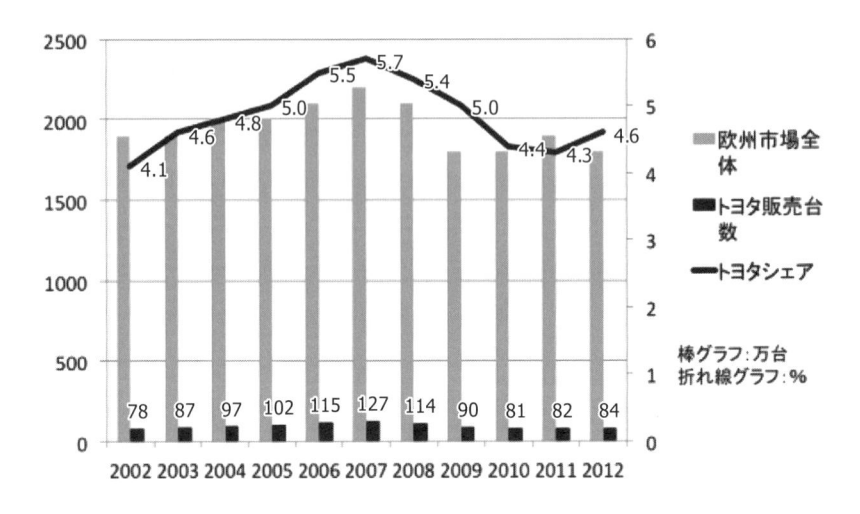

資料：トヨタ自動車資料より筆者作成。

のに対し、東欧など新興市場は在庫販売が多い。また、トヨタのディーラーも各国で異なり、その販売力、市場把握力は異なっている。欧州では、こういった販売面での多様性を前提にして、車両生産との連携を図る必要がある。

日本生産／欧州販売（欧州輸出販売型）

　現在、欧州で販売されている車両のうち約 40％が日本から輸出されている。日本で車両を生産し欧州へと輸出するまでの生販調整プロセスは、米国市場のケースとほぼ同じと考えてよい。N 月に日本で生産する車両の注文（販売計画）が、欧州各国の販売会社を通じて N − 2 月末までに TME（Toyota Motor Europe）に集約される。その数字に調整を加えた後、日本本社に最終仕様レベルで発注をかけ、生産台数の交渉を行う。日本では、N − 1 月 20 日頃に N 月の月度生産計画として国内工場の総生産台数が決定するため、それを受けて TME が各国の販売会社に配車数を伝達する。各種オプションと仕様に関して

は、N月の生産日の数日前までなら、ある程度の変更が可能となっている。生産された車両は、1か月の海上輸送期間を経てN＋2月中に到着し各国の市場へと順次送られる。したがって、N－1月から計算すると、米国市場と同じように発注から納車まで3か月のリードタイムを要することになる。車両の在庫責任は各販売会社が請け負っている。

欧州生産／欧州販売（欧州現地生産販売型）

欧州の各工場（イギリス、フランス、トルコ、ロシア）で現地生産される車両も、生販プロセスは米国のケースと近似している。N－1月にTMEで各国の注文を処理し、各組立工場のN＋1月の生産台数を決定する。間にN月を挟む理由は、日本からの支給部品（多くがエンジンやトランスミッション関連部品）の生産（N月に行われる）と輸送を待たなければならないためである。そのため、注文から納車までのリードタイムは上述の日本生産・米国輸出車両とほぼ同じとなっている。なお、オプションと色の仕様変更（デイリー変更）を生産日の数日前（イギリスおよびトルコ工場は5日前、フランス工場は8日前）まで行うことができる（図8）。これには、工場側で部品在庫を持つことに

図8　欧州市場の生産計画策定プロセス

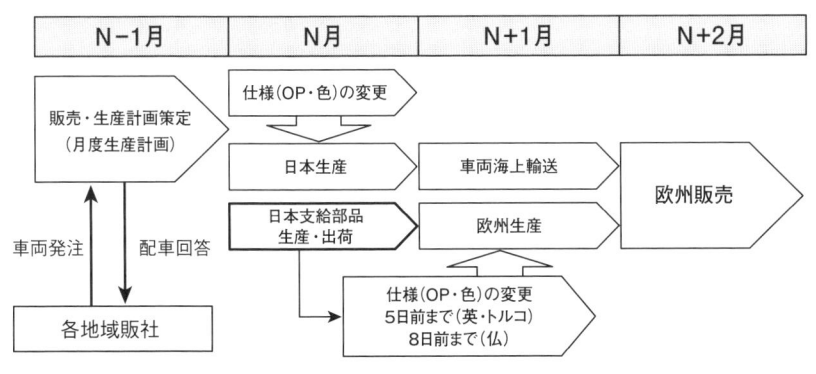

資料：トヨタ自動車資料および聞き取り調査にもとづき筆者作成。

よって対応している。

チェコ工場（TPCA）のケース

　トヨタとプジョー・シトロエングループとの合弁で 2002 年に設立（2005 年より生産開始）されたのがチェコ工場（TPCA）である。生産車種は、欧州向けの小型車「アイゴ」である。同一プラットフォームを用いたプジョーブランドの「108」、シトロエンブランドの「C1」も生産している。チェコ工場の大きな特徴は、少なくとも 1 次部品レベルではリードタイムのかかる日本からの調達部品が存在しないという点である。そのため、他の 4 工場と異なり車両発注から納車までのリードタイムが短く、生販サイクルは上述した日本市場のケースとほぼ同じと思ってよい。生産月の前月に注文を処理し月度生産計画で生産台数を決定した後、生産日の 5 日前まで仕様の計画変更（デイリー変更）を許容する。

（4）中国市場

中国生産／中国販売（中国現地生産販売型[21]）

　現在、中国には完成車組立工場が 3 拠点あるが、ここで取り上げるのは中国国内で最も新しい広汽トヨタ（2004 年設立）のケースである（表 2）。

　広汽トヨタ内で生産計画が策定されていくプロセスについて見ていくが、初めに 2011 年頃までの仕組みについて紹介する。

　N 月分の車両生産の計画策定は、広汽トヨタ管轄の販売店（2016 年現在、約 470 店）から注文（配車要望）を受け取る 2 か月前の N − 2 月から始まる。中国における車の売り方は米国同様、ディーラー店頭での在庫販売が基本である。顧客は展示車両を見て気に入るものがあれば、その場で購入し乗って帰る。したがって、店頭に売れ筋の車両を的確に品揃えすることが求められる。各ディーラーは、在庫車両の状況と今後の売れ行きを勘案しながら見込みで車両の発注を最終仕様レベルで行う。この時点で N 月分の生産総量と型式を確定

表２　トヨタの中国車両生産拠点

拠点	所在地	設立	稼動	主要生産車種	年産能力 (2010)	年産能力 (2012)
一汽トヨタ 天津第１工場	天津市	2000 年 7 月	2002 年 10 月	Vios、旧 Corolla	12 万台	12 万台
一汽トヨタ 天津第２工場	天津市	2002 年 10 月	2005 年 3 月	New Crown Mark X	10 万台	10 万台
一汽トヨタ 天津第３工場	天津市	2005 年 10 月	2007 年 5 月	新 Corolla、RAV4 (2009 年 9 月)	20 万台	20 万台
一汽トヨタ 成都工場	四川省 成都市	1998 年 11 月	2000 年 12 月	Coaster、Prado	3 万台	3 万台
一汽トヨタ 長春第１工場	吉林省 長春市	2003 年 3 月	2003 年 10 月	Land Cruiser Prius	1 万台	1 万台
一汽トヨタ 長春第２工場	吉林省 長春市	2008 年 10 月	2012 年 6 月	Corolla（計画）	―	10 万台
広汽トヨタ 第１工場	広東省 広州市	2004 年 9 月	2006 年 5 月	Camry（Camry ハイブリッド）、Yaris L、Highlander、E'Z,Levin（Levin ハイブリッド）	20 万台	20 万台
広汽トヨタ 第２工場	広東省 広州市	2007 年 6 月	2009 年 9 月		18 万台	18 万台

資料：FOURIN（2010）『中国自動車産業 2010』および聞き取り調査にもとづき筆者作成。

し、各ディーラーへの N 月分の配車数が決まる。原則として、広汽トヨタ自身は在庫車を保有しない。

　その後、ディーラーは既に注文した車両の仕様（色とグレード）に関しては必要に応じて毎日変更要請を出すことができる。変更の多くは、色に関するものが多い。広汽トヨタでは、ディーラーから受け取った注文変更情報を月２回に分けて集約し２週間単位の生産計画の中に反映させていく。どこまで仕様の変更、つまり生産計画の修正を行うことができるのかは、部品の調達状況に依存する。広汽トヨタの購買部品の一部が日本から海上輸送されており、調達に約 20 日を要する。中国の現地調達部品であっても、現地部品の生産のための子部品や材料を日本からの調達に頼っているケースもある。そのため、少なくとも２週間前には生産計画を固定する必要が生じる。このように、米国や欧州のケースと同じように、日本由来の部品が生産計画策定の際のボトルネックと

図9　中国市場の生産計画策定プロセス（2011年頃まで）

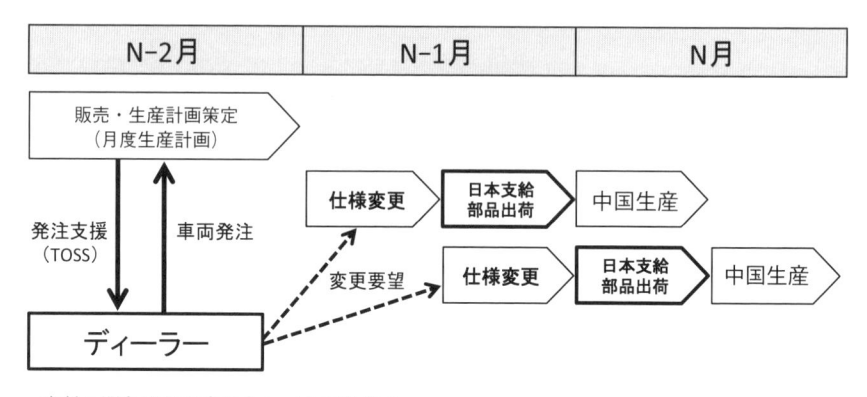

資料：聞き取り調査にもとづき筆者作成。

なっている。こうして、N－1月中旬にN月前半2週間分の生産計画を確定し、N月初旬に後半2週間分の計画を確定する（図9）。したがって、販売店の注文から最短2週間で車両が生産される計算になる。

　以上のように中国における生販連携の仕組みは、米国的なディーラー店頭での在庫補充生産を基本としながら、ディーラーには発注権限を与えて在庫責任を明確にするという日本的な仕組みとのハイブリッド方式になっている。

発注支援の仕組み：TOSS

　広汽トヨタには、ディーラーに対して適切な車両発注を促すためのTOSS（Total Order Support System）と呼ばれる発注支援システムがある。TOSSは、ディーラーが広汽トヨタに車両の発注を行う際、店頭での適切な基準在庫を維持するためには、どの車種のどういった仕様の車を何台発注すればよいのかという判断をきめ細かにオンラインで手助けするための仕組みである。

　広汽トヨタで生産しているカムリを例にとると、主要な仕様数約80のうち七つの仕様で全販売台数の約8〜9割を占める。[22]　そこで、過去の販売実績に応じて仕様別の売れ筋をA（大量品）・B（中量品）・C（少量品）・D（希少品）

の4ランクに分類し、店舗毎にそれぞれの基準在庫量を設定している。ひとつのディーラーで月に十数台しか売れないようなDランクのマイナー仕様のものに関しては、注文生産に近い形をとり、原則として店頭在庫は置かない。この売れ筋分析データに各ディーラーの在庫状況、受注状況、販売実績を加味しながら推奨オーダーを提示し発注精度を上げ、適正在庫の維持を図るのである。TOSSが導入された2009年以前、ディーラーの発注は担当者の勘と経験にもとづくことが多く、車の販売に関してまだ経験の浅い中国では、最終仕様レベルでの販売実績と在庫量との間に大きな乖離が生じていた。そこで、在庫水準を適切に保つための発注を促すためTOSSの導入がなされた。例えば、過去にほとんど注文がないような仕様の注文が入った場合には、そのディーラーに注意を促し確認をさせるような仕組みも組み込まれている。ただし、TOSSはあくまでも推奨オーダーを提示する仕組みであって、ディーラー側にその通りの発注を強制するものではない。ディーラーはTOSSで提示された情報を参考に、最終的には自身の判断と責任のもと発注を行う。

市場適応力向上を目指した改革

　以上のような仕組みに対し、生産の柔軟性向上と生販連携の強化を目指して近年、次のような改革が施されることとなった。

　N−2月の段階でTOSSを通じて推奨オーダーを示し、ディーラーからの注文をベースに総量と型式を決定するプロセスまでは同じであるが、その後の生産計画の策定単位が2週間から1週間へと縮小された。ただし、日本から調達する部品のリードタイムは変わらないため、広汽トヨタで部品在庫を持つことによって対応している。さらに、車両生産日の4日前までなら、ディーラーが色とグレードに関する仕様の注文変更を行える仕組みも導入された（図10）。これにより、ディーラーの注文から最短で1週間以内に車両を届けることが可能となった。その結果、販売店の在庫量は半減した。

　こうした改革の背景には、中国自動車市場での販売競争が激しくなったことに伴い、ディーラー自身の在庫削減と利益率改善意識が高まったことが挙げら

図10　中国市場の生産計画策定プロセス（2016年現在）

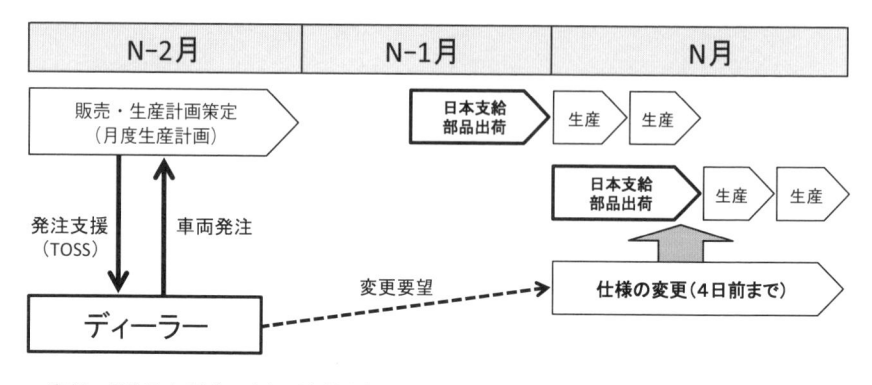

資料：聞き取り調査にもとづき筆者作成。

れる。中国国内での部品調達率が上がったことも（要するに日本からの調達部品の減少）、生産計画の柔軟な変更を可能とした。

3　トヨタのグローバルSCMの考察

　ここからは、以上で紹介してきた各地域のケースをもとに、そこから抽出できるトヨタのグローバルSCM（生販連携）の特徴について考察を加えていく。

（1）月度生産計画の策定

　トヨタのグローバル生販連携において要諦となっているのが日本の本社がまとめ役になり、毎月20日過ぎに策定される月度生産計画である。ここで世界中の車両組立工場の生産総量が決定され、部品サプライヤーを含めた実際のものづくりが動き出す。この月度生産計画に記された数字の信頼性と安定性、換言すれば販売予測精度の高さがトヨタのグローバルなSCMを根幹から支えて

いる。[23]　月度計画を作り上げるまでに何度も繰り返される販売と生産の組織間調整がトヨタのSCMの鍵を握っていると言える（富野 2012）。月度生産計画で決定された総生産台数が当該月内中に変更されることは原則なく、生産・販売双方が一体となり、その数字の実現にコミットして最善を尽くす。上述した米国市場のケースにおいても、各リージョン・エリア販売統括会社、ディーラー、TMS、日本本社・工場、現地工場間での幾度にもわたる生販調整が実施されていることが分かる。

　この月度計画作成プロセスに関して、Iyer et al.（2009）は、次のように述べている。

　「トヨタには、世界中の各ディーラーから販売注文を受ける世界共通の月次計画がある。この作業を元に、各組立工場と各ユニット工場の生産計画が立てられる。

　トヨタの企業文化が重視しているのは、高度なコンピューターシステムだけを信頼するようなことのない作業工程である。たしかにトヨタはデータ処理や計算に、多数のコンピューターシステムを活用しているが、コンピュータが導き出した結果は、販売部門と製造部門のマネージャーからなる組織横断チームが検証・論議する。

　この作業は繰り返し実施され、最終的には、世界中のトヨタの組立工場およびユニット工場向けの、月ごとに更新される向こう3か月分の生産計画ができあがる。販売部門と製造部門が一緒になって月次計画を重視することで、すべての視点のバランスが取れ、その決定に至った論理が明確になるわけだ」[24]。

　ちなみに筆者たちが訪れた米国トヨタ（TMS）内では、月度生産計画が「Monthly Production Plan」ではなく「Getsudo Production Plan」と訳され呼称されていた。よく知られているように、「Kaizen」や「Kanban」など、トヨタのものづくりにおいて競争力の鍵を握るとされる用語は英語に訳さずにローマ字表記で使用されることが多い。ここからも、月ベースでの生産計画がトヨ

タの SCM 上で重要な位置づけにあるということが推測できる。生販が一体となって練り上げる精度の高い、換言すれば安定した月度生産計画の存在があるからこそ、生産直前のフレキシブルな仕様修正の仕組みが成り立っているのである（富野 2012）。事前の月度生産計画の信頼性が低く、実際の生産量が計画と大きく異なるならば、生産現場は対応できない。世間ではトヨタ生産システムについて、古典的なフォード・システムに代表される計画大量生産との対比という形で語られることが多いが、そうした見方は一面的であり、トヨタが決して「計画」を軽視しているわけではない。むしろ、周到に準備された計画があってこそ、柔軟なジャスト・イン・タイム生産が実現できているという図式が正しい。トヨタ生産システムにおいて、「計画」と「変化」はスパイラルの関係にあると言える。

（2）各国の市場特性に合わせた計画修正

　こうして策定される月度生産計画であるが、もちろんその数字がそのまま世界各国の市場に普遍適応できるわけではなく、それぞれの市場特性に応じて生販調整が施される。世界の中で最も機敏な微調整がなされるのが日本市場であり、最短で車両生産日の 3 日前まで色やオプション等の仕様変更が認められている。

　欧州市場も、日本生産車両・現地生産車両ともに生産日の数日前まで仕様変更の仕組みを取り入れている。ただし、仕様変更の前に、欧州全体の生産総量の範囲内で仕向け国先の変更（国間スワップ）を行うこともある。例えば、ある工場で A という車種を 100 台生産予定であり、そのうち 60 台がフランス向け、40 台がイギリス向けだったものを、需要を見ながらそれぞれ 50 台ずつへと変更するといった具合である。ただし、その場合も仕向け国が変われば必要部品が変更になることもあるため（例えば、左ハンドルと右ハンドルの違い）、簡単にできるわけではない。また欧州の場合、国ごとに販売形態が異なり、日本のような受注販売に近い形の国もあれば、米国のような在庫販売の国も混在

する。それぞれの国の特性に応じて、国間スワップと仕様変更を適宜組み合わせながら市場に適応していく。

　中国では、TOSSと呼ばれるディーラーに適切な発注を促す仕組みを活用しながら月度生産計画そのものの精度を高めつつ、近年では、生産日の4日前まで仕様の修正を許容している。

　世界の中でも、とりわけ見込み生産の色合いが強いのが米国市場である。前述したように、ほとんどの顧客がディーラーの店頭にある在庫車を購入し、そのまま乗って帰るという米国特有の販売特性に依るところが大きい。加えて米国市場は、これまで一貫して販売が拡大してきたこともあり、総じて需要が供給を上回る状態が続いてきた。そのため例えば、日本市場のように生産が市場動向に即応するインセンティブが欠けてきたとも言える。しかし、米国市場の場合、発注からディーラー到着までの納車リードタイムが3か月に及ぶこともあり、特にレクサスなど客のこだわりが比較的強い高級車種に関しては、店頭に車両在庫がない、あるいは長納期に伴う顧客の取り逃がしという局面が、近年では特にリーマンショック後に目立ち始めた。そこで、下記のような改革が行われた。

日本からの輸出車両の生産フレキシビリティ向上

　かつて、N月に日本国内で生産する輸出車両の生産計画は、N-1月の月度生産計画策定時点で最終仕様まで含めて全て固定していたが、オプションと色に関してはN月中に修正可能とした。ただし、それはサプライヤーに対する部品発注量が変更されることを意味するため、これまで以上に需要予測精度の向上が求められる。それを実現するため、設定仕様数の削減や、販売側に適切な発注を促すシステムを導入した。

北米生産の市場適応力向上

　先述したように北米生産の場合、組立工場での生産開始の2か月以上前に地域販売代理店からの注文を受け、早期に生産計画を確定させていた。したがっ

て、日本で生産し米国へと輸出する車両とほぼ同程度の納期となってしまう。その大きな要因が、日本から海上輸送されてくる支給部品の存在である。それらの部品の生産計画を早期に固定する必要があったため、その分納期が長くなっていた。近年こうした問題を解決するため、日本支給部品の手配時期を遅らせ、車両の生産に近い時点まで仕様（色とオプション）に関して修正できる仕組みを取り入れた。同時に、北米工場でも支給部品の安全在庫を保有することによって計画修正に備える。無論、あらゆる変更が可能なわけではなく、一定の変動幅（保有できる部品在庫量に依存する）の範囲内での仕様変更に限られる。ここでも需要予測の精度が鍵を握る。

　以上のように、これまで比較的安定した需要を抱えてきた米国市場では、1か月分以上の在庫店頭販売を基盤とした計画生産の要素が強かったが、そこに需要動向に応じた計画微調整を施す日本的な仕組みを徐々に組み込むようになってきている。

日本からの支給部品の存在

　何度も述べてきたように、米国、欧州、中国の全ての市場の生販連携において鍵を握っているのが日本から現地の生産工場へと送られる支給部品の存在である。それらの部品の供給量によって各地域の総生産台数と仕様変更の程度が規定される。したがって、現地工場であっても日本側の生産動向に左右されるということである。同時に、支給部品の供給リードタイムにより車両の市場投入までのリードタイムも長くなるため、需要動向への機敏な対応が難しくなる傾向がある。

日本工場の安定生産と市場適応のバランス

　現在、米国および欧州向けの輸出車両に関しても、日本国内の工場では生産日の数日前まで仕様の生産計画修正が可能となっていると述べたが、それは次のような問題を引き起こすおそれがある。2014 年にはトヨタの国内乗用車生産のうち輸出向けが約 54％を占めているが、かつて輸出車両に関しては、月

度生産計画の策定時点で仕様まで含めた全ての計画が固定されていた。つまり、安定した輸出車両の存在が、国内販売向け車両の計画修正を下支えしてきたという側面がある。生産計画の修正は、基本的に部品の調達状況に依存しているため、輸出車両の市場適応を進めていくと、部品の発注変動、具体的には部品サプライヤーへの事前の発注内示と確定発注との乖離幅が大きくなる可能性を秘めている。トヨタ自身もこの問題に対処するために、輸出車の仕様数削減や需要予測精度の向上に取り組んでいるが、国内の安定生産と需要変動への対応とのバランスをいかに保っていくのかという点は、今後も継続した課題であろう。

まとめ

　トヨタのグローバル生産と販売連携の実態を紹介してきたが、日本・米国・欧州・中国市場それぞれの特徴について再度、簡単にまとめてみたい。共通しているのが、生販が一体となり策定する精度の高い月度生産計画を軸に、各市場の特性と需要動向に応じて微調整を施すという仕組みである。

　生産日の3日前まで機敏に生産調整を行うのが日本市場である。部品サプライヤーの立地、工場の柔軟性、在庫販売ではなく受注販売に近い販売特性などの要因が背景にあると言える。それとは対照的なのが、米国市場である。ディーラーが常に40〜60日分の在庫を店頭に並べ即納する。販売員も可能な限り、つまり満足度を低下させない範囲内で顧客を店頭在庫車両へと誘導し、生産側は減った分を後補充するという比較的シンプルな仕組みである。これは、かつてトヨタが、かんばん方式の参考にしたとするスーパーマーケットの仕組みに近いとも言えよう。ただし、現地生産車両、日本からの輸出車両双方とも、日本支給部品の存在がボトルネックになっており補充サイクルが3か月と長い。そこで、顧客の要望に対して店頭在庫で対応できないものに関しては、ディーラー間、パイプライン上での車両交換と、仕様の発注変更を組み合わせながら

対応する。

　中国は、米国的な在庫販売モデルを基本としながら、近年では市場環境の変化にともない、日本のような計画修正の仕組みを取り入れている。欧州は、多様な市場の集合体という性質上、受注販売と在庫販売が重なり合っているため一様ではないが、近年は生産日直前まで計画修正を行うことを前提とした日本的な方式に近づきつつあると言える。

　以上のようにトヨタのグローバル SCM の態様を描くことができるが、見逃してならないのが日本国内工場との関係である。繰り返し述べてきたように、各市場の車両生産工場の基本生産計画である月度生産計画策定および納期短縮のボトルネックとなっているのが日本からの支給部品である。したがって、海外現地生産が進んでいる今日にあっても国際的な生販連携の舵取りを日本側が行っているのが現状である。とはいえ、もちろん全ての部品を現地調達すればよいという単純な話ではない。品質管理と在庫コスト、リードタイム、顧客満足それぞれのバランスを勘案しながら総合的な観点のもと適切な生販連携の仕組みを模索せねばならないのは言うまでもないが、今後同社がグローバル展開と国際分業をさらに進展させていく上で決して避けて通ることのできない問題であることもまた事実であろう。

　　＊本章は、富野貴弘・新宅純二郎・小林美月（2016）「トヨタのグローバル・サ
　　　プライチェーン・マネジメント」『赤門マネジメント・レビュー』15（4）を
　　　ベースに修正したものである。

［注］
（1）例えば、富野（2012）は主に日本国内のケースを、Iyer/Seshardi/Vasher（2009）
　　　では米国におけるトヨタの SCM のケースを取り上げている。Fleischmann/
　　　Ferber/Henrich（2006）は、独 BMW のグローバル生産のケースを分析して
　　　いる。
（2）本節は、吉原／新宅（2013）第 1 章 にもとづいている。
（3）ダイハツや日野自動車などグループ企業を含む。

(4) http://www.toyota.co.jp/jpn/investors/financial/high-light.html

(5) 生産法人：北米11、中南米4、欧州9、アフリカ3、日本以外のアジア24、オセアニア1、中近東1

(6) 販売法人：北米5、中南米41、欧州30、アフリカ44、日本以外のアジア16、オセアニア15、中近東16

(7) 部品のみの生産法人を除く。

(8) 海外の工場で生産し異なる地域へと輸出するパターン（北米で生産し、それを欧州へと輸出するパターン等）も存在するが、本稿では取り上げない。

(9) 日本国内のケースは、富野（2012）第2章をもとにしている。

(10) より具体的には、向こう3か月分（N月・N＋1月・N＋2月）の注文であるが、車両生産と具体的に連動しているのは直近のN月分である。

(11) 米国のケースは、2014年3月にToyota Motor Sales（TMS：米国トヨタ）にて行った聞き取り調査にもとづいている。なお、本章で米国という場合にはアメリカ合衆国のことを、北米という場合には、それにカナダとメキシコを加えた地域全体のことを指す。

(12) ダイハツと日野自動車を含めたトヨタグループにとって、米国は世界第2位の市場である。

(13) サイオンブランド（若者向けのブランド）は、2016年8月から廃止されトヨタブランドへと統合される予定である（『日本経済新聞』朝刊，2016年2月4日）。

(14) GM、フォード、クライスラーのいわゆるビッグ3の米国におけるディーラー在庫水準は、トヨタよりも多い。

(15) TMS社内説明資料より。

(16) レクサスブランドに関しては、日本からの輸出が70％を占める。

(17) 2016年4月現在、TMSはロサンゼルス近郊のトーランスに拠点を構えているが、2016年後半からテキサス州ダラス北部のプレイノに移転する予定である。

(18) なお、トヨタブランドの2つのリージョンについては、独立系ディストリビューターが地域オフィスの役割を担っている。

(19) 型式とは、エンジン・駆動方式・左右ハンドル・グレード等の組み合わせである。

(20) 欧州のケースは、2014年8月にToyota Motor Europe および Toyota Peugeot Citroën Automobile にて行った聞き取り調査にもとづいている。

(21) 広汽トヨタのケースは、富野（2012）第2章の補論 および、2016年11月に広汽トヨタにて行った聞き取り調査にもとづいている。

(22) 中国ではメーカーオプションがほとんど存在しないため、日本市場と比べると設定仕様数は大幅に少ない。

(23) 浅沼（1997）は、この月度生産計画のことを「維持可能な月間生産計画」と呼び、それが安定していることの重要性を指摘している。

(24) Iyer et al.（2009、邦訳）上巻、p. 103。

(25) トヨタ自動車ホームページ資料による。
　　　http://www.toyota.co.jp/jpn/company/about_toyota/gaikyo/other.html

［参考文献］

浅沼萬里（1997）『日本の企業組織・革新的適応のメカニズム：長期取引関係の構造と機能』東洋経済新報社。

Blackburn, J.（2012）"Valuing time in supply chains: Establishing limits of time-based completion"*Journal of Operations Management, 30*（5）, pp. 396-405.

Choi, K., Narasimhan, R., & Kim, S. W.（2012）"Postponement strategy for international transfer of products in a global supply chain: A system dynamics examination" *Journal of Operations Management, 3*（3）, pp. 167-179.

Demeter, K.（2013）"Time-based competition: The aspect of partner proximity" *Decision Support Systems, 5*（4）, pp. 1533-1540.

Fleischmann, B., Ferber, S., & Henrich, P（2006）"Strategic planning of BMW's global production network" *Interfaces, 36*（3）, pp. 194-208.

Gereffi, G., & Lee, J.（2012）"Why the world suddenly cares about global supply chains" *Journal of Supply Chain Management, 4*（3）, pp. 24-32.

Goh, M., Lim, J. Y. S., & Meng, F.（2007）"A stochastic model for risk management in global supply chain networks"*European Journal of Operational Research, 182,* pp. 164-173.

Iyer, A. V., Seshadri, S., & Vasher, R.（2009）*Toyota's supply chain management.* New York, NY: McGraw-Hill Education. 邦訳、A. V. アイアー、S. シシャドリ、R. ヴァッシャー（2010）『トヨタ・サプライチェーン・マネジメント』西宮久雄訳、マグロウヒル・エデュケーション。

琴坂将広（2014）『領域を超える経営学』ダイヤモンド社。

関満博（1993）『フルセット型産業構造を超えて：東アジア新時代のなかの日本産業』中央公論社。

新宅純二郎（2009）「東アジアにおける製造業ネットワークの形成と日本企業のポジショニング」新宅純二郎、天野倫文（共編著）『ものづくりの国際経営戦略：

アジアの産業地理学』有斐閣。

新宅純二郎（2014）「日本企業の海外生産が日本経済に与える影響」『国際ビジネ
　ス研究』6（1）、pp. 3-12。

新宅純二郎・天野倫文（共編著）（2009）『ものづくりの国際経営戦略：アジアの
　産業地理学』有斐閣。

新宅純二郎・大木清弘（2012）「日本企業の海外生産を支える産業財輸出と深層
　の現地化」『一橋ビジネスレビュー』60（3）、pp. 22-39。

富野貴弘（2012）『生産システムの市場適応力：時間をめぐる競争』同文館出版。

Williams, B. D., Roh, J., Tokar, T., & Swink, M.（2013）. "Leveraging supply chain
　visibility for responsiveness: The moderating role of internal integration" *Journal of
　Operations Management, 31*（7）, pp. 543-554.

吉原英樹・新宅純二郎（2013）「国際経営戦略：トヨタ自動車のケース」吉原英・
　白木三秀・新宅純二郎・浅川和宏編『ケースに学ぶ国際経営』有斐閣ブックス。

第4章

スズキ45%のインド市場の急成長とトヨタの適応[1]

イノベータのジレンマに陥るも進む能力構築とジレンマ克服の展望

野村俊郎

はじめに

　インドの乗用車市場は、日本の軽自動車ベースの低価格車、スズキのマルチ800が30年以上の長きにわたりベストセラーを続けたことに象徴されるように、低価格小型車の比率が高い。このため、低価格車で競争優位を持つスズキが、乗用車市場で45%という圧倒的なシェアを確保し続けている。また、近年では、物品税が半額になる4m以下のコンパクトセグメントが急拡大している。この急拡大するコンパクトセグメントにトヨタが満を持して投入したのが小型戦略モデルEFC[2]（モデル名エティオス）だが、価格が約70万ルピー（123万円）[3]と高く、インド市場で求められる低価格（最量販車アルト800で約30万ルピー、53万円）を実現できず、苦戦が続いている。そのため、世界市場ではトップを走るトヨタも、インドではシェア5%、第7位にとどまっている。ただ、2009年に約10万ルピー（17万5千円）という超低価格で発売されたタタのナノが失敗したように、低価格を前面に出すだけでは成功しない難しさもある。

　その一方で、日本円で数百万円に達する高価格帯のSUV/ミニバン市場[4]の成長が続いており、ここに多数のモデルを投入したマヒンドラがシェアを増加させ、トヨタもIMV（インドにはイノーバ、フォーチュナーを投入）[5]の好調が続いている。これだけ見ると、トヨタもインドではクリステンセンの言うイ

ノベータのジレンマ⁽⁶⁾に陥っているようにみえる。とはいえ、完全子会社化した
ダイハツを活用してインドでのジレンマ克服を図る方向は鮮明である。

　第1節では、こうしたインド市場の特徴をメーカー別、セグメント別⁽⁷⁾に詳細
に分析する。続いて第2節では、ボリュームゾーンの小型コンパクトで苦戦が
続くトヨタに焦点をあて、苦戦の背後で進化した部品開発能力、調達能力につ
いて分析する。「終わりに」では、新設の「新興国小型車カンパニー」がダイ
ハツの低価格車の開発製造能力を活用するにとどまるのか、低価格ブランドを
新設する方向に進むのかについて述べ、ジレンマ克服の展望を示したい。

1　スズキがシェア45%を維持したまま急成長を遂げたインド乗用車市場⁽⁸⁾〜300万台に迫る市場で繰り広げられる1強5弱の競争〜

　最初に、急成長するインド乗用車市場の動向と、低価格車の成功でシェア
45%と盤石の地位を確立しているインド市場の覇者、スズキの動向を概観し
ておこう。

（1）21世紀に入って70万台から280万台へ4倍化、2021年には500万台へ

　インドは、2012年にトラック、バスを含む自動車市場の規模が350万台を
超え、中国、米国、日本、ブラジルに次ぐ世界第5位の規模に躍進した⁽⁹⁾。トラック、
バスを除く乗用車市場も2015年に過去最高の277万台に達した。2001年の69
万台が2008年には154万台、2015年には277万台と、7年で倍、14年で4倍
になる高い成長率である。21世紀に入って以降、2001〜15年のインド乗用車
市場のCAGR（Compound Average Growth Rate 年平均成長率）は10.45%に
達している。

図1　インド乗用車市場と GDP の成長

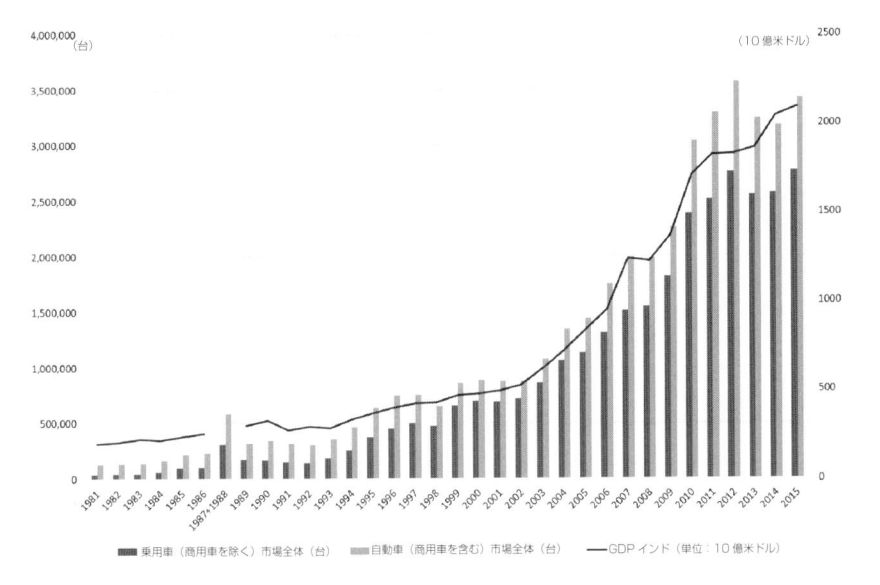

■乗用車（商用車を除く）市場全体（台）　■自動車（商用車を含む）市場全体（台）　―GDP インド（単位：10 億米ドル）

出所：販売台数はインド自動車工業会（SIAM）販売統計、GDP は IMF の WEO による。

表1　時期別 CAGR

年平均成長率（乗用車）		GDP 成長率	出典
① 1981-85	25.95%	4.86%	実績
② 85-94	10.73%	3.82%	〃
③ 94-97	24.80%	8.32%	〃
④ 97-04	11.50%	7.92%	〃
⑤ 04-10	14.46%	15.45%	〃
⑥ 10-15	3.04%	4.12%	〃
⑦ 16-21（高）	9.85%	9.85%	IMFWEO ベース
⑦ 16-21（中）	7.00%	7.00%	筆者予測
⑦ 16-21（低）	4.00%	4.00%	筆者予測
⑧ 01-15	10.45%	10.86%	実績

出所：乗用車の CAGR は SIAM 統計、GDP 成長率は年平均で IMF の
WEO より筆者作成。

　これだけの高成長は、21 世紀に入って以降では、他に中国があるのみである。ただし、中国の乗用車市場は 2015 年に既に 2110 万台（自動車市場全体では 2460 万台）とインドの約 8 倍に到達しており、飽和（サチュレーション）した感がある。このため、人口が中国とほぼ同じで、台数が中国の約 1/8 のインド市場の成長に注目が集まっている。

　インドは同時期の GDP 年平均成長率も、乗用車市場の CAGR とほぼ同じ 10.86% となっており、21 世紀に入り、GDP と乗用車市場の成長率が同期するようになった。インドは 1980 年代、90 年代から乗用車に対する消費性向が高く、乗用車市場の成長率が GDP 成長率を上回っていた。現在は両者が同期するように（乗用車市場の成長率が GDP 成長率を上回らなく／下回らなく）なっており、経済成長が続く限り乗用車市場の成長も続くと予想される。そして、今後の GDP 成長率の予測は、中国が 7% を下回る一方で、インドは 2020 年に向けて 10% 超の成長を続ける見通し（IMF の WEO の予測）である。インド乗用車市場も 2021 年には楽観的な予測（CAGR9.85%）で 500 万台、悲観的な予測（CAGR4%）でも 350 万台に達する見込みである 。

　以下、2015 年のインド乗用車市場の競争の動向について、2005 年と比較しながら、(2) インドから始まるスズキの「21 世紀のプロダクトサイクル」とトヨタ、ホンダの動向、(3) メーカー別、(4) セグメント別の順にみていく。

(2) インドから始まるスズキの「21 世紀のプロダクトサイクル」と　　トヨタ、ホンダの動向

　スズキは 1980 年代に日本で販売されていた軽自動車を 28 年間もインドに投入し続けて大成功を収めた。しかし、そのシンボルであるマルチ 800 を 2014 年に打ち切ると、最新モデルを世界に先駆けてインドから起ち上げる戦略に大転換した。新興国向けに開発したモデルに関しては、最新モデルを新興国から起ち上げる戦略は、21 世紀に入ってトヨタ、ホンダも導入した戦略であり、本稿ではこの製品戦略を「21 世紀のプロダクトサイクル」と呼ぶことにしよう。

図２　スズキ：マルチ 800（1983 ～ 2014）31 年間で 250 万台、基本設計変更無

注：写真は 1986 年に発売された 2 代目マルチ 800。2014 年に打ち切られるまで 28 年間、設計変更は行われず販売され続けた。1983 年に発売された初代から数えると 31 年間で累計 250 万台を販売した。初代は 1979 年から 84 年まで日本で販売された 5 代目フロンテ SS30/40 型をベースに開発され、1983 年から 86 年までインドで販売された。2 代目は 1984 年から 88 年まで日本で販売された 6 代目フロンテ CB71/72 型をベースに開発され、1986 年から 2014 年までインドで販売された。
出所：現地サイト gaadi.com より。

図３　スズキ：バレーノ（2015 ～）

出所：マルチ・スズキのディーラー NEXA のサイト nexaexperience.com より。

以下、この「21 世紀のプロダクトサイクル」について、主にインドから起ち上げることが特徴のスズキと、新興国同時起ち上げが特徴のトヨタ、主にタイ、インドから起ち上げるホンダを比較しながらみていこう。

　スズキは、2015 年にハッチバック BALENO バレーノの生産と販売を世界最初にインドで起ち上げ、日本メーカーとして初めてインドから日本への輸出を開始した。この他に、主に新興国向けに開発され、2014 年に起ち上げられたハッチバックの第 2 世代 Celerio セレリオ、セダンの初代 Ciaz シアズでも、インドで最初の生産・販売の起ち上げを行っている。同様に、ミニバンの Ertiga エルティガの生産・販売の起ち上げを、2012 年 4 月にインドとインドネシアでほぼ同時に行っている。

　スズキの場合、セレリオ、シアズのように新興国向けに開発されたモデルは、インドから起ち上げるという方式が定着している。さらに、バレーノのように、

日本に投入するグローバルモデルであってもインドから起ち上げるという方式も始まっている。インドで先に起ち上げて日本に輸出するというのは、日本の自動車メーカーでは初めてのケースである。

トヨタは新興国専用車 IMV（ハイラックス、フォーチュナー、イノーバ）の生産起ち上げを日本にマザーラインを置くことなく、新興国だけで、なおかつ主力拠点（タイ、インドネシア、南アフリカ、アルゼンチン、インド）では 2004 年から 5 年にかけて、ほぼ同時に行った。日本メーカーによる新興国同時起ち上げは、これが初めてのケースであった。トヨタはその後も新興国専用乗用車 EFC（エティオス）を 2010 年にインドで起ち上げ、2012 年にはブラジル、2013 年にはインドネシアでも起ち上げていった。インドで生産されたエティオスは南アフリカにも輸出されている。さらに、2013 年にはダイハツの軽自動車イースをベースにした D80N（トヨタ・アギア／ダイハツ・アイラ）をインドネシアで起ち上げ、2014 年にはインドネシアからフィリピンへの輸出も開始している。

トヨタの場合もスズキと同様に、新興国向けに開発されたモデルは、新興国から起ち上げるという方式が定着している。ただ、スズキの起ち上げが新興国ではインド、インドネシアに限定されるのに対して、トヨタの場合は、アジア、アフリカ、南米の多数の新興国から起ち上げられる点に特徴がある。IMV はタイ、インドネシア、南アフリカ、アルゼンチン、インドの主力 5 拠点に加えて、マレーシア、フィリピン、ベトナム、台湾、パキスタン、ベネズエラの 6 拠点でも起ち上げられており、合計 11 か国 で起ち上げられている。

ホンダも新興国専用車 Brio を 2011 年にタイとインドで起ち上げ、2013 年にはインドネシアでも起ち上げている。新興国向けに開発されたモデルは、新興国から起ち上げるという方式は、ホンダでも定着している。

以上のように、スズキ、トヨタ、ホンダのいずれも、日本で開発した新興国専用車を母国にマザーラインを置くことなく世界に先駆けて新興国から起ち上げ、新興国に展開する新たなプロダクトサイクル、「21 世紀のプロダクトサイクル」をスタートさせている。日本からではなく、新興国から新興国に輸出

するのも共通した特徴である。こうした輸出を最も大規模に行っているトヨタ IMV の場合、輸出 4 拠点（タイ、インドネシア、南アフリカ、アルゼンチン）から 170 か国に輸出している。規模は大きくないがスズキ・バレーノのように日本に逆輸入するケースも出始めている。このように、スズキ、トヨタ、ホンダでは新興国を起ち上げ拠点とする 21 世紀のプロダクトサイクルが定着し、さらに、スズキではインドを日本への輸出拠点とする方向への進化〜淘汰される可能性を含んだ進化〜が始まっている。

（3）メーカー別〜シェア 4 割、100 万台超で他社を圧倒するスズキと 7 位に沈むトヨタ〜

スズキは、2015 年も 10 年前の 2005 年と同様に乗用車市場で 45％超のトップシェアを維持、台数も 2010 年に 100 万台を超えて以降、2011 年にいったん 100 万台を割るものの 2012 年以降は一貫して 100 万台を超え、2015 年にはインド市場における史上最高の 1,289,128 台に達している。2 位の現代（476,001 台）

図 4　インド乗用車市場メーカー別シェア

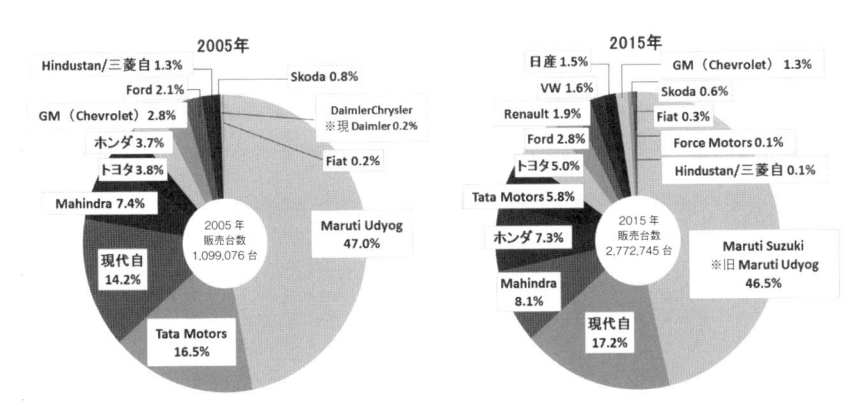

出所：インド自動車工業会（SIAM）販売統計より筆者作成。

を2倍以上引き離して圧倒している。インドの乗用車市場においてスズキは、1990年代までは7割前後、2000年以降も4割以上のシェアをほぼ維持してきており、特にボリュームゾーンの軽自動車クラスで8割、全長4メートル以下のコンパクトセグメント[10]で5割（いずれも2015年）と圧倒的なシェアを確保している。

現代は15%程度のシェアは10年前と変わらないが、コンパクトセグメントへの積極的な新車投入の成功と、2位タタの失速で3位から2位に浮上した。タタはナノの失敗と新車投入の停滞でシェアを10%以上落として2位から5位に沈んだ。

マヒンドラは、他社と異なる独自のSUV中心のラインナップ強化が奏功して、4位から3位に順位を上げた。ホンダもコンパクトセグメントのアメイズ、ジャズ、ブリオが好調でシェア倍増、順位もタタ、トヨタを抜いて6位から4位に躍進している。

トヨタは、エティオス（EFC）が不調だが、イノーバ（IMV）が好調でシェアを3.8%から5%に上げるも、順位はホンダに抜かれて5位から6位に後退、タタの下に沈んでいる。

（4）セグメント別

インドでは、図5のとおり、全長と排気量を基準にSIAMがセグメント分類を行っており、この分類が政府の税制上の優遇措置にも使われている。

表2と図6は、インド乗用車市場をSIAM基準でセグメント分類して、高成長の前後、2005年と2015年との販売台数を比較したものである[11]。2005年と比べて2015年はマイクロ＆ミニ（旧A1）セグメント比率が半減（43%→20%、スズキでは73%→34%）した。また、コンパクト（旧A2）セグメント比率は3割アップ（16%→43%、スズキでも14%→44%）した。

他方で、全長と排気量を基準にした図5の分類とは別に分類されているUVセグメントが、図6のとおり2割を超えた。この3セグメントが50万台を超

図5　インド自動車工業会（SIAM）のセグメント分類基準：新旧比較

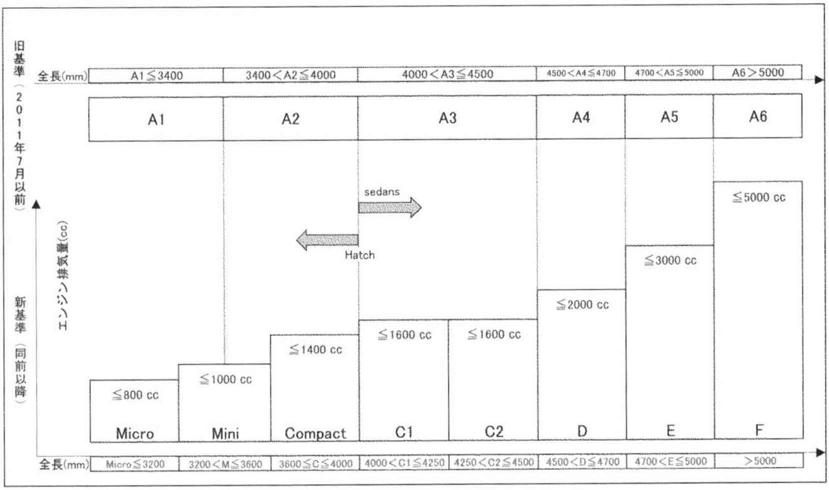

		Micro ≤3200	Mini 3200<M≤3600	Compact 3600≤M≤4000	C1 4000<C1≤4250	C2 4250<C2≤4500	D 4500<D≤4700	E 4700<E≤5000	F >5000
新基準（同前以降） 全長(mm)

旧基準（2017年7月以前） 全長(mm)

A1≤3400	A2 3400<A2≤4000	A3 4000<A3≤4500	A4 4500<A4≤4700	A5 4700<A5≤5000	A6 >5000
A1	A2	A3	A4	A5	A6

Micro ≤800 cc
Mini ≤1000 cc
Compact ≤1400 cc
C1 ≤1600 cc
C2 ≤1600 cc
D ≤2000 cc
E ≤3000 cc
F ≤5000 cc

エンジン排気量(cc)

sedans
Hatch

出所：Maruti Suzuki India 資料。

えるボリューム・ゾーンである。

物品税優遇（24％→12％）基準への適応

インドでは物品税が半減（24％→12％）する境界（基準）が、[全長4m、排気量G:1.2ℓ、D:1.5ℓ]となっている。コンパクトセグメントとC1セグメントの境界が全長4mでこの税制優遇の境界と一致しているため、コンパクトセグメントの比率が大きく増えた。

全長4m以下等を基準にした物品税優遇は、2006年に24％を16％にするところから始まり、2008年に12％まで引き下げられて現在に内容にほぼ同じで現在になった。その後、何度か微調整が行われている。2016年現在では12.5％となっている。なお、インドの物品税率は一般に12％程度のため、12％（現在は12.5％）は他の物品の税率と同じである（優遇」ではない。ただ、基本税率どおりにすることが、自動車税制の中では、結果的に優遇になっているので本稿では「優遇」と呼んでいる。

表2　インド乗用車市場のセグメント別販売台数

2005年

セグメント		合計台数（台）
SIAM 新基準セグメント名	SIAM 新基準全長（mm）	
Micro + Mini	3200 以下 + 3200 超 3600 以下	481,950
Compact	3600 超 4000 以下	179,082
C1+C2	4000 超 4250 以下 + 4250 超 4500 以下	174,555
D	4500 超 4700 以下	27,714
E	4700 超 5000 以下	6,236
F	5000 超	159
UV	—	187,649
バン	—	65,890
合計		1,123,235

2015年

セグメント		合計台数（台）
SIAM 新基準セグメント名	SIAM 新基準全長（mm）	
Micro + Mini	3200 以下 + 3200 超 3600 以下	555,701
Compact	3600 超 4000 以下	1,197,090
C1+C2	4000 超 4250 以下 + 4250 超 4500 以下	262,114
D	4500 超 4700 以下	17,040
E	4700 超 5000 以下	2,069
F	5000 超	35,045
UV	—	565,638
バン	—	173,092
合計		2,807,789

出所：インド自動車工業会 (SIAM) 販売統計より筆者作成。

図6　インド乗用車市場のセグメント別販売台数

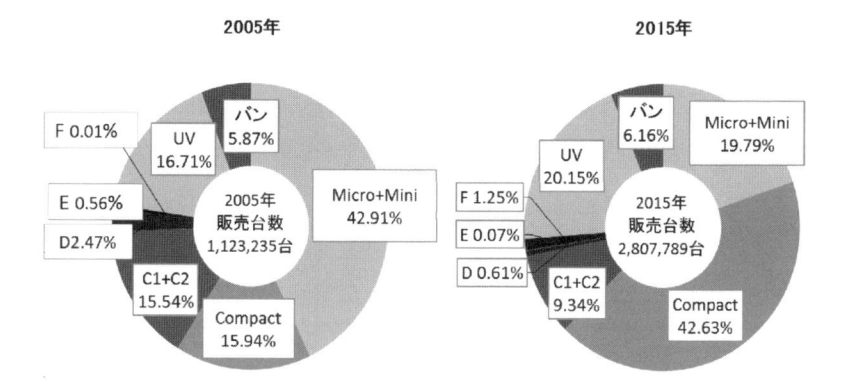

出所：インド自動車工業会 (SIAM) 販売統計より筆者作成。

　いずれにせよ、こうした物品税の優遇措置があるため、コンパクトセグメントのラインアップを充実させたスズキは好調にシェアを伸ばしたが、他方で、インド市場向け戦略モデルのエティオス（セダン）が全長 4m 以上で優遇を受けられずコンパクトセグメントで不振に陥っているトヨタは、他セグメントも含めたインド市場全体でもシェア 5％、6 位と苦戦している。トヨタ以外の主要メーカーは、SUV 中心のマヒンドラを除いて、いずれもコンパクトセグメントのラインアップを充実させて販売を増やしており、明暗は鮮明である。

　以下、スズキとトヨタの主力車種を、物品税優遇の基準となる全長と排気量、その影響を受ける販売価格、販売台数について表3に整理しておく。

表3　スズキとトヨタの主力車種の概要

	Suzuki swift（ハッチバック）	Suzuki Swift Dzire（セダン）	Toyota Etios（セダン）	Toyota Etios Liva（ハッチバック）
全長	全長 3850 mm	全長 3995mm（2012 年 2 月 1 日のフルモデルチェンジで 4160mm → 3995mm と 165mm 短縮）	全長 4265 mm	全長 3775 mm
排気量（＊G: ガソリン D: ディーゼル）	G:1197cc D:1248cc	G:1197cc D:1248cc	G:1496 cc D:1364 cc	G:1197 cc D:1364 cc
販売価格	50 〜 65 万ルピー（75 〜 100 万円）	50 〜 70 万ルピー（75 〜 105 万円）	65 〜 90 万ルピー（100 〜 130 万円）	50 〜 75 万ルピー（75 〜 110 万円）
2015 年の販売台数	206,924 台（インド乗用車市場 第 2 位、20 万台を超えるのは 1 位のアルト 800 と 3 位のデザイアの 3 モデルのみ）	201,420 台（インド乗用車市場第 3 位）	32,511 台（デザイアの 1/7）	22,139 台（スイフトの 1/10）

出所：両社現地法人ウェブサイトより筆者作成。

2　トヨタの IMV&EFC 戦略の限界と新たな挑戦

　トヨタのインド市場戦略は IMV と EFC を柱とするラインナップで構築されている。IMV は、新興国専用のトラック系乗用車（ピックアップトラック：IMV1,2,3：ハイラックス、SUV：IMV4：フォーチュナー、ミニバン：IMV5：イノーバ）で、グローバルには 5 車型の合計で年間百万台を超えるカローラと並ぶトヨタの最量販車である。インドにはフォーチュナーとイノーバが投入されている。EFC（開発サブネーム：Entry Family Car、モデル名：エティオス、同リーバ、同クロス）はインド市場攻略を目標に新規開発された LCV である。以下、インドにおける IMV と EFC の販売動向を詳しく見ていこう。

（1）イノーバ（IMV5）は UV セグで 2 位と好調、グローバルでも 2 位のインドネシアと並ぶ

　ミニバンのイノーバ（IMV5）は投入された 2005 年に 3 万台を記録して以後、順調に台数を伸ばし、2012 年はピークの 7 万 3 千台を記録、モデル末期の 2015 年も 6 万台を達成、UV セグメントでシェア 10% 超、順位はトップシェアのマヒンドラ・ボレロに次いで 2 位となり、トヨタのインド市場シェアを 5% まで押し上げる原動力となっている。SUV のフォーチュナー（IMV4）も 2009 年投入以来、順調に台数を伸ばし、2012 年に 19,812 台のピークを記録、同じくモデル末期の 2015 年も 15,909 台を達成した。

　インドの IMV はイノーバ、フォーチュナーともに好調なセールスを続けており、表 4 のとおり IMV の販売が多い他の拠点国と比べても、2014 年までは IMV トータルで第 1 位のタイ、第 2 位のインドネシアに次いで第 3 位であったが、2015 年にはインドネシアを抜いて第 2 位となっている。さらに、イノーバ、フォーチュナーともに 2016 年にフルモデルチェンジしたため、近年はモデル末期で販売が減少していたが、新車効果で増勢に転じることが期待されて

図7　イノーバ【IMV5】（左）とフォーチュナー【IMV4】（右）

Garnet Red - New

注：上段は第1世代IMV（2004年〜）、下段は第2世代IMV（2015年〜）である。インドでは、イノーバは2016年5月、フォーチュナーは同年11月に第2世代に移行した。第1世代IMVについては野村俊郎（2015a）を、第2世代IMVについては野村俊郎（2015b）を参照されたい。
出所：トヨタ自動車でIMVの開発を統括する組織ZBより提供して頂いた。

図8　UVセグメント/メーカー別モデル別シェア2005年2015年比較

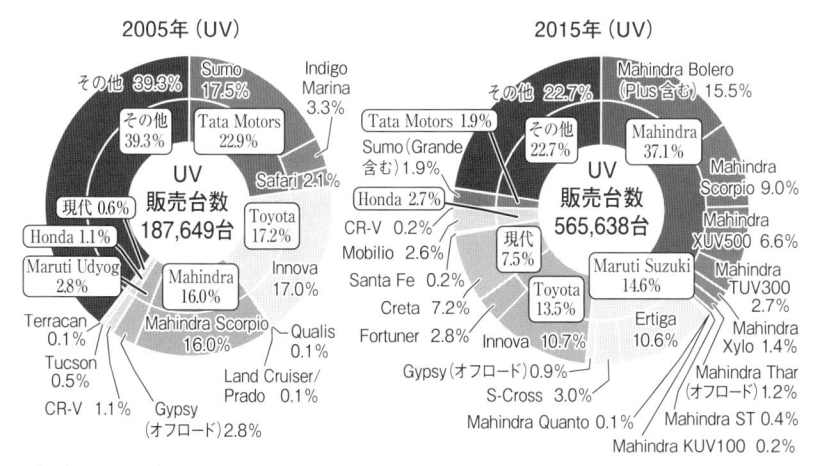

出所：インド自動車工業会（SIAM）販売統計より筆者作成。

表4　拠点国の IMV 販売推移、2015 年にはインドがインドネシアを抜いて第2位に浮上

国	タイプ	2004	2005	2006	2007	2008	2009	2010	2011	2012	2013	2014	2015
タイ	IMV1	5,910	17,760	17,340	18,010	14,770	11,180	17,490	18,030	28,470	28,480	24,860	21,970
	IMV2	37,040	87,340	106,910	96,480	82,570	64,260	86,170	70,740	125,420	117,920	85,310	60,900
	IMV3	17,670	39,710	42,110	43,850	29,870	26,590	40,530	33,120	79,500	60,530	34,520	37,250
	IMV4	0	32,790	19,350	14,840	14,040	15,230	20,610	13,080	36,330	29,820	20,160	31,010
	IMV5	290	2,810	1,340	480	1,270	1,360	3,160	3,770	6,230	3,740	1,820	1,490
	合計	60,910	180,410	187,050	173,660	142,520	118,620	167,960	138,740	275,950	240,490	166,670	152,620
インドネシア	IMV1	0	0	20	2,740	6,350	3,940	5,690	4,740	6,600	8,450	5,830	4,420
	IMV2	0	0	0	0	0	0	0	0	0	0	0	150
	IMV3	0	0	220	50	0	960	2,690	3,570	5,770	4,940	3,690	3,610
	IMV4	0	3,040	3,700	4,320	8,860	7,730	11,030	12,970	20,140	18,500	16,880	12,600
	IMV5	21,060	81,320	40,450	41,060	50,610	36,390	53,550	55,710	71,360	63,910	53,590	45,410
	合計	21,060	84,360	44,390	48,170	65,820	49,020	72,960	76,990	103,870	95,800	79,990	66,190
インド	IMV1	0	0	0	0	0	0	0	0	0	0	0	0
	IMV2	0	0	0	0	0	0	0	0	0	0	0	0
	IMV3	0	0	0	0	0	0	0	0	0	0	0	0
	IMV4	0	0	0	0	0	3,150	11,870	10,760	15,270	17,140	17,200	15,770
	IMV5	0	30,510	40,480	46,650	43,700	42,740	51,400	51,430	73,370	64,350	60,910	60,360
	合計	0	30,510	40,480	46,650	43,700	45,890	63,270	62,190	88,640	81,490	78,110	76,130
南アフリカ	IMV1	0	11,820	17,770	23,320	19,770	16,690	18,390	19,840	18,930	19,420	19,850	18,890
	IMV2	0	0	0	0	0	0	10	3,290	3,500	3,780	3,800	4,480
	IMV3	0	8,700	7,200	12,770	9,710	10,560	13,460	14,750	11,970	14,290	13,910	12,270
	IMV4	0	0	5,040	8,240	7,190	7,500	10,760	11,560	12,000	10,890	10,090	8,370
	IMV5	0	0	0	0	0	0	270	750	440	80	50	
	合計	0	20,520	30,010	44,330	36,670	34,750	42,620	49,710	47,150	48,820	47,730	44,060
ブラジル	IMV1	0	920	1,100	2,030	1,900	1,750	1,500	2,220	1,690	2,850	3,490	2,740
	IMV2	0	0	0	0	0	0	0	0	0	0	0	0
	IMV3	0	12,750	16,510	18,000	19,830	29,930	32,350	31,060	38,250	39,810	40,110	30,560
	IMV4	0	1,830	6,070	7,300	6,950	5,910	8,070	8,340	10,660	12,500	13,440	8,300
	IMV5	0	0	0	0	0	0	0	0	0	0	0	0
	合計	0	15,500	23,680	27,330	28,680	37,590	41,920	41,620	50,600	55,160	57,040	41,600
アルゼンチン	IMV1	0	860	1,240	1,630	2,110	1,270	1,740	2,170	2,840	3,140	3,190	2,920
	IMV2	0	0	0	0	0	0	0	0	0	0	0	0
	IMV3	0	9,700	13,600	15,490	16,510	16,850	17,190	17,670	22,950	24,690	24,350	24,930
	IMV4	0	560	1,900	2,370	2,350	1,820	2,230	2,380	2,520	2,780	570	470
	IMV5	0	0	0	0	0	0	0	0	0	0	0	0
	合計	0	11,120	16,740	19,490	20,970	19,940	21,160	22,220	28,310	30,610	28,110	28,320

出所：トヨタ自動車広報部資料をもとに筆者作成。

いる。

IMVはいずれも、販売価格が高く（イノーバ140万ルピー≒200万円～、フォーチュナー250万ルピー≒370万円～）、利益率も高いとみられ、EFCの不調が続く中、トヨタのインド事業の原動力になっている。以下、高い価格設定と並んで、IMVの高い利益率の要因となっている原価低減の取り組みをみておこう。

(2) 徹底した製造のコストダウンで高い利益率を達成～IMVを生産するTKM第1工場～

IMVはトヨタのインド現地法人トヨタ・キルロスカ・モーター（Toyota Kirloskar Motor、略称TKM）が生産している。TKMには二つの工場があるが、IMVはTKMの最初の工場として1999年12月に稼働した第1工場で生産されている。当初はイノーバ（フレーム）とカローラ（モノコック）の混流生産であったが、2012年6月にカローラが新設の第2工場に移って以降、第1工場がIMV専用工場となり、イノーバ（IMV5）とフォーチュナー（IMV4）の混流生産が行われている。

第1工場は設備が古く旧式だが、あえて更新せず旧式のまま稼働させている。このためコンベアもベルト式でなく、台車をチェーンで牽引するチェーン式コンベアが使われているなど、古色蒼然たる雰囲気が漂っている。償却済みの設備を使って設備投資コスト削減を狙っているとみられる。

このように設備は旧式だが、SPS、平準化された多車種多仕様混流生産、専任のカイゼンチームなど21世紀以降に標準化された新しい生産システムは一通り導入されている。これらによる地味なコストダウンも徹底している。生産能力9万台[12]で過去最高の2012年には9万台の生産実績があり、フル稼働している。

高価格帯に投入されるIMVで、こうした徹底したコストダウンが実施されていることが、高い利益率の源泉とみられる。

(3) 8割の現調率、うち4割は純ローカル長距離輸送でもJITを実現するTLI

イノーバの現調率は8割、4割純ローカル、4割日系、2割欧米系と純ローカルの比率が高い。調達面でのコスト削減は、コストの安い純ローカルの比率が高いことが大きな要因とみられる。

これは、バンガロール周辺から調達するだけでなく、遠く離れたグルガオン（デリーの西側、陸上輸送で5日、スズキに供給するサプライヤーが多い）、チェンナイ（インド東部、陸上輸送で1日、現代に供給するサプライヤーが多い）、プネ（インド西部、陸上輸送で2日、タタに供給するサプライヤーが多い）からも調達することで達成されている。

しかし、長距離輸送に伴う欠品を回避するためにTKMが部品在庫をもったり、輸送会社がクロスドックに流通在庫を持ったりすればコストが上がるため、調達面のコスト削減は、こうした長距離輸送でもJITを実現できるかどうかにかかっている。それを担っているのがTLIである。

(4) 長距離陸上輸送でもJITを実現するTLI①

TLI（トランスシステム・ロジスティックス・インターナショナル）は、1999年に事業を開始した物流会社で、出資比率は、三井物産51%、現地資本の物流会社TCI 49%である。事業内容は、①TKMの完成車をインド全国150のディーラーに配送、②サプライヤーが生産した部品をTKMに輸送する、③タイ、インドネシア等からの輸入部品（800～1000コンテナ／月の規模）をチェンナイ港で陸揚げしてTKMに輸送する、の3つに大別できる。このうち、②の詳細は以下の通りである。

トヨタのサプライヤーをミルクランして集めた部品を2か所（グルガオン33社分、プネ18社分）のクロスドックで中継してTKMに輸送する。チェン

ナイ33社分、バンガロール43社分はミルクランで集めてそのまま TKM に輸送される。いずれも TKM には JIT で納品される。グルガオンからバンガロールは5日を要するが、トラックを GPS で管理、TKM のトラックヤードで時間調整して JIT を実現している。

(5) 長距離陸上輸送でも JIT を実現する TLI ②

TLI の従業員は、事務系200人、運転手2000人で、自社トラック200台、下請（サブコン）トラック800台を運行している。サブコンは主要10社＋バックアップで60社と契約。TKM のミルクランは全て TLI が受注しており、サプライヤーによる直納は皆無となっている。TLI はトヨタ紡織からの順引きも受注している。クロスドックは原則としてバッファストックゼロで管理されており、倉庫ではなく中継地として機能しているため、流通在庫もほぼない。

(6) インド市場における IMV の限界

以上のように、IMV は好調な UV セグメントで販売を伸ばすとともに、原価低減で利益も十分に出して、トヨタのインド事業の柱に育っている。たしかに、IMV が投入されている UV セグメントは、この10年で規模が倍以上に増加しており、絶対的な台数も565,638台と大きい。近年では UV セグメントに集中するマヒンドラが3位に躍進しており、インドにおけるラインナップの柱の一つを IMV とするトヨタの戦略は妥当であろう。

とはいえ、インド乗用車市場全体に占める UV セグメントの比率は2割に止まっており、やはり、インド乗用車市場のボリュームゾーンは全体の4割を占めるコンパクトセグメントである。このセグメントでシェアを取れるかどうかがインド戦略の成否の鍵を握っている。その意味では、IMV だけではインド市場を攻略できないことは明らかである。そこで、トヨタが満を持してコンパクトセグメントに投入した EFC（エティオス、同リーバ、同クロス）につい

133

図9　エティオス（上左）同リーバ（上右）同クロス（下左）

出所：Toyota India ウェブサイト（http://www.toyotabharat.com/）

てみていこう。

（7）EFC（エティオス、同リーバ、同クロス）

　エティオスは EFC（Entry Famiry Car）という開発サブネームで開発された。欧州基準で分類すれば B セグ（SIAM 新基準 C1 セグメント、旧基準 A3 セグ）のセダンと、同じく B セグ（SIAM 新基準コンパクトセグメント、旧基準 A2 セグ）のハッチバック（リーバ Liva、クロス Cross）がある。クロスはリーバに SUV テイストを加えたモデルである。エンジンは G:1.2 ℓ「3NR-FE」& 1.5 ℓ「2NR-FE」と、D:1.4 ℓ「1ND-TV」がある。2011 年 6 月にインドのトヨタ・キルロスカ・モーター（TKM）に新設されたバンガロール第 2 工場でセダンをラインオフ、2013 年 3 月にトヨタ・モーター・マニュファクチャリング・インドネシア（TMMIN）に同じく新設されたカラワン第 2 工場でハッチバック（現地名エティオス・ファルコ Valco）をラインオフした。

　このように、インドにはセダン、ハッチバック、SUV の 3 車型が、インド

図10　C1+C2セグメント／メーカー別モデル別シェア

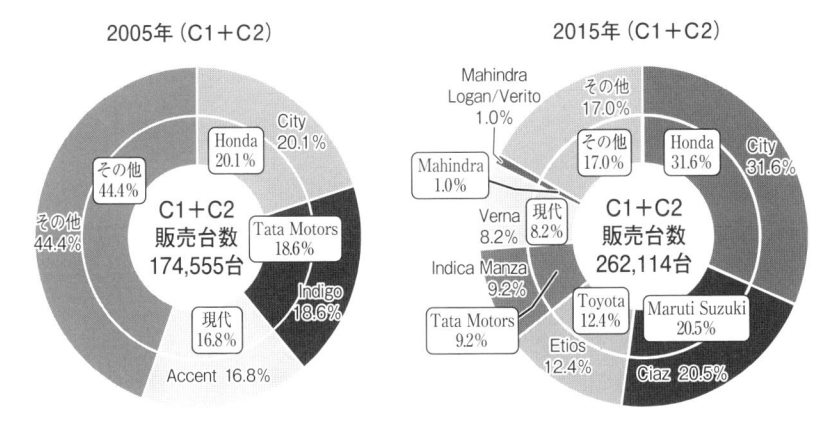

2005年（C1+C2）

Honda 20.1%
City 20.1%
その他 44.4%
その他 44.4%
C1+C2 販売台数 174,555台
Tata Motors 18.6%
Indigo 18.6%
現代 16.8%
Accent 16.8%

2015年（C1+C2）

Mahindra Logan/Verito 1.0%
その他 17.0%
その他 17.0%
Mahindra 1.0%
Honda 31.6%
City 31.6%
Verna 8.2%
現代 8.2%
Indica Manza 9.2%
C1+C2 販売台数 262,114台
Tata Motors 9.2%
Toyota 12.4%
Maruti Suzuki 20.5%
Etios 12.4%
Ciaz 20.5%

出所：インド自動車工業会（SIAM）販売統計より筆者作成。

ネシアにはセダン、ハッチバックの2車型が投入されているが、セダンは全長4m以上のためインドでは物品税優遇が適用されず65～90万ルピー（100万～135万円）となり、また、排気量1.2ℓのためインドネシアでも低価格グリーンカー（LCGC）恩典が受けられず中心価格は130万円程度となっている。インドでもインドネシアでも、プレミアム感が弱い一方で、値段の安さでも遡及できず不振が続いている。

(8) エティオス・リーバ

ハッチバックのエティオス・リーバは、物品税優遇（24％→12％）が適用される全長4m以下のコンパクトセグメントに投入された。20万台/年を超える大ヒットとなったスズキ・スイフト（ハッチバック）、デザイア（セダン）、および、それぞれ10万台/年を超えるヒットとなった現代i10、i20と同じセグメントであり、投入当初のトヨタの期待も大きかった。

物品税優遇が適用されるため、エティオス・リーバは税込価格を50万～75

図11　コンパクトセグメント / メーカー別モデル別シェア

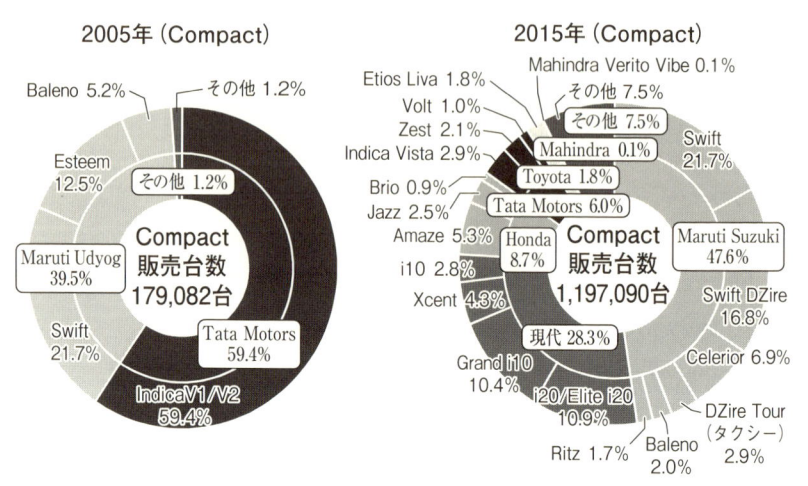

出所：インド自動車工業会（SIAM）販売統計より筆者作成。

万ルピー（75万円〜110万円）とセダンより大幅に安く、価格面で競合車と
遜色ない水準に設定できた。仕様も全く見劣りしない。にもかかわらず、2015
年の販売は2万台で、セグメントシェア1.8%とセダン（3万台、セグメントシェ
ア12.4%）以上の不振となっている。

　このように販売では不振が続くエティオスだが、開発面ではアローアンス
（Allowance）の最小化という最新の手法でコストダウンを進め、調達面でも
QCDの向上に向けた取り組みを進めている。その内容は以下の通りである。

（9）アローアンスの最小化〜エティオスにおける企画・設計ルーチン
　　　の進化〜

　EFCはトヨタが単独で開発したため、TS（トヨタ・スタンダード）を基準
として開発されている。この点がトヨタとダイハツの共同開発でTSとDS（ダ
イハツ・スタンダード）をすり合わせながら開発されたU-IMV（Under IMV、

トヨタ・アバンザ、ダイハツ・セニアとして発売）との違いである。しかし、TSのアローアンス（後述）を最小化するという新しい試みがなされている。これにより、グローバルスタンダードとしてのTSを維持しながらコストダウンを実現している。

　品質のStandard（耐久性、品質保証、各種性能目標等）にはアローアンス（Allowance）がある。このアローアンスを小さくすることで、Standardは変えずにコスト削減を実現する。例えば、シートファブリックの耐久性ではこうである。

　「企画」のStandardが30万回なら、「開発」が1割の余裕を見て33万回分の耐久性を確保する。この企画と開発の差、1割、3万回分がアローアンスである。Standardに対するオーバースペック分である。これを削ってコストを下げる。

　これは、企画・開発におけるBufferless化であり、BufferedからBufferlessへの開発ルーチンの進化である。BufferlessはTPSの生産面での特徴だが、企画・開発のStandardにおけるBufferlessはトヨタでもエティオスが初の試みで、TPSの新段階と言えよう。

（10）イノベーションとしてはラジカルだが限界あり

　EFCは、新興国車といえども先進国と共通のトヨタ・スタンダードを前提に、しかし新興国車にふさわしい低価格を追求して開発された。トヨタ・スタンダードを前提に、コストダウンの限界に挑戦したと言える。

　この企画と開発のギャップ解消、開発側のバッファレス化は、企画と開発の関係に関するイノベーションであり、イノベーションとしてはラジカルである。また、企画組織が決めたStandardに対して開発組織がアローアンス（余裕分、バッファ分）を見て開発するという暗黙のルーチンが、余裕分を最小化して開発するというルーチンに変異しており、トヨタの製品企画・設計ルーチンの進化が見られる。

　しかし、EFC の販売価格はインドで65 ～ 90 万ルピー（100 万～ 135 万円）、インドネシアで130 万円前後と、70 万円程度が多い LCV からは依然として距離が大きい。このことは、LCV をトヨタ・スタンダードで開発する限界を示している。

（11）インドでのサプライヤー支援～ SPTT とオンサイトサプライヤー～

　サプライヤー支援に関しては、トヨタが海外で一般的に行っている SPTT 活動（米国での TSSC が起源）がインドでも実施されている。SPTT（Supplier Parts Trucking Team）活動は、サプライヤーが QCD で TS をクリアできるように、調達メンバーに開発、生技、製造などのメンバーも加えたチームをサプライヤーごとに結成し、包括的カイゼン支援を行う活動である。阿吽の呼吸で QCD を改善できる系列サプライヤーでなくとも、すなわち、欧米系や純ローカルであってもトヨタ側の総合的な支援で QCD を TS レベルまで引き上げることを意図した活動である。純ローカルのサプライヤーでもトヨタと取引することが珍しくないインドでは SPTT が広範に実施されている。

　また、近年タイ、インドネシアをはじめ新興国で広まってきたサプライヤーパークだが、TKM にも TTIndia（トヨタテクノパークインディア）というサプライヤーパークが TKM に隣接して設置されている。

　この他に、TKM にはオンサイト・サプライヤーも立地している。すなわち、エティオスに部品供給するサプライヤー 7 社を TKM 敷地内に誘致している。たとえば、シートサプライヤーでは、それまで IMV、カローラ向けに供給してきたトヨタ紡織が選定されず、ジョンソンコントロールの現法、タタ JCI が選定され、オンサイトで立地している。この他のオンサイト・サプライヤーとして、Stanzen Toyotetsu India Pvt. Ltd.（STTI）、JBM Ogihara Automotive India Limited、Asahi India Glass Limited などがある。

　以上のように、EFC は最新のコストダウンの手法を駆使して開発され、EFC のために新設された新鋭工場で生産され、サプライヤーも純ローカルを

活用するなど、満を持してインド市場に投入された。にもかかわらず、トヨタでは他に例を見ないほどの不振を極めており、トヨタ全体がインド市場で低迷する原因となっている。その抜本的な打開策が、ダイハツの完全子会社化、「新興国小型車カンパニー」の新設と見られる。最後にこれらの意味と展望を述べて本稿を締めくくりたい。

おわりに

　以上のように、世界市場ではトップを争うトヨタも、インドの低価格車セグメント〜インド乗用車市場で最大のセグメント〜では、様々な革新的な試みにも関わらず、インドで必要な低価格を実現できず、乗用車市場全体でシェア5％と苦戦が続いている。その一方で、高価格のSUV/ミニバンセグメントでは、トヨタの新興国専用車IMVが競争優位を発揮してセグメントシェア第２位と健闘している。これだけ見ると、インド市場においてトヨタは、クリステンセンの言う「イノベータのジレンマ」に陥っているように見える。だとすれば、ジレンマ克服に向けたクリステンセンの処方箋は「目的ブランド(14)」である。「目的ブランド」は、オリジナルブランドのブランド価値を活用しながら、顧客のニーズ、「目的」に応じてブランドを使い分ける戦略である。自動車では仏ルノーが、子会社であるハンガリーのダチア社のブランドで低価格車ロガンを投入して大成功を収めた事例がある。

　トヨタも、インドネシアではダイハツと共同開発したU-IMV（トヨタ・アバンザ、ダイハツ・セニア）や、ダイハツが軽自動車ミラ・イースをベースに単独開発し、全量現地生産してトヨタにもOEM供給するD80N（ハッチバックのトヨタ・アギア、ダイハツ・アイラ、３列シート７人乗りのトヨタ・カリヤ、ダイハツ・シグラ）で成功を収めた経験がある。ただ、インドネシアの事例では、いずれの場合もダイハツブランドを前面に打ち出した低価格車というわけではなく、実際の価格も100万円以上でトヨタブランドでも販売されている。(15)

　しかし、インドで求められる低価格車の価格（50万円程度）は、ダイハツの軽自動車ミラ・イースをベースに開発されたインドネシアのD 80Nの価格（100万円程度）の半分と大幅に低い。そこまで低い価格設定で実現可能な仕様、性能の車を開発し、それに見合うコストで生産する必要があり、さらに、そのような車をトヨタのブランド価値を活用しながら、それを損ねないように販売する必要がある。

　ダイハツが日本の軽自動車で培った能力を総動員すれば、そうした低価格車の開発と製造は可能であろう。だが、それだけでは不十分で、そのような低価格車を「トヨタのブランド価値を活用しながら、それを損ねない」ような「目的ブランド」を新設する必用がある。

　おそらく、そうした使命を帯びてトヨタで5番目の車両カンパニー「新興国小型車カンパニー」が2017年1月に新設された。子会社とはいえ別会社のダイハツをトヨタの社内カンパニーのメンバーに加えての発足である。未だ設立されたばかりで詳細は不明だが、ダイハツの低価格車を「開発する能力」と「製造する能力」を総動員して、インド市場のような低価格車が大きな割合を占める新興国で勝負できる低価格車の開発を目指すと見られる。問題は、それがインドネシアの場合のようにダイハツの能力を活用するにとどまるのか、それとも、それともトヨタの低価格車ブランド、クリステンセンの言う目的ブランドの起ち上げまで進むのかである。「新興国小型車カンパニー」の今後の動向に注目したい。

［注］
⑴　本稿は、2006年8月と2012年8月にインドで実施した現地調査、2006年8月、2013年3月、2014年12月にパキスタンで実施した現地調査で入手した情報、およびインド自動車工業会（Society of Indian Automobile Manufactures、略称：SIAM）の統計に基づいて作成した。現地調査では、トヨタ、スズキ、ホンダの現地法人、デンソー、ボッシュなど部品メーカーの現地法人で工場見学とインタビューを実施した。現地調査にあたり、細川薫氏（元トヨタ自動車ZB

"チーフエンジニア）、塩地洋氏（京都大学大学院経済学研究科教授）、および、清晌一郎氏、北原敏之氏をはじめとする自動車サプライヤー研究会の皆さん、取材先企業の皆様に御協力頂いた。記して謝意を表します。"

(2) EFCはトヨタの開発サブネーム（プラットフォーム名）でEntry Family Carの略称。小型セダンのエティオス、小型ハッチバックのエティオス・リーバ、小型SUVのエティオス・クロスの3モデルがある。詳しくは第2節を参照されたい。

チーフエンジニア）、塩地洋氏（京都大学大学院経済学研究科教授）、および、清晌一郎氏、北原敏之氏をはじめとする自動車サプライヤー研究会の皆さん、取材先企業の皆様に御協力頂いた。記して謝意を表します。

(2) EFCはトヨタの開発サブネーム（プラットフォーム名）でEntry Family Carの略称。小型セダンのエティオス、小型ハッチバックのエティオス・リーバ、小型SUVのエティオス・クロスの3モデルがある。詳しくは第2節を参照されたい。

(3) エティオス、アルト800ともに2016年12月時点の首都デリーでの中心価格。エティオスはセダンの価格、アルト800はマルチ800の後継モデル。円換算は1インドルピー＝1.75円（2009～16年の平均レート）で行った。換算レート以下同様。ナノは発売当時（2009年）の価格を前記平均レートで円換算した。ナノの現行モデル（2015年発売）は最安でも約20万ルピー＝（35万円）である。

(4) インド自動車工業会の分類では、UV（Utility Vehicle、ユーティリティ・ビークル）セグメントと呼ばれている。本稿では原著Christensen, Clayton M.（1997）に従い「イノベータ」のジレンマとする。

(5) IMVもトヨタの開発サブネーム（プラットフォーム名）でInnovative International Multi-purpose Vehicleの略称。IMV1、2、3がピックアップトラックでハイラックス、IMV4がSUVでフォーチュナー、IMV5がミニバンでイノーバというモデル名で販売されている。IMVについて詳しくは第2節、および、野村俊郎（2015a, 2015b）を参照されたい。

(6) クリステンセン（邦訳2001）では「イノベーション」のジレンマとなっているが、本稿では原著Christensen, Clayton M.（1997）に従い「イノベータ」のジレンマとする。

(7) 本稿では必要に応じてモデル別動向も紹介するが、インド自動車工業会（SIAM）は、2013年3月以前のモデル別統計を公表していない。ただ、FOURINは独自に入手したデータで2002年以降のモデル別統計を公刊（『インド自動車・部品産業 2013』『同前 2016』等）している。さらに、ここ数年の現地調査等で1994年以降のモデル別SIAMデータを入手したので、それらをあわせて、1994～2015年のモデル別動向を紹介する。

(8) SIAMは、マイクロ、ミニ、コンパクト、C1、C2、D、E、Fにセグメント分類される「乗用車」と、「UV」「バン」を別にしている。しかし「UV」「バン」は客貨両用のトラック系乗用車として使用されておりSIAMも「商用トラック、商用バン」と別に分類している。そこで本稿では、「UV」「バン」も含めて「乗用車市場」とし、その合計の台数を「インド乗用車市場の台数」とし、本稿はこの「商用トラック、バスを除くインド乗用車市場」を中心に分析を進めている。

(9) 伸び率で見ても、トラック、バスを含む自動車市場全体で、2001 年の 874,781 台が 2008 年には 1,984,188 台、2015 年には 3,425,336 台と、7 年で 2.3 倍、14 年で 3.9 倍になる高い成長率である。

(10) インドの税制上の優遇措置は全長 4m 以下、排気量 1200cc（ガソリン）、1500cc（ディーゼル）以下に適用される。日本の軽自動車の基準は全長 3.4m 以下、排気量 660cc 以下のため、軽自動車をベースに開発された車は、インドでも税制上の優遇が受けられる。ただし、インドに投入されるモデルの排気量は約 800cc に拡大されている。日本の軽自動車をベースに開発された車のうち軽乗用車のマルチ 800、アルト 800 はインド自動車工業会 (SIAM) の基準では「ミニ」セグメント（全長 3200mm 超 3600mm 以下、図 1-5 を参照）に、同じく、軽ワンボックスのオムニは「バン」セグメントに分類されている。

(11) ただし、Micro と Mini、C1 と C2 は、煩雑さを避けるため、それぞれ一括して一つのセグメントとしている。

(12) 第 1 工場の生産能力は、2012 年に 8 万台から 9 万台へ、2013 年には 10 万台まで増強されている。

(13) クラフチックに依拠しながら，生産面での TPS の特徴を Bufferless と規定したのは，野原光氏である。野原光（2006）196 頁。アローアンスの最小化は，それが企画・開発面にも及んだことを意味する。

(14) Christensen, Clayton M., Raynor, Michael E.（2003）、クリステンセン・レイナー（邦訳 2003）。

(15) ただし、D80N はいずれもインドネシア政府の LCGC(Low Cost Green Car) 認定を受けており、その認定条件の一つ「車名とロゴ、ブランド名はインドネシアの要素を含まねばならない」を充たすため、合弁パートナーの名称と組み合わせた「アストラトヨタ」、「アストラダイハツ」のブランドで販売されている。

［参考文献］

Christensen, Clayton M.（1997）*The Innovator's Dilemma: When New Technologies Cause Great Firms to Fail,* Harvard Business School Press. クリステンセン（邦訳 2001）『イノベーションのジレンマ〜技術革新が巨大企業を滅ぼすとき〜』翔泳社。

Christensen, Clayton M., Raynor, Michael E.（2003）*The Innovator's Solution:Creating and Sustaining Successful Growth,* Harvard Business School Press. クリステンセン・レイナー（邦訳 2003）『イノベーションへの解〜利益ある成長に向けて〜』翔

泳社。

チャン・キム、レネ・モボルニュ（邦訳 2013）『ブルー・オーシャン戦略』ダイ
　ヤモンド社。

フォーインアジア調査部（2013）、（2016）『FOURIN インド自動車・部品産業
　2013』、『同前 2016』フォーイン。

鈴木修（2009）『俺は、中小企業のおやじ』日本経済新聞出版社。

中西孝樹（2015）『オサムイズム "小さな巨人" スズキの経営』日本経済新聞
　出版社。

野原光（2006）『現代の分業と標準化』高菅出版。

野村俊郎（2015a）『トヨタの新興国車 IMV ── そのイノベーション戦略と組織』
　文眞堂。

野村俊郎（2015b）「利益で VW に勝ち続けるトヨタの秘密〜開発組織 Z の
　HWPM」鹿児島県立短期大学『紀要』第 66 号。

野村俊郎（2016）「スズキ、トヨタのパキスタン市場戦略と生産・調達の工夫〜
　ブルーオーシャンで成功した二つの戦略〜」鹿児島県立短期大学地域研究所
　『研究年報』第 47 号。

藤本隆宏（1997）『生産システムの進化論──トヨタ自動車に見る組織能力と創
　発プロセス』有斐閣。

第5章
サプライヤーとの協力体制の刷新
AAT：A-ABC 活動を中心にして

木村　弘

はじめに

問題意識

　本書を貫くテーマはグローバルサプライヤーシステムの変化と深層現調化（現地化）の展開である。このテーマに沿って、各章は構成されている。同じように、企業も根幹を形成するひとつの考え方にもとづいて経営活動をしている。多様な仕事が共通する考え方にもとづいて構成されることにより、全体としてまとまりのある組織となる。

　本章では、自動車メーカーのマツダにおいて、自動車部品サプライヤーとともに展開する、企業の競争力を向上させる取り組みについて注目する。その際、マツダとサプライヤーが根幹となるものづくりへの共通した考え方を持ちながら、企業の競争力を高めている事象を取り上げていく。

　本書を貫く大きなテーマには、「グローバル」と「深層現調化（現地化）」というキーワードが仕組まれている。本章では、これらを同時に考察できるマツダの海外生産会社オートアライアンス・タイランド（Auto Alliance（Thailand）：以下、AAT）のサプライヤーとの先進的な関係構築に注目する。AATを取り上げることにより、マツダや地場サプライヤーがグローバルに活動する側面とともに、ローカルサプライヤーの育成と活用も扱う。取引部品の現調化の進展により、当然に、各企業における現地人の活用という人材レベルの「深層現地

145

化」が重要な問題となる。

　マツダは社運をかけてアセアンやメキシコでの生産を展開しており、今後も
グローバル展開と国内生産のバランスをとりながら、経営活動をすると推察さ
れる。そのため、海外工場は生産能力をいかに向上させるのかが最重要項目で
あり、海外工場はさまざまな要求に対応可能な存在である必要がある。

研究目的

　本章では海外生産工場における、競争力向上に関する要因について分析枠組
みを提示しながら考察する。考察を通じて、アセアンにおける生産活動に注目
してサプライヤーシステムの変化が明らかになる。通常の、企業レベルでの競
争力向上に関する議論だけではなく、日本人スタッフと現地スタッフの関わり
合いを取り上げ、人材レベルでの深層現地化を明らかにしながら企業成長プロ
セスを提示する。

　考察の方法としては、各社を取り巻く背景の説明をしたのち、分析枠組みの
提示を行い、AAT における A-ABC（ASEAN-Achieve Best Cost）活動の事
例研究を行っていく。それらの結果にもとづいた分析枠組みを用いた考察、さ
らに企業の類型化を行いながら成長プロセスについて議論をすすめる。

　議論のなかで、AAT はサプライヤーと共通した考え方によって、意思疎通
を図っていることが分かる。それはいわば共通言語化を形成しているともいえ、
この点でグローバルと深層現地化を説明しうる意義深い事例となっている。現
地の特性を活かした取り組みを通じて、本章で明らかにするのは、①優良な生
産能力を保有するサプライヤー関係、②基軸を通じた戦略と生産現場の調和に
よる競争力向上、③成長プロセスの提示についてである。

1　研究の背景

（1）マツダ全社の概要

全体の概要

　日本の自動車メーカーの競争力の向上が叫ばれて久しい。そのなかで、マツダは中堅メーカーとしての位置にある。トヨタ自動車や日産自動車と比較すると、マツダの生産台数は小規模である。加えてグローバル生産の取組が他社よりも後発であり、為替変動の影響を受けやすい企業体質でもあるため、大手と同じような経営が志向できない。マツダと取引の多い地場の部品サプライヤーも同様の環境におかれ、過度な依存に陥らないような経営が志向されている。

　マツダの近年の業績を図1に示す。売上高は2014年の2兆6,922億円から2016年には3兆4,066億円（前年度比12%増）となっている。営業利益率は2014年の6.8%から2016年の6.7%と安定しているが、営業利益は2014年の1,821

図1　マツダの売上高と営業利益・営業利益率の推移

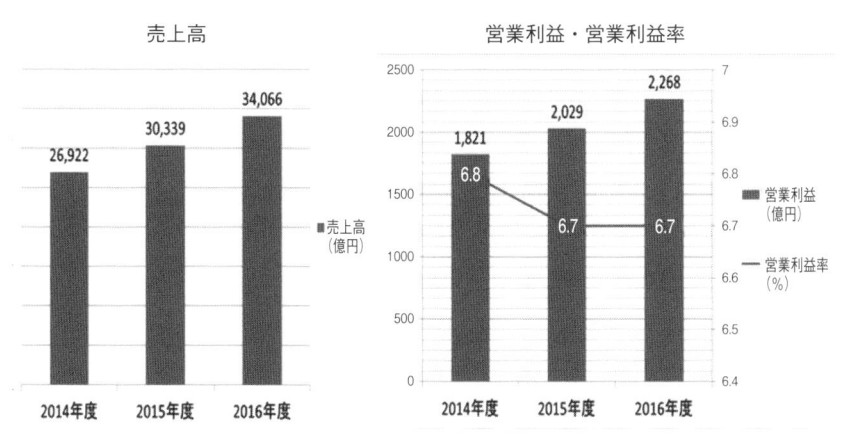

出所：マツダ会社案内・サスティナブルレポート 2016、p.5 より。

図２　マツダの生産台数（グラフ）

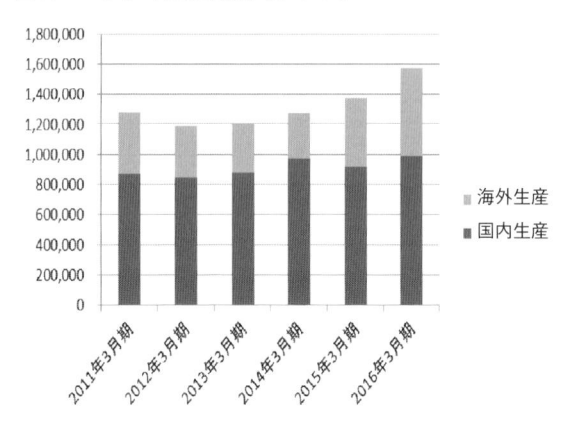

■海外生産
■国内生産

出所：マツダ株式会社ホームページより。

表１　マツダの生産台数（表）

	グローバル生産	国内生産	海外生産
2011 年 3 月期	1,277,494	866,992	410,502
2012 年 3 月期	1,185,222	846,574	338,648
2013 年 3 月期	1,200,014	879,129	320,885
2014 年 3 月期	1,269,296	972,533	296,763
2015 年 3 月期	1,375,064	919,405	455,659
2016 年 3 月期	1,571,199	989,401	581,798

出所：マツダ株式会社ホームページより。

表２　マツダの輸出台数

内訳		輸出					
		乗用車	北米	欧州	オセアニア	その他	合計
2015 年 4 月～ 2016 年 3 月	台数	787,183	312,981	200,465	91,221	182,516	787,183
	前年比 （％）	7.7	18.1	0.3	14.3	17.7	7.7

出所：マツダ株式会社ホームページより。

億円から 2016 年は 2,268 億円（前年度比 12% 増）へ上昇している。

　生産台数は 2016 年 3 月期において国内で約 98 万台、海外で約 58 万台であり、全体のグローバル生産として 157 万台となっている（図 2、表 1）。気をつけたいのは輸出が 78 万台と、国内生産の 8 割を占めていることである（表 2）。これが円高の影響を受けやすい体質の要因になっている。

経営と生産の歴史

　これまでのマツダの歩みを簡単に振り返っておきたい。1920 年に東洋コルク工業として創立し、その後、1927 年に東洋工業、1984 年にマツダへ改称している。生産活動はもっぱら国内を中心に展開され、1966 年に本社工場と隣接した宇品工場が操業開始したほか、1982 年に防府西浦工場で乗用車生産が本格的に行われてきた。海外展開をみると、1979 年にフォードと資本提携して以来、1985 年の米国生産子会社の MMUC（Mazda Motor Manufacturing U.S.A. Corporation）、後の AAI（Auto Alliance International）の設立に至っている。

　マツダはフォードとともに一定程度の成果をあげてきたが、2012 年に AAI での生産活動を終えている。その後も、フォードの工場で乗用車生産が模索されてきたが、現在では、タイとメキシコを中心にして、中国、台湾、ベトナム、マレーシア、ロシアで生産が行われている。

　本論で詳しく取り上げる AAT はフォードと合弁で設立されている。タイでは、2015 年にトランスミッション工場も操業を開始しており、アジア地域の海外生産拠点として重要な存在となっている。2014 年に操業開始したメキシコ工場 MMVO（Mazda de Mexico Vehicle Operation）はマツダと住友商事の共同出資であるため、基本的なものづくりの方向性を自社で決定できる。メキシコ工場では、マツダが基本設計した自動車をトヨタ向けに OEM 生産する試みもみられ、海外工場の新たな役割の可能性も提示している。2015 年、マツダはトヨタと業務提携にむけた基本合意をし、今後のクルマの魅力向上のために協業を検討しはじめている。

表3　マツダの主な歴史

		経営領域		生産領域
Ⅰ期 1930頃〜 1990頃	1920 1927 1979 1984	東洋コルク工業株式会社創立 東洋工業株式会社に改称 フォードと資本提携 マツダ株式会社に改称	1930 1966 1981 1982 1985	本社新工場 宇品工場 防府中関 　トランスミッション工場 防府西浦工場 AAI設立 ＊協力会も設立された成長期
Ⅱ期 1990頃〜 2000頃	1996 1997 1999 2000 2002	ウォレス社長就任 ミラー社長就任 フィールズ社長就任 中期経営計画「ミレニアムプラン」 ブース社長就任	1995	米国生産会社MMUC、 　タイ生産会社AAT設立 ＊フォードへの生産委託 ＊バブル経済崩壊後の苦境期 ＊組織自体も変革期
Ⅲ期 2000頃〜	2003 2004 2007 2007	井巻社長兼CEO就任 中期経営計画「モメンタム」 中期経営計画「マツダアドバン ストプラン」 マツダ「サステナブル"Zoom Zoom"宣言」策定	2003 2007 2007 2012 2012 2014 2015	中国一汽乗用車工場 長安フォードエンジン工場 長安フォード南京工場 ロシアソラーズ生産工場 マレーシアベルマツ合弁会社 メキシコ工場 タイトランスミッション工場 ＊自立、グローバル化の進展

出所：『マツダサステナブルレポート2015』（pp.125-126）より。

　表3では、創立から現在までの大まかな歴史を、議論しやすいように3つに分けている。まず、創立から1990年頃までを成長期としたい。文字通り、会社が興されて戦後の高度成長によって規模が拡大してきた時代である。この頃までに、生産活動の多くの設備が整備されている。

　次に、1990年代中頃から2000年を過ぎる頃までを変革期としたい。この時期は日本国内がバブル経済の崩壊とともに不況に陥り、マツダでもフォードから経営者が招聘され、組織改革が進行してきた年代である。これまでの部品調達構造の見直しが進められ、地場企業は合併などを模索しながら企業存続を図ってきた、苦しい時代でもある。マツダの伸長とともに地場企業も成長してきた高度成長期のモデルが行き詰った時期である。

　その後の2000年をすぎて、新しいクルマづくりが志向されはじめた時期からを自立期としたい。フォードからの経営者も去り、マツダのみならず、地場

のサプライヤーも含めた新たな部品調達構造の模索が始まった時期である。これまで遅れてきたグローバル展開や、過度な依存関係も反省点にして、自動車関連産業に従事する各企業が自立に向けた活動を展開しはじめた時期といえる。変革期で混乱した状態に陥った地場のサプライチェーンは、苦境期に実力をつけて自立した企業同士が結束して、再び信頼関係を深めている段階といえる。

(2) タイにおける生産活動

　タイにおいて、マツダは 1951 年にピックアップトラックの販売を開始していた（IRC、p.480）。生産活動が開始されたのは 1975 年になってからである。1975 年、マツダは現地企業の Kamol Sukosol と合弁会社 Sukosol Mazda Auto Assembly を設立し、生産活動を開始した。現地では、ファミリア、トラック、プロシードの生産がなされたが、これらは東南アジアの経済成長を見込んでのものであった。資本提携先だったフォードとの関係強化のため、1995 年に AAT が設立され、ピックアップトラックの生産が開始された。[1]

　AAT の経営において、これまでに大きく 2 つの転換点があったとされている（表4）。まずひとつめは、2009 年に乗用車が生産され始めたことである。これまでの生産車種の選定はフォード主導で行われてきたため、フォードが得意とするピックアップトラックの生産を続けてきた。しかし、グローバル化の進展にともない、マツダでは生産拠点と車種の選択と集中を検討した結果、タイで Mazda2 を生産することになったのである。これにより、マツダの海外戦略が着実に進展する可能性を高めたことになる。

　次の転換点は、2011 年にピックアップトラックの開発をフォード、生産をAAT（マツダ）が担当したことである。これまではマツダが開発を担当し、AAT が生産にあたっていた構図が崩れた。両社の選択と集中にともなうもので、フォードが得意とする分野で実力を発揮させることになる。

　AAT はマツダとフォードの 2 社の経営から成り立っているため、社内には

表4 AAT の主な歴史

・1995.10 Auto Alliance（Thailand）Co.,Ltd 設立
・1988. 5 ピックアップトラック生産開始（Ford Ranger と Mazda Fighter）
・2006. 2 Mazda BT-50 生産開始（Fighter から BT-50 へ）
・2007. 7 生産累計 100 万台
・2009. 7 Sirindhorn 王女様をお招きし、乗用車工場開所式開催
・2009.10 Mazda2 生産開始［乗用車生産開始］
・2011. 2 Pickup Truck をフルモデルチェンジ［開発と生産の関係変化］
・2014. 5 完成車生産累計 200 万台
・2014. 8 New Mazda2 エコカー申請、承認取得
・2014. 9 New Mazda2 生産開始
・2014.11 Mazda2 Production セレモニーを開催
・2015.10 CX-3　生産開始

出所：AAT ヒアリング調査資料より。

2つの生産方式が存在している。マツダ生産方式とフォード生産方式である。それぞれに考え方に違いはあるが、ATT の社員は両方に学んでいるという。ものづくりに関しては、もっぱらマツダから学ぶことが多いものの、人材マネジメントに関する評価基準などのシステマチックな内容については、フォード式の手法が採用され、タイでは評判もよいという。

　近年、マツダでは「モノ造り革新」(2)によって、設計思想や生産への考え方がまとまりやすくなったほか、世代ごとのクルマづくりが一貫しているため、いわゆる「手戻り」(3)が減少したという。モデルと技術のサイクルがかみ合いやすく、生産現場でも新型モデルへの取り組みがやりやすくなる効果があり、将来的に新型モデルの全世界同時立ち上げが可能になると考えられている。

　そのためにも AAT の生産能力の向上は重要な課題である。企業成長の順序として、現時点ではタイ人が主体で、日本人が一部サポートするレベルへ移行中であり、将来的にはタイ人が自立した経営を行えるレベルへ上昇させる。そのために、マネジメント層の人材とともに、生産現場でもマスター・トレーナー

図3　AAT 生産推移（台／年）

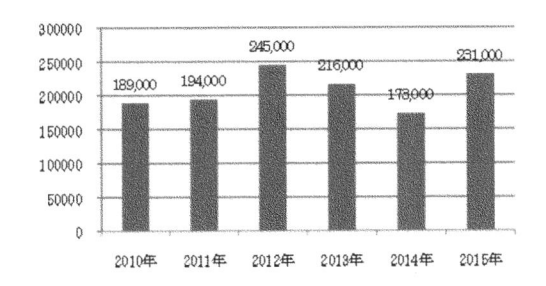

出所：AAT ヒアリング調査資料より。

の育成も必要である。今後の AAT に求められるのは、戦略的な方向性の明示とそれを実現させる生産現場の能力伸長である（図3）。

2　サプライヤーとの新たな関係構築

(1) サプライヤー関係

　自動車メーカーと部品サプライヤーが協力しながら技術開発や生産現場の改善を行うことはマツダに限ったとこではない。トヨタには SPTT（supplier parts tracking team）といわれるサプライヤー育成の取組もある。SPTT はトヨタから人材を派遣、各部署で提案を行い、学びあいを通じて好循環を生んでいる。サプライヤーでは、QC サークルや自主研など、協力会とも関連しながら取り組まれてきた。

　近年も、「カタ」としてトヨタ生産方式の競争力の源泉について言及している研究もある（Rother, 2009）。Rother の指摘で注目したいのは、トヨタが成功しているいちばん重要な要素を、社員のスキルと行動であると言明している点である（p.46）。トヨタの継続的改善と適応能力は社員の行動や反応、状況を理

解する能力によるもので、すぐれた解決策を導き出すと論じている。つまり Rother は、トヨタのツールやテクニックが思考や行動といった目に見えないルーティンの上に築かれていて、ここが他社と異なると指摘している（p.33）。

　以下で考察する A-ABC 活動も、タイにおける部品サプライヤーのスキルや行動の向上を目指した取り組みである。継続的な工程改善を人材の能力伸長とともに実現させ、生産子会社にあって、多様な生産をいとも簡単にこなしていくような生産現場へと成長していく。これは子会社の経営陣はもとより、日本の親会社の経営陣にとっても、取引充実や拡大の可能性を高める重要な取り組みである。その根幹部分は、Rother がトヨタの強さと指摘する「カタ」と同様な内容といえる。

（2）A-ABC（J-ABC）活動の概要

　A-ABC 活動とは、A はアセアン、ABC とは Achieve Best Cost の略である。この活動のもとになるのは、日本国内でマツダと参加サプライヤーで展開されている J-ABC 活動である。J とは、地場（Jiba）を示し、言葉通りに広島地域に縁のある企業とのより良い協業を目指す取り組みである。J-ABC の理念は、「マツダグループ全体のコスト競争力世界一を目指すため、ものづくりの限りなき改善・改革とお取引先からマツダまでスルーで考えたトータルベストを共に追求し続ける[4]」である。変革期で混乱したマツダグループ全体の流れを、今一度スルーで考えて一体感を再構築し直す意義深い活動である。

　マツダのモノ造り革新で培ったノウハウをすべての生産拠点に展開し、グローバルで高品質、高効率なフレキシブル生産を実現することを目的に、タイの AAT で取り組み始めたのが A-ABC 活動である。AAT では、ピックアップトラックだけでなく乗用車生産も開始されるようなり、今後もマツダの次世代商品を海外生産するため、より高度な生産現場力が求められている。モノ造り革新で先行している国内のノウハウを、海外モノ造り革新のためにタイで活動が展開されるようになった。

　タイで活動を行うにあたってマツダが重視したのは、タイの国民性、文化の違いを尊重すること、現場改善を継続的に推進することである。この活動はマツダ、AAT、現地サプライヤーがともに成長できる活動として位置づけられており、マツダ生産方式をベースにした改善活動が基本となる。ABC活動の考え方、プロセスをタイの組織に浸透させ、win-winの関係構築を目指す。

　協調的ともいえる関係づくりの主な流れは次の通りである。

1）あるべき姿を共有化し
2）その実現に向けた課題を見える化し
3）その解決のため、改善をすすめて現場力を向上させ
4）サプライヤーの実状に応じた日常管理、品質教育等を実施し
5）活動を通じて理想の工場を実現していく

　これらを通じて、改善活動を推進する現場リーダーおよび改善メンバーを育成する流れとなっている。

（3）A-ABC活動の実際

　すべての企業がA-ABC活動に取り組めるわけではない。この活動は週に1回、AATから社員がサプライヤーに出向き、現場改善のサポートを行う。その際に、サプライヤーが主体となる活動である必要があるため、訪問先に一定の実力がなければ効果的な支援ができないからである。AAT側が逐一指導するとなると、サプライヤーの現場は受け身一辺倒になるし、そもそもなぜこのような活動をしなければならないのかさえ分からない場合もある。

　そこでAATでは、当活動を展開するために一定の条件を課している。まず、取引先として当社にとって重要な位置にあることである。現在の主要取引先であることはもちろん、将来にわたり、より高度な次世代製品を生産するためのサプライヤーであることが条件となる。次に、品質や納期等に課題があって改善が必要とされていること、AATの影響力を発揮できることが条件となる。

　AATにおいて、A-ABC活動はタイ人スタッフ4名、日本人スタッフ3名

で組織されている。サプライヤーごとに専属の担当者1名が割り当てられる。AATから近場であれば、一度出社してからその日に訪問するサプライヤーへ出向き、遠方であればAATに出社せずに直接サプライヤーへ出向く。担当者の仕事は基本的に社外に出て、サプライヤーとともに現場改善の支援にあたることである。

受け入れ側のサプライヤーでは、製造部門もしくは工場長が統括責任者となり、実際の活動は工程ごとのいくつかのチームによって実行される。リーダーはあくまでサプライヤー側から出され、チームごとの問題の洗い出しや改善提案が行われる。AATでは、工程管理の基本となる「山積表（チャート）」や「フィッシュボーン図」による情報の見える化の支援を行うことになる。

活動スケジュールは半年周期が基本となり、年に2サイクル回すのが基準となる。1か月目は準備期間で体制づくり、導入教育、テーマ選定、目標設定、現状把握や分析を行う。2か月目から活動キックオフとなり、本格的に現状把握し分析をして3か月目にかけて改善案の発掘を行う。4か月目になると、改善案の実施と中間報告を行う。5か月目には引き続き改善案の実施を行い、最終の6か月目に成果報告とまとめを行う流れになる。

A-ABC活動は2013年にスタートし、2016年には現地のサプライヤー9社10工場が参加するほどに成長している。A-ABC活動によって、AATをはじめ各サプライヤーは生産増への対応、さらには将来の新受注をとるための実力（余力）を形成できる。生産現場にとれば、自分たちの実力向上はこのうえない喜びであり、経営陣にとっても、新たな戦略を策定、実行しやすくなるのである。

3　事例研究

（1）分析枠組みの提示

これまでに経営戦略と生産現場の整合性に関して、「共通言語」や信頼関係の概念からその重要性について指摘してきた（木村 2016）。特に近年のマツダでは、モノ造り革新によって社内で開発や生産の部門間障壁を取りのぞき、部品調達においても、サプライヤーを含めたトータルでマツダの生産ラインと考えて関係づくりを見直してきた。モノ造り革新は一括企画、コモンアーキテクチャ、フレキシブル生産からなる総合的な考え方で、クルマの商品開発力を高める多様性と量産効率を高める共通性の両立を目指している。

サプライヤーにおいても企業努力を重ねており、継続した地道な改善活動や人材育成を行っている（木村 2015）。マツダと取引のある比較的大規模な Tier1 サプライヤーであれ、従業員数十名の中小企業であれ、要求される QCD に対応するために生産現場を強化している。その基本となるのは 5S や環境整備、改善活動といった基礎となる活動であり、それらを日々実行することである。実際に生産活動や改善を行うのは「体力」であり、それらを生み出していくための「知力」も必要となる。こうした取り組みは積み重ねによって実現されるものであり、企業は育成する視点を持つことが重要となる。

これらの考察で得られた結論は、大規模な部品サプライヤーであっても中小企業であっても、現実的な戦略策定には生産現場の進捗状況、レベルの向上に応じて、機能的、階層的な調和を意識した、段階的な積み上げ方式が望まれるとこであった。

つまり、企業ごとに異なった環境に合わせた戦略策定が重要になる。AAT とサプライヤーで展開される A-ABC 活動においても、タイの地域性、文化を理解することも大事な点である。マツダ生産方式という基軸を強制的に導入するのではなく、考え方、行動といった目に見えない部分を共有し、現地流にア

レンジしながら浸透させていくことが、A-ABC活動の優れた点である。以上から、共通する部分が大事であることや、当事者たちの実際の積み上げ方式でのやり方が求められる。

そこで本論では、以下の分析枠組みからA-ABC活動に取り組むサプライヤーの考察を試みる（図4）。まず、方法である。方法はクルマや部品の設計方法などから、生産現場の改善方法等に関する概念である。指標の統一、問題点や改善点の共有を促進したりする機能をもつ。自社やグループにとって基準になる価値の明確化、言葉の定義を行って、メンバーの行動をまとめていく。

図4　分析枠組を形成する3項目

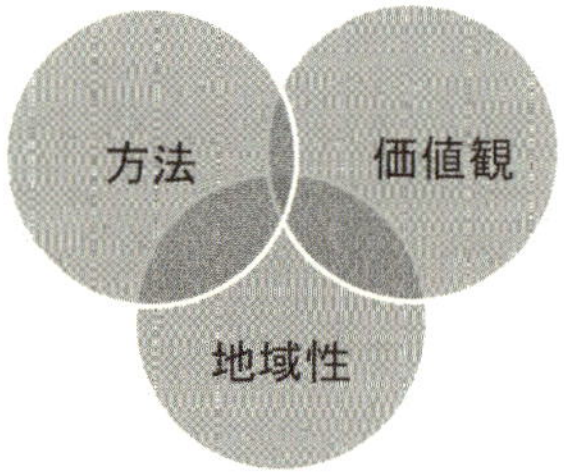

項目	内容
方　法（基盤）	日常業務を通じた組織浸透
価値観（創造）	価値基準の明確化，言葉の定義
地域性	タイ人による意思決定・オペレーション

出所：筆者作成。

図5　A-ABC活動に参画するサプライヤー類型

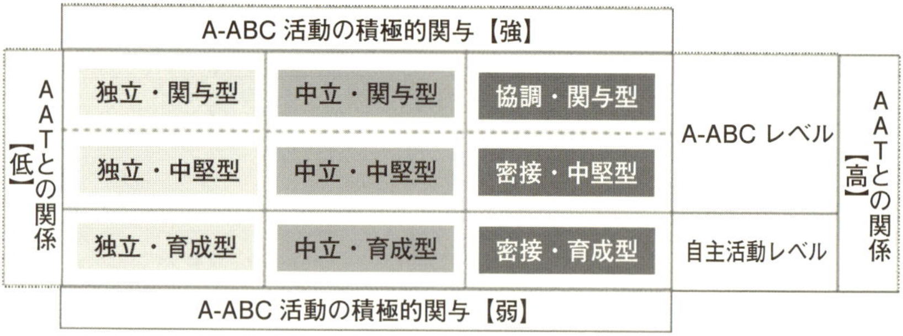

出所：筆者作成。

　次に、価値観（創造）である。くるまづくり、ものづくりを促進させる機能をもつ。主に、メンバーが共有する意識面の高度化である。メンバーの意識面の浸透から生み出される創造活動が重要となる。これらは方法により、日常業務を通じてメンバー、つまり組織に浸透する。

　最後に、地域性である。本論で取り上げる自動車産業では、企業の多くは集積し、地域経済を支える存在である。集積することで、近接性、社会性、場など、さまざまな観点から考察が可能になる。ここでは特にAATに部品納入するサプライヤーを考察するため、タイに立地するサプライヤーが対象となり、タイ独自の地域性を考慮することが必要である。

　これらを分析枠組みとして、AATにおけるサプライヤーとの新たな関係構築の取り組みを見ていきたい。

（2）サプライヤーの類型化

　AATはタイにおいて日本国内の枠にとらわれない部品取引をしている。サプライヤーも同様に、国内では取引しえない相手と取引をしている場合もある。そこで、これらの違いを明確にするための枠組みを図5に示す。図では、AATとの関係性の高さ（強さ）とA-ABC活動への関与度合の軸をクロスさせている。AATとの関係性について、国内の他系列のサプライヤーでもタイでは主要な取引先となっていることや、ローカルサプライヤーもあることから、それぞれ「中立」型と「独立」型とした。広島地域でも、タイにおいても、AAT（マツダ）と密接な関係性をもつサプライヤーは「協調」型としている。

　AATがA-ABC活動の対象としているのは、一定程度の実力のあるサプライヤーもしくは工場であり、図中の下段の「育成」レベルは自主活動であり、ABC活動ではない。

（3）現地サプライヤー

現地進出先行サプライヤー：A社・B社

A社：

A社は 2007 年に日本の親会社、現地企業の合弁で設立された企業である。出資比率は親会社 65%、現地会社 35% である。アマタシティ工業団地に立地し、AAT などへシートシステム関係の製品を納入している。従業員は約 630 名で、男性 40%、女性 60% の割合である。

当社は A-ABC 活動にスタートアップ時点から参加しており、工場をあげて積極的に取り組んでいる。まず、会社全体を包括する経営ビジョンとして、「All in One: 先進技術と匠の技で世界を凌駕する自社ブランドの確立」を掲げている。次に、会社方針として、「高品質をオンタイムでお届けし、お客様に感動を与える製品を提供する」を掲げ、工場全体に方向性を持たせている。

会社が進むべく方向に沿って、具体的な目標としてあるべき姿を提示している。めざす姿は「パーフェクトシートの実現」であり、各工程では、あるべき姿に向けて活動を展開する。これらを実現するために、人財、設備、工程保証度の向上、生産性と品質の融合という 4 つの切り口から、戦略的な活動にしようとしている。

当社では、2013 年の活動開始から段階的に生産現場の能力を向上させてきた。2013 年のステージ 1 では、A-ABC の考え方や進め方を指導することを重視し、縫製工程で品質を中心に現状分析から着手した。これはまだ、日本人が主体となった取り組みである。2014 年のステージ 2、3 になると、日本人が活動をサポートする役割に徹し、現地人スタッフの能力伸長に取り組み始めた。A-ABC の考え方をもとにして、当社にあった分析手法を考えだし、縫製職場においてオペレータのスキル管理を開始した。

そして 2015 年のステージ 4、5 と進む中で、現場で育ってきたタイ人リーダーを日本人がサポートする段階へ移行した。少しずつ活動エリアを拡大し、縫製

工程だけでなくシート組立工程にもA-ABC活動を展開し、工場全体のフレキシブルライン構築を目指した。2016年にはステージ6、7となり、タイ人が主体となった活動を日本人がフォローする段階となった。この段階になると、小集団活動がスタートし、経営ビジョンであるAll in One活動が開始され、工場内にストレートラインが構築されるに至った。

　これらの活動は、2013年に部分的に始まった工程別の活動が、段階的に他工程にも広がり、結果として工場全体の生産ラインをU字型からストレート（I）型へと進化させることを実現した。縫製ラインは女性が多い工程であり、組立工程は男性の多い工程である。両者の特徴をうまく引き出しながら、工場全体の一貫した流れが生み出されるような活動を展開した。ここでは詳細な数字をあげることができないが、現地従業員の成長とともに、生産台数増や生産車種増に対してフレキシブルに対応できる企業に成長を遂げている。

B社：

　B社は2007年に単独進出によって設立された企業である。操業開始は2009年で、AATで乗用車生産が開始される時期に合わせた進出である。事業内容は、自動車樹脂部品の成形、塗装、組立の一貫生産であり、バンパーやインパネ、ドアトリムといった大物部品から、内装グローブボックス、スイッチパネル類などの小物部品まで多数を生産している。

　当社を通貫する考え方は、日本国内の親会社を含めた全グローバル生産拠点でも共有されている。新技術への取り組みや、品質保証、納期の他に、SSC（Simple、Slim、Compact）活動を展開している。これらを基幹にして、現地調達品の拡大を目指した、タイ現地サプライヤーを含めたものづくりネットワークの構築を目指している。

　共通した自社の考え方を浸透させるため、OJTによる社員教育、情報共有などを促進してグループで知恵を共有するようにしている。基本的な事項では、スタンダードを意識させたり、作業の標準化とルールの遵守を指導したり、金型保全では事前にトラブルを排除すべく予防保全へ活動内容を高めている。

　当社のSSC活動は主にA-ABC活動を通じて、あるべき姿を設定して行われている。2013年に活動を開始し、おもに、コスト、SSC、納期、品質面を重視してきたが、近年は労働生産性にも注目をはじめている。

　親会社を頂点とした企業グループ全体でみると、タイ工場である当社は特別な位置づけにある。B社グループでは、日本国内にいくつかある工場でそれぞれ異なる製品を生産しており、日本国内の各工場は部品ごとのノウハウはあるが、複数の分野が集約した工場を運営することがなかった。ところが、B社（タイ工場）では、国内に分散している各分野の部品がひとつの工場に集約した生産活動を行うという制約があったのである。

　他企業では、日本国内のマザー工場のレイアウトや生産ノウハウを移転させ、タイで生産活動を行うことが多いだろう。しかし、B社は複数製品を扱うため、日本国内の企業とは違った環境におかれている。そのため、B社は複数製品を扱う工場として日本国内からも一目置かれる存在になっている。B社のレベルの高い生産活動を陰で支えているのが、A-ABC活動である。

　B社が設立される以前、親会社は他企業と合弁でタイに生産拠点を設けている。当時の従業員は日本での研修制度があり、実習生として生産方式を学んでいた。そこに、B社としてタイに進出する際に、ちょうど日本で研修を終えた従業員を教育指導もできる人材として帰国させることができた。現在、A-ABC活動を積極的に推進できるのも、これまでの人材育成の賜物である。

　B社でも、A-ABCの考え方を基軸にして、あるべき姿を設定し、工程ごとに価値分析を通じた改善活動を展開している。改善は基本的に5〜6名の従業員とリーダーから構成され、2交代制の場合は10名程度の人数になる。実際に作業にあたる従業員からアイデアをだし、活動を展開する。なかには反対意見も出ることがあるが、改善を通じた良い点などの議論を丁寧に重ねることで、職場内のコンフリクトを払拭している。A-ABC活動を通じて、現地の従業員自らが問題を発見し、解決に向けた行動を展開することから、現場に誇りを持つようになり、各自が自信を持つようになり、問題へも当事者意識をもって取り組むような変化が起こっているという。ABC活動は現地従業員の意識面か

らの変革を促し、これが工程間にも広がることで、工場全体の調和を生み出しているといえる。

現地進出後発サプライヤー：C社

　C社は2012年に日本の親企業の100％出資で設立された企業である。従業員は約130名である。主な製品は排気系の部品である。2012年にAAT向けに、乗用車向けの排気系部品の供給を開始し、同年、BOIの承認を得ている。2013年には、IPOの承認を得たほか、増資や新工場が竣工している。2014年には、AATの新車切り替え時に排気系システムを垂直立ち上げで納入に至っている。2015年、AATのトップサプライヤーアワードを受賞している。

　当社は、A社やB社に比べるとタイでは後発組に入る。その分、AATへ納入する部品もまだ限られた分野にとどまっている。しかし、C社は広島に本社をもつサプライヤーのなかでもグローバル展開をいちはやく展開してきた企業である。現在、A-ABC活動を通じて生産現場の能力を高める取組を着実に行っており、AAT向けの仕事を多く獲得していく可能性が高い。

　C社のグループ全体のビジョンは、ドアや排気系システムの分野で世界最適なエンジニアリング企業を目指すことである。タイ工場のC社では、2015年から2018年までのミッションとして、モノ造りイノベーションをベースにした品質、納期、コストの限界への挑戦を掲げている。そしてC社が担当する排気系部門の戦略として、加工利益の改善、不良品ゼロ配送の継続、技術やスキルの移転と人的資源開発を掲げている。C社はこれらを軸にして従業員に自社の方向性を明示している。

　タイで後発のC社は、A-ABC活動を通じて人材育成の組織的に行っている。ABC活動の意義を的確に把握しており、C社はメリットとして、現地人のマスター・トレーナーを育成して、なんでもリーダーに聞けばわかるような仕組みづくりや、フィッシュボーン図や山積表の作成に長けた人材の育成などをあげている。こうした人材が、実際のABC活動を推進するうえで不可欠だからである。

　タイの従業員のトレーニングになるように、アイデア出しの時は用紙を配り、「なぜ」を繰り返し考えてもらうように根気強く説いていく。思考時間に30分を与えたり、適宜アドバイスをしたりすることで、ABC活動が停滞しないように留意しながら、現地発の取り組みを促進させている。

　基本的に10人程度のチームを組み、それぞれに意見を出し合って協議を進める。反対意見は当然に出てくるが、ABC活動の目的を話し合って合意を得る。ABC活動が長けているのは、こうしたチームの総意を得たうえで、実際の改善活動を行っている点である。

　メンバーが当事者意識を持って作業にあたることの意義は小さくはない。実際に、従業員は「作業をしやすくなった」との声も聞かれ、ABC活動が掲げる、実行して実感してもらうことが重要である、という内容がしっかりと反映されている。C社の社長は工場長を経て就任しており、社長になってからも、こまめに従業員の声を拾うように心がけている。現地通訳も生産現場での重要性を認識しており、日本人の話す内容を的確に現地従業員へ伝達するようにトレーニングされている。ABC活動を通じた改善活動の意義を根気強く説きながら、C社では将来に向けた工場づくりが模索されている。長期的な成長プランを提示できる従業員が着実に育成されている。

ローカルサプライヤー：D社

　D社はプラスチック部品を扱うタイのローカル企業である。D社は巨大企業グループのなかのプラスチック加工を担当する系列子会社であり、グループ全体では、シャシー、プレス部品、鍛造部品、組立冶具、金型、カーナビゲーションなど幅広く展開している。D社はタイでラヨーンの他にサムットプラカンにも工場を持っている。

　A-ABC活動に取り組んでいるのは、AATに近隣するラヨーン工場である。D社は2009年に樹脂製燃料タンク、2010年に樹脂製ウォッシャータンクの量産を開始している。D社が製造するプラスチックタンクはほとんどをAATに納入するが、グループ会社全体の売り上げ構成は、いすゞが42%、AATが

16%、日産が8%、トヨタが4%であり、AATへの過度な依存状態にはない。

　D社はグループ全体で将来のビジョンを共有している。ビジョンには「ハッピーカスタマー」「ハッピーエンプロイー」「ハッピーシェアホルダー」「ハッピーパブリック」がキーワードとなっている。ものづくりを通じて顧客、従業員、株主、社会に幸せを提供する企業として、自社のあるべき姿が描かれている。顧客へは、安全、品質、低コスト、納期、エンジニアリング、良いマネジメントを通じたサービス提供を目指している。従業員には、チームワーク、機会として問題をとらえること、家族、企業、国を愛すること、忠誠心と誠実さ、相互信頼を通じた幸せな経営を目指している。

　A-ABC活動に取り組み始めたのは2014年である。ABC活動は年2回のサイクルが基本となるため、当社では2016年夏時点で、5回目のステージを迎えていた。D社でも、A-ABC活動のロードマップを作成し、成長段階に合わせて指標の見直しを行い、OEE（overall equipment effectiveness）やInternal Defectの指標を追加して内容を高めている。

　D社のABC活動で優れている点は、組織だった運営がなされていることである。工場内の工程別にそれぞれのチームを構成している。段替えチーム、品質チェックチーム、スクラップチーム、ロジスティックチーム、サポートチームの5つである。それぞれに部門ごとの特色を生かしながら活動にあたり、リーダーレベルが他工程の取り組みを共有し理解しあうことで、工場全体の一貫した流れが確立されるように活動が集約されている。

　各工程では、活動の基本となる価値基準や考え方、動き方が浸透しており、担当者が山積表を作成して問題の洗い出しを行ったり、シッピングエリアでは、先入先出の基本原則を確認しあったりしている。これらの取り組みを通じて、各工程のリーダーはコミュニケーションがとりやすくなったり、意識が変わったり、問題解決後の展開すべき方向性も分かるようになったり、問題共有ができるようになるほど育成が進んでいる。A-ABC活動を通じて、マツダ生産方式がタイ人の行動様式にも影響しているケースといえる。

4　考察

（1）サプライヤー関係からの考察

　ＡＡＴやそのサプライヤーの取組のケースから、前述した３つの視点（方法・価値観・地域性）の意味を考えていきたい。まず方法として、A-ABC活動によって日常業務を通じた共通した考え方や進め方の共有がなされていたことが確認できた。価値観についても、同時にメンバーの行動を揃える機能を発揮していたこともケースから分かった。地域性も、タイ人を尊重したやり方がとられ、日本のマツダ生産方式を踏襲しながらも、運用は現地向けに調整されていた。これらがうまく調和しあうことで、現場の活動が奏効していたことがケースから明らかになった。

　これらの活動を見ると、広島の地場企業を親会社とする企業から、他系列の企業、さらにはローカル企業に及んでいる。A-ABC活動は方法、価値観、地域性を考慮する優れた取り組みと考えられるが、参加企業はすべてが同じような経営環境にあるわけではなく、それぞれの個性を持っているのも事実である。これらの企業に共通しているのは、A-ABC活動を通じて同じ考え方が組織内外で共有されていることである。共有して得られる一体感は、A-ABC活動を通じた、方法や価値観、タイの国民性を尊重した地域性によって促進されている。

　次に、先述した図５をもとにして、ケースで取り上げた企業をA-ABC活動の取組度合いやＡＡＴとの関係から位置づけを考えたものを図６に示したい。企業によってＡＡＴとの関係は多少なりと異なると考えられるからである。

　まず、ケースのＡ社およびＢ社は右上の「協調・関与型」にあると考えられる。両社ともに、ＡＡＴがMazda2の生産を開始した当初から操業している。ABC活動も2013年のキックオフから取り組んでおり、タイの現地スタッフの能力も高まってきている。そして、ＡＡＴの新車種導入を見越した生産現場の

図6　ケース企業の位置づけ

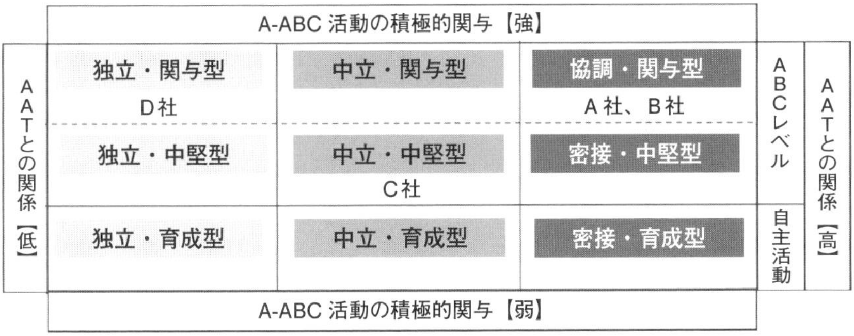

	A-ABC活動の積極的関与【強】				
AATとの関係【低】	独立・関与型 D社	中立・関与型	協調・関与型 A社、B社	ABCレベル	AATとの関係【高】
	独立・中堅型	中立・中堅型 C社	密接・中堅型		
	独立・育成型	中立・育成型	密接・育成型	自主活動	
	A-ABC活動の積極的関与【弱】				

出所：筆者作成。

強化が協調的になされている。これらの事実から、生産現場の能力も高く、国内工場と遜色のないレベルにあるとされることから、この位置づけになる。

　ケースのC社は「中立・中堅型」に位置づけられる。C社は全社的にみれば、マツダよりもグローバル化が進展しているといわれる企業だが、タイへの進出は2012年と他社よりも後れているため、中位の位置づけとしている。しかし、着実に生産現場の強化が進んでおり、図の上側へ移行するのは時間の問題だと考えられる。生産現場に見合ったC社なりの企業成長が図られている。

　最後にD社は「独立・関与型」にあると考えられる。D社はタイのローカル企業であり、AAT以外の自動車メーカー等と多数取引をしている。生産能力を高める手段としてABC活動を取り入れ、それがAATとの関係を密接なものにしていると考えられる。ABC活動を通じて得られた能力は、他社向けの部品生産にも活用されることはいうまでもない。これは大変に意義深いことである。

　特に、AATと密接な関係にあるA社とB社においては、日本国内でも優良な地場企業であるため、マツダとの関係も長い。そして、タイにおける取引関係も長く、A-ABC活動を通じた共通言語化も進みやすい素地があったといえる。

「改善からストーリーづくり」ができる現場へ

　ケースに共通して重要だと考えられることは、現場が「ストーリー」をつくることができるかいなかである。ストーリーとは、問題発見から問題解決に導く道筋を一連のプロセスとしてとらえて、今後の活動へ発展的に反映させていく、継続的な考え方である。単発的なものの考え方では決してなく、ひとつの問題がクリアになることで、他の問題解決にも波及して、全体の流れを良くしたりする発展性や継続性を持つ概念である。

　タイよりも現場力がある日本の工場ではこうしたストーリーづくりに則り、長期的に工場を進化させていく。ABC活動で気を付けているのは、現地のタイ人にストーリーの構築能力を身に付けてもらうことである。これがなければ改善活動も単発的なものに終始し、相乗的な効果が得られにくくなるからである。今後も継続して能力を高められる現場をつくるためには、こうした創造部分を自らが生み出す必要がある。

　これらを機能させるためにはまず、個人レベルでの考え方、行動の浸透が必要になる。そして次に、チームレベルで共有した活動を重ねて実感、共感することでABC活動の意義が深まっていき、それらが企業（工場）全体へ伝播すると考えられる。A-ABC活動はこれらをうまく機能させるためにも重要な取り組みといえる。

「ストーリーから戦略づくり」ができる企業へ

　A-ABC活動の責任者には工場長やマネジメント層の上層部の社員が充てられる。現実には、現場のリーダーやそれを束ねる責任者が通常の活動を執行していく。これらの活動状況をふまえて、マネジメント層にある人間が気を付けなければならないのは、ABC活動を通じて会社の経営状態やあるべき姿、向かうべき方向性を明確にすることである。これが戦略づくりである。

　たとえば、出荷スペースの製品の流れを分かりやすくする改善活動が実現すると、どの企業向けの、どの製品が、どれくらい、いつまでに出荷するのかが手に取るように分かる。マネジメント層の役割は、それを次の仕事の受注や会

図7　工場全体の改善とストーリー展開

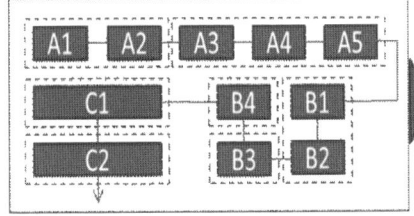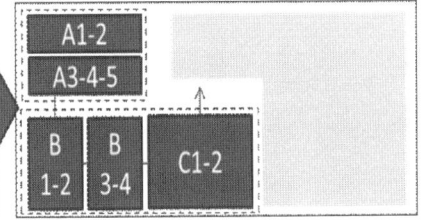

出所：筆者作成。

社の成長方針のために活用しなければならない。自社の強みは何か、目指すべきビジョンは何か、海外子会社の場合は、本国の意向についても考慮するのが現実的である。部品の世界最適調達が叫ばれて久しいが、海外工場の生産能力がアップすることで、自社グループにおける世界のワンツーリング工場として、新たな部品の生産拠点となりうる可能性も増す。

　生産部門がストーリーをもちながら継続して進化を続ける工場をつくり、マネジメント部門も生産現場の情報を共有しながら、会社レベルでの将来を模索していく必要がある。図7は以上の議論をまとめたものである。左側は改善が各工程で行われているが、まだ前後の工程との連携がうまくとれていない段階を示している。A-ABC活動を通じて、前後の工程も含めたストーリーを構築することによって、図中の右側では、A‐B‐C全体の流れがスムーズに流れる工程になり、空いたスペースを利用して新たな取り組みを始めることが可能となる[8]。これが、「改善からストーリーづくり」への流れと、「ストーリーから戦略づくり」へのプロセスである。

(2) 組織における基軸

　ケースを通じて分かったのは、各社が組織だった活動を展開できていることである。各工程でチームリーダーが存在し、ライン従事者である数名のメンバーが中心となってABC活動を行う。これらは組織図としてはきわめてシンプル

169

図8　A-ABC 活動の推進組織概念図　　図9　ケース企業の概要

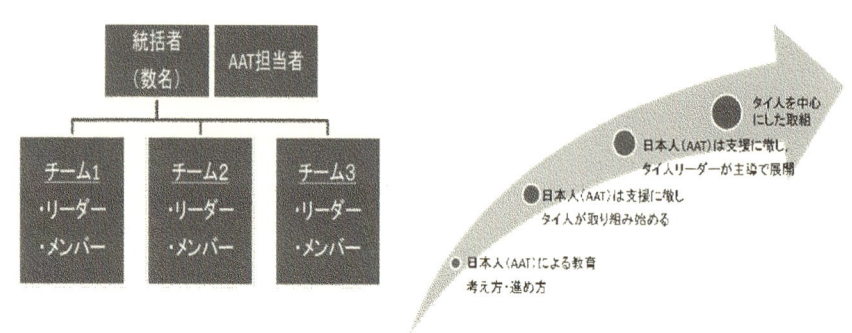

図 10　基軸を共有した組織概念図

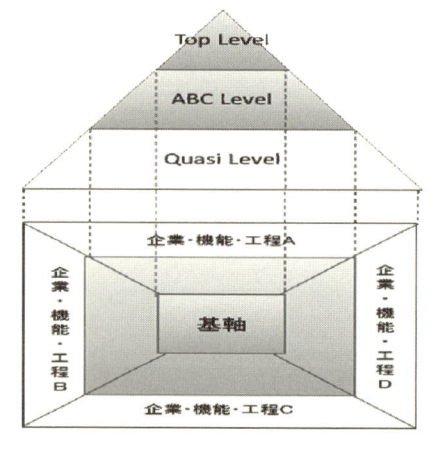

図 11　基盤と創造（創造する現場）

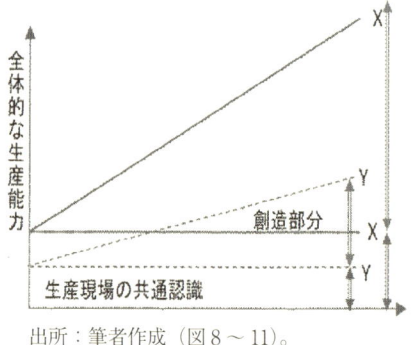

出所：筆者作成（図8～11）。

である（図8）。それぞれの部門のリーダーがいて、それを束ねる社長、工場長やシニアリーダーが存在する。あくまでも主役は現場の従業員であるが、社長や工場長たちが工場全体のバランスを考えながら活動を進行できるため、生産子会社として戦略的な動きが可能となるのである。このように、A-ABC 活動を通じて、工程内や工場間がまとまり、一貫した生産活動が行えるようにしている。

　また、各社は段階的に高い能力を形成するように取り組みを進化させている

（図9）。そのため、A-ABC活動の基本になる考え方、行動の在り方など、基礎部分を徹底することが重要になる。この基本となる層を形成する従業員の厚みが、その後の活動を通じて具現化する改善活動に影響するからである。基礎部分の厚みがあるほど、生産現場が創造していく内容も充実し、驚くような結果をもたらしうると考えられている。

A-ABC活動が基軸となることを図10に示す。価値観は基軸を通じて企業や機能、工程等の各レベルで共有される。方法はそれぞれの組織ごとに実践によって遂行される。そしてそれらは地域性を持ちながら、現地の深層部分で人や企業を成長させており、さらに進化を遂げていると考えられる。

基軸の働きは組織をまとめることに加え、基盤を形成する意味合いもある。図11では、ものづくりの考え方や行動の基軸の浸透によって、X社とY社ではレベルが違うことを示している。X社を優良企業、Y社を中堅企業としている。X社は基盤をなす生産現場の共通認識において、Y社よりも優れた能力をもっているため、縦軸では上に位置づけられる。

そして、共通認識から生み出される現場の行動は、改善活動や働き方の工夫であり、この部分が全体としての生産能力に影響する「創造部分」である。生産現場も創造しているし、工場全体で達成されていく生産性向上などの創造活動が重要である。基礎部分の高さ（組織の厚み）は、その上に展開される創造活動の高さに影響する。図では、X社とY社の線分の傾きが違っているが、これは基礎能力の差で生産能力の伸長部分が異なることを意味している。実際に、従業員の行動がうまく機能している生産現場からは、優れた提案や結果が創造され続けていることからも理解できる。

生産改善は終わりなき取り組みである。現段階でY社の位置にあっても、優良企業へのもっとも効率的な道筋は、まずは決まり事を守る組織づくりである。そして着実に創造部分の傾きを高めていく気の長い取り組みになる。日本企業は本来、こうした面で優れているといわれてきた。今後も、この創造部分を高めていくことにより、各社の競争力は高まる。タイにおいて、基盤になる決まり事の徹底がなされることは、まさに日本的な取り組みの深層現地化が実

現している状態であるといえる。

（3）企業の成長プロセス

　サプライヤーは A-ABC 活動をもとにして、いかに企業成長を志向すればよいのか。最後に具体的に成長プロセスを提示したい（図12）。図では横軸に関係性をとる。部品や技術的な関係、従業員の相互関係、現場でのつながりを表

図 12　ABC 活動による企業成長プロセス

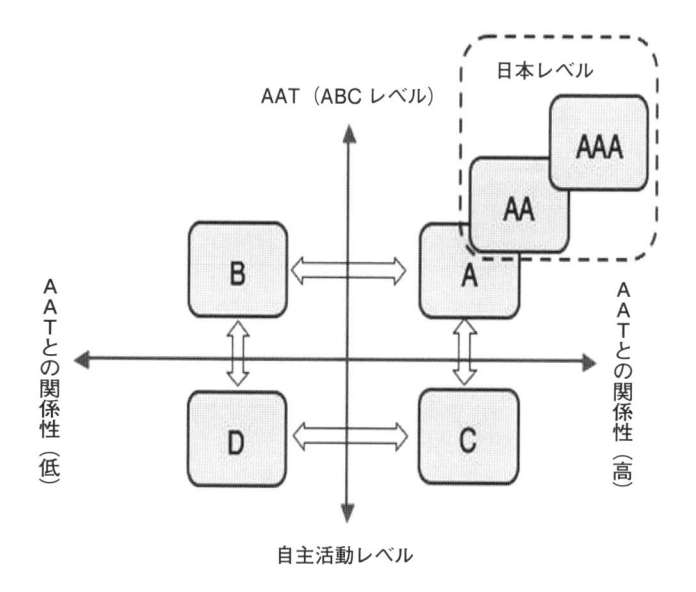

関係軸	取引関係性	部品、技術、従業員、現場
	企業関係性	資本関係、株式、人材
レベル軸	AAT による ABC レベルの関与	ABC 活動の指導 （ある程度のレベルが必要）
	自主活動レベルの関与	5S を中心とした基礎教育、 基礎レベルの確保

基本は A をめざして成長していく

　A 企業→ AA、AAA へ高める
　B 企業→能力を高めて A へ
　C 企業→ ABC に合った能力形成し A へ
　D 企業→独立系：C 経由で A へ
　　　　　協調系：B 経由で A へ

出所：筆者作成。

172

す取引関係性、資本関係や株式、公式的な人材交流などの企業関係性を表す。縦軸は生産能力を表し、本論では、AATによる生産レベルや、5Sを中心とした現場の基礎教育を示す。これらをクロスさせ、理念型としてAからDまでの4つの象限に分類した。Aだけでなく、B、C、Dの位置にある企業それぞれの成長プロセスを見ていきたい。

　Aにある企業では、より高いレベルでの生産活動ができるよう、継続して改善活動を行っていくことになるだろう。タイで最速ラインでも、日本に比べると劣っていたりする。そこでタイでも、日本レベルのAA（ダブルエー）やAAA（トリプルエー）を目指して企業努力を重ねていくことが必要である。この段階になると、親会社がある日本の工場へ従業員を積極的に派遣して、帰国後はタイでリーダーとして積極的に活動していたりする。こうした取り組みや日本のレベルを意識した活動を継続的に行うことが重要になる。

　Bにある企業では、基本的に生産能力を維持もしくは高めることになろう。独立系であれば、AATとの関係は中立的に推移するであろうが、取引や交流が進展していけば、AATとの関係も密接なものに変わる可能性もある。その場合はAに近づくと考えられ、そのまま能力を高めていく。

　Cにある企業では、生産能力を高めてA-ABC活動ができるレベルへの向上が求められる。自主活動のレベルでは、現場が自立（律）的に問題発見から解決策、その後の展開までのストーリーを構築する能力を持ちえない。5Sや環境整備、根気強い教育を通じた能力形成が必要であると考えられる。

　最後にDにある企業では、AATとの関係性や生産能力も低いため、今後、AATとの取引拡大を目指すのであれば、Cと同様に生産能力を高めることが必要になる。AATとの関係を中立的なものにするのであれば、Bを経由してAを目指す。AATとの関係が密接な協調系ともいえるものになるのであれば、Cを経由してAを目指す。

むすびにかえて

（1）関係刷新の効果

　本論では、グローバルサプライヤーシステムの変化と深層現地化について、AAT のタイにおける A-ABC 活動に注目して考察を行った。A-ABC 活動は AAT が主要なサプライヤーと継続的な現場改善をともに進めていく取り組みであった。指導というよりもサプライヤーの自立した企業成長を促していく意味合いが強調されていた。結果として、サプライヤーは A-ABC 活動を通じて、自社で生産現場の成長をともないながら、ストーリーづくりとしての戦略策定ができる企業へと成長しているといえた。

　ここで取り上げた A-ABC 活動のもとになったのは、日本の J-ABC 活動である。J-ABC 活動は地場サプライヤーとマツダの関係性を「修復」、そして「刷新」するような意味合いがある。1990 年代後半からの不況期、マツダではフォードの経営介入によって、部品調達構造の見直しが進められた。その際、地場サプライヤーとの関係性に強い影響が及び、コスト低減一辺倒の部品調達が未来永劫に継続するような錯覚さえ覚える状態だった。

　こうした状況を変えるべく取り組みが始まったのが J-ABC 活動である。広島地域という近接性の最大限の活用は、地場サプライヤーの協力なしにはなしえない。同時に、サプライヤーにも高い生産能力が求められるため、育成する視点が再度重要視された。サプライヤーとの関係が見直され始めたといえる。J-ABC 活動が地場から海外へ移管され、タイでは A-ABC 活動として積極的に展開されている。これまで現地に自立を求めながらも、日本流の生産方式が浸透せず、思うような生産活動が実現しなかったことが多いだろう。しかし、これは組立メーカー側が自らサプライヤーの育成を買って出ている取り組みである。サプライヤー側が活動の意義を理解し、自らが促進させることで成立している。この点で、従来の主従的ではなく、協調的かつ自立的な意味を持つ関係

174

に刷新していると考えられるのである。

（2）社会的交換としての ABC 活動

では、他メーカーのサプライヤー育成と何が違うのか。それはマツダの ABC 活動が社会的交換の意味を持つことである。社会的交換とは、（2 人の）行為者間で自発的に行われる相互行為が形成されたときに、一定の時間を隔てたとしても、なんらかの返礼がともなうことで動機づけられる自発的行為とされる（富永 1997）（ブラウ 1974）。A-ABC 活動は AAT がサプライヤーの育成のために行うもので、当活動によって得られたコスト低減分はサプライヤーの利益にしても良い取り決めになっている。AAT では、サプライヤーが着実に実力をつけ、将来にわたり安定的に高レベルで QCD を発揮してもらうことがねらいである。

クルマづくりは優良なサプライヤーなしでは達成しえない。設計段階から主要サプライヤーとも議論を重ね生産に至る。ましてや広島地域という比較的にまとまったエリアで主な部品取引が成立する。戦後、マツダが主導的に地場サプライヤーの成長をけん引してきたのは事実である。その後、フォード流の経営手法が導入され、部品調達構造に変化が生じ、サプライヤー関係の信頼関係が揺らいだ。今一度、地場サプライヤーとの関係性を考え直し、信頼関係を構築しなおす意味でも、J-ABC 活動は価値のある取り組みである。そして、その活動が海外に展開したのが A-ABC 活動であった。

A-ABC 活動によって、組立メーカーとサプライヤーは共通言語を通じた考え方や行動が形成され、対話を通じた相互理解を促進する。活動が順調に行われればサプライヤーの能力は高まり、自動車メーカーにとっても代替不可能な存在になる。そうした関係性の中で、安定した高品質な部分品を納入してくれることが、自動車メーカーにとって当然であるが維持しなければならないことだといえる。

信頼関係は取引関係のなかでも深層部分の連携である。日本のみならず、タ

イでもマツダグループの取り組みが活発化していることは、今後の企業存続の
みならず、ものづくりを通じた両国の存在意義も増してくるものと考えられる。

［注］

（1）AAT の設立にともない、Sukosol Mazda Auto Assembly は閉鎖して事業集
　　約された。生産車種は、マツダはファイター、フォードはレンジャーである。

（2）マツダの「モノ造り革新」は一括企画、コモンアーキテクチャ、フレキシ
　　ブル生産によって、商品競争力を高める多様性と、量産効率を高める共通性
　　を実現しやすくする取組の総称である。

（3）不具合等を修正するための設計のやり直しなどを指す。

（4）J-ABC 大会資料より（2016 年 10 月 21 日開催）。

（5）2016 年 8 月の取材時点での数字。

（6）後述するが、これら基本分析を現地人がこなすことの意義は大きい。

（7）実際に、C 社グループのメキシコ進出はマツダ MMVO よりも早い。独自に
　　海外メーカー向けの部品生産を行ってきた自立した企業である。

（8）具体的には、「間締め」による「活スペース」の創造である。

［参考文献］

アイアールシー（IRC）（2015）『マツダグループの実態 2015 年版——日本事業
　　とグローバル戦略』。

Iyer, A.V, Seshadri, S, and Vasher, R.（2009）*Toyota Supply Management, McGraw-Hill*
　　（西宮久雄訳（2010）『トヨタ・サプライチェーン・マネジメント（上）（下）』
　　日本経済新聞出版社）。

木村弘（2015）「経営戦略の策定と生産現場づくり」『日本経営診断学会論集』
　　Vol.15, pp.29-34。

木村弘（2016）「マツダおよび部品サプライヤーのグローバル化と関係進化」社
　　会評論社（清晌一郎編著『日本自動車産業グローバル化の新段階と自動車部品・
　　関連中小企業—— 1 次・2 次・3 次サプライヤーの調査の結果と地域別部品関
　　連産業の実態』第 3 部第 3 章（3.3）所収）。

富永健一（1997）『経済と組織の社会学理論』東京大学出版会。

ブラウ，P. M.（間場寿一・居安正・塩原勉共訳）（1974）『交換と権力——社会過
　　程の弁証法社会学』新曜社。

西村英俊・小林英夫・井村寿人編著（2016）『ASEAN の自動車産業（ERIA=TCER アジア経済統合叢書第 7 巻)』勁草書房。

Rother, M.（2009）*TOYOTA KATA: Managing People for Improvement, Adaptiveness and Superior Results,* McGraw-Hill Education（稲垣公夫訳（2016）『トヨタのカタ──驚異の業績を支える思考と行動のルーティン』日経 BP 社)。

マツダ株式会社ホームページ「生産・販売情報について（速報)」。
URL:http://www2.mazda.com/ja/publicity/release/2016/201604/160426a.html.
（2016 年 10 月 6 日閲覧)。

［謝辞］

　　本研究を遂行するにあたり、取材にご協力くださいました企業の方々、アドバイスをいただきました研究メンバーの先生方に感謝申し上げます。なお、本研究は JSPS 科研費 JP16K03919 の助成を受けたものです。

第6章

タイ洪水危機にみる
サプライヤーシステムの再現性
ホンダのケース[1]

中山健一郎

はじめに

　本章では、2011年に生起したタイ洪水危機の事例をもとに、日本自動車メーカー及び部品サプライヤー、とりわけホンダのタイでの現地調達レベルと深層現調化の実態を探る。

　より具体的には、タイにおける深層現調化の実態や進捗状況を、自動車メーカーや部品サプライヤーの定常時の生産システムではなく、タイ洪水危機にみるような危機的状況下における対応の中で、生産システムレベル、サプライヤーシステムレベルで深層現調化の実態について考察を行う。

　その理由は危機に直面した対応こそ、真の方向性や明確な現地調達に係る思想を現状分析において抽出できると考えるためである。

　第1節では、タイ洪水危機の概要を概観し、それが日系企業や日系自動車メーカーに与えた影響について明らかにする。第2節では、危機対応の生産システムのあり方の考察を通じて、サプライヤーシステムの再現性を通じた深層現調化の可能性を論じる。第3節では、危機対応の生産システムの事例分析としてタイ洪水危機においてもっとも甚大な被害を被ったホンダグループの対応を分析する。第4節では、第3節を踏まえて危機対応の生産システム、サプライヤーシステムの再現性分析から深層現調化の考察を行う。

　従来の自動車産業研究にあって、平時の生産システムに関する研究が圧倒

179

的に多いため、危機対応などイレギュラー期に焦点を当てた生産システムに関する研究は少ない。日本国内の危機対応に言及した自動車産業研究には、藤本（2012）、Nishiguchi,T and Beaudet,A（1998）、李（1990）、塩見・梅原（2011）、佐伯（2015）などがあるものの、海外における部品調達にみる深層現調化に焦点を当てた研究は皆無といってよい。そのため、現地調査に基づく分析手法を用いることにする。

1　タイ洪水危機の概要

　ここでは、2011 年のタイ洪水危機の発生及び被害の状況に触れ、日系自動車メーカーを中心にタイ自動車産業への影響を概観する。

（1）7 工業団地の被害概況

　タイ洪水危機に際して、直接的に冠水被害を受けたのが、7 つの工業団地であった。これらの工業団地では、日系企業の入居率が高かったことが、サプライチェーンの寸断化を招いた。

　タイ洪水危機は、2011 年 10 月〜 11 月にタイ中部、首都バンコクにまで及んだ大洪水である。この洪水により冠水被害に遭った企業も多く、日系企業が被った影響額（名目）は、タイ国家経済社会開発庁によれば、およそ 1,000 億バーツともいわれる。

　7 工業団地内の工場数は 800 か所に及び、この内、日系企業は約半数の約 450 か所に及ぶ。工業団地以外の被災工場を含めると被災工場は約 1 万か所ともいわれ、洪水被害による死者数も 600 人を超えた。同年の 11 月には、7 工業団地での排水作業が始まり、復旧作業に入る企業もみられた。[(2)]

　洪水による冠水被害は、10 月 5 日のサハ・ラタナナコン工業団地を皮切りに、9 日にはロジャーナ工業団地、13 日はハイテク工業団地、15 日にはバン

表1　冠水被害を受けた7工業団地の概要

	工業団地名	所在県	入居企業数	うち日系企業	日系企業入居比率(%)	浸水日	排水完了日
1	サハ・ラタナナコン	アユタヤ	42	35	83.3%	10/4	12/4
2	ロジャーナ	アユタヤ	218	147	67.4%	10/9	11/28
3	ハイテク	アユタヤ	143	100	69.9%	10/13	11/25
4	バンパイン	アユタヤ	84	30	35.7%	10/14	11/17
5	ファクトリーランド	アユタヤ	93	7	7.5%	10/15	11/16
6	ナワナコン	パトゥムタニ	190	104	54.7%	10/17	12/8
7	バンカディ	パトゥムタニ	34	28	82.4%	10/20	12/4
	7工業団地計		804	451	56.1%	10/4	12/8

出所：JETRO バンコクセンター「タイ国工業団地調査報告書」より作成。

パイン工業団地、16日にはファクトリーランド工業団地、18日にはナワナコン工業団地と続き、11月6日にはバンチャン工業団地に一部浸水が始まるなど、浸水による被害は、約1か月続いた。一部の工業団地では、11月上旬には排水作業が始まったものの、もっとも排水作業が早く終了し、工場が操業を開始できたのは、ファクトリーランド工業団地でさえ、11月13日のことであった。その7大工業団地の状況を示したのが表1である。このほかにも一部の浸水が確認された工業団地としてバンチャン工業団地があり、日系企業が20社入居していた。

(2)　日系自動車メーカーへの影響とタイ政府の緊急対応

ここでは、タイ洪水危機による日系自動車メーカーへの影響とそれに対するタイ政府の対応を概観する。

日系自動車メーカーへの影響

タイ洪水危機によりすべての日系自動車メーカーが大きな被害を受けたわけではない。

表2　日系自動車メーカーの海外完成車工場数（2014 年）

国／地域		4輪車	2輪車
アジア		107	36
ASEAN		55	19
ASEAN	タイ	14	4
	インドネシア	12	4
	マレーシア	13	3
	フィリピン	7	4
	ベトナム	8	1
中国		23	8
インド		11	4
その他		18	5

出所：JAMA 資料などをもとに筆者作成。

表2のように、タイは、アジア地域の中で中国に次ぐ完成車工場を有し、日系自動車メーカーの戦略的拠点となっている。そのため、部品サプライヤーも多く進出しており、各社の Tier1（1 次サプライヤー）はほぼタイに進出しているため、自動車産業としての集積の厚みもある。

また、表3に示すように 2011 年において日産や三菱自工では対前年より生産台数は上回っており、トヨタ、ホンダ、マツダでは生産台数が落ち込んだ。このように各社によりタイ洪水危機が与えた影響は異なる。マツダでは前年より 86.6% まで生産量が落ち込み、トヨタは同 81.8% であった。もっとも甚大な被害を被ったのはホンダであり、同 66.3% であった[3]。

ホンダは、2 輪完成車工場である（Thai Honda Manufacturing Co.,Ltd：THMC）と 4 輪完成車工場（Honda Automobile Thailand Co.,Ltd：HATC）が冠水被害を受けた。特に4 輪完成車工場の HATC はアユタヤ県ロジャーナ工業団地内に位置するため、その被害は甚大であり、2 輪完成車工場が 11 月中旬に工場稼働を一部再開した時点で 4 輪車完成車工場は、ようやく排水作業が完了した程度であった。ホンダグループで冠水被害に遭った企業は、ケーヒ

表3　タイにおける主要日系自動車メーカーの生産台数の推移

	トヨタ	日産	ホンダ	三菱自工	マツダ	日系計
2010 年	630,712	175,070	170,335	194,004	87,348	1,450,602
2011 年	515,813	185,204	112,961	207,660	75,630	1,259,414
2012 年	881,447	250,000	208,508	356,750	115,815	2,133,122

出所：アイアールシー（2013）より筆者作成。

ンオートパーツ（タイランド）カンパニー・リミテッド社、ベステックス（タイランド）社、AAL社、タイ・マルジュン社、ムサシオートパーツカンパニー・リミテッド社、YS TECH（Thailand）リミテッド社などがある。これらのホンダグループの中で最初に冠水被害にあったのは、アユタヤ県サハ・ラタナナコン工業団地に位置するタイ・マルジュン社であり、10月4日に冠水し、約3mの冠水を受け、工場機能は麻痺した。

タイ洪水危機では、現地の自動車メーカー及び部品サプライヤーが長期にわたって生産停止に陥り、通常の生産システムが機能しなかった。生産システムの観点からすれば、危機に遭遇したメーカー、部品サプライヤーはいわゆるイレギュラーな対応を強いられた。特にこの危機においてホンダは、自社の工場のみならずホンダグループ企業の多くの工場も水没の危機に瀕し、甚大な被害を被った。

洪水により冠水し、工場が停止するなど甚大な被害を被った自動車メーカーは、タイ国内での部品調達ネットワークが寸断された。この状況はトヨタや日産でもみられた。トヨタでは、4輪完成車工場のトヨタ・モーター・タイランドの3工場、サムロン工場（サムットプラカーン県）、ゲートウェイ工場（チャチェンサオ県）、バンポー工場（チャチェンサオ県）が10月10日から工場が停止し、11月21日に操業を再開した。また、日産では4輪完成車工場のタイ日産自動車本社工場（サムットプラカーン県）が10月17日より工場が停止した。しかし、日系自動車メーカーの中では日産がもっとも復旧が早く、タイ日産自動車本社工場は11月14日に一部操業を再開した。

こうした工場停止の影響は、国内のサプライチェーンに大きな影響を与えただけでなく、海外のサプライチェーンにも多大な影響を及ぼした。

JETROバンコク事務所（2011）によれば、完成車Aのケースでは、10月10日には工場を稼働停止した後、11月21日にほぼ通常稼働に復旧したが、同時期に日本では、10月24日から約1か月の減産体制に入ることになった。また、完成車Bのケースでは、10月10日から12月上旬まで工場の稼働停止期間、日本では11月いっぱい減産体制が続いていたとしている。

　これはタイの生産拠点が単なる完成車組立拠点に留まらず、世界への部品供給基地としての位置づけを有するために、日本も例外なく連鎖的に減産に追い込まれた。

タイ政府の緊急対応

　タイ政府は、この洪水対策として様々な施策を打ち出した。洪水被害からの工場操業停止に対する支援対策から、迅速な復旧作業を支援する対策など数多くの施策を打ち出した。この中でもサプライチェーン復旧に向けた施策は、タイからの事業撤退を阻止する上でも大きな意味があったと考える。

　例えば、タイ投資委員会（BOI）奨励企業に対する代替生産、代替輸入（機械及び原材料）の許可は、機械や原材料を向上から他の場所に移動する、もしくは輸出することが許可された。また、洪水被害にあった機械設備や代替の機械設備についても免税で輸入可能としたり、免税輸入の原材料が被害を受けた場合には、関税の支払いなしに材料ロスとしてストック調整できるなど、各方面での免税措置が行われた。さらに、一部の工業団地スペースを無料で貸出する方策も打ち出された。

　自動車産業に対する緊急対応策も11月29日に閣議決定の上、実施されている。

　例えば、洪水被害により損害を受けた工場に限定されるものの、機械装置代替・修理のために持ち込む機械・部品等の免税措置、また、タイにおいて自動車生産を一時的に置き換えるための自動車輸入関税免除措置（3,000cc未満の新車及び工場生産車種と同一または類似に相当するもの）、また部品についても自動車部品輸入関税の免除措置（洪水被害を受けた工場が対象、工場生産されていた同一部品の新品が対象）などは、被害にあった企業の復旧対応に様々な選択肢を与えることになったといえよう。

　とはいえ、洪水被害を受けた企業にとっては、同じ場所で事業を再開するのか、または洪水リスクの低い他の場所（国内外含めて）で事業を再開するのかについても事業継続における選択肢となる。

　JETRO が 2011 年 11 月 18 日に洪水被害にあった企業に対して行ったアンケート調査（192 名中 161 名回答、回答率 83.9％）では、製造業の 73.3％ が同じ場所での事業再開を視野に入れるとしたのに対して、国内外含め、洪水リスクの低い他の地域への移転を考えるとした企業も 26.7％存在した。また、JETRO が 2012 年 6 月 1 日に IEAT（タイ工業団地公社）に対して、洪水被害にあった 7 工業団地入居企業の状況調査したところ、ロジャーナ工業団地で 29 社、ハイテク工業団地で 16 社、ナワナコン工業団地で 8 社と全工業団地の 839 工場の内、62 工場（7.3％）が事業の閉鎖を決め、また完全再開を果たした工場は、全体の 40％であり、部分再開に至った工場は全体の 35％であった。[4]

　後述するが、タイ洪水危機において甚大な被害を被ったホンダ及びホンダグループは、現地からの撤退ではなく、現地での早期復旧を選択した。そのため、タイ洪水危機対応としてのホンダは、現地での生産システム、サプライヤーネットワークの再現性が重要課題となった。

(3) 小括

　ここではタイ洪水危機を契機とした深層現調化を問う前に、危機に際して、企業はその状態から脱する過程でさまざまな選択肢があること、すなわち、復旧可能性があるか否かを判断するほかに、事業の継続、撤退という選択肢も含めた決断を行うこと。また、タイの優位性の 1 つである自動車産業の集積を踏まえた上で、企業による事業存続の判断が重要になることを示した。

２　危機対応の生産システム

　ここでは危機の定義を再確認した後、危機対応の生産システムのあり方の考察を通じて深層現調化の実態の解明にも繋がることを示したい。

（1）危機・危険とは何か

　危機対応の生産システムを論じる上で、必要な概念である危機や危険、危機管理とは何か、その定義を確認しておきたい。

　危機は一般的に危険と同義的に扱われることもあるが、ここでは危険回避が危機防止につながるという観点から、あえて危険と危機については区別して扱う。奈良（2014）によれば、「危機は危険が化身したもの」であるとし、「危険の存在がなければ危機は発生しないとする時系列の関係性にある」とする。それゆえ、危険とは、「悪い結果や成り行きを招く事態のこと」であり、また危機とは、「悪い結果や成り行きを招く可能性が著しく高まり、現実に相当な被害と損額の発生飲み込まれる状態になり、かつそれが決定的な段階のこと」とする。また、危機管理は、「危険の管理＋緊急事態の処理」と定義している。一般に用いられるリスクも危険ないし危険度を意味するものであり、危機ではない。

　ここで扱われる危機対応の生産システムは、過去の経験や知識をもとに危機に対応する場合と、現実の危機に対峙して現場での対応を意味しており、危険回避につながるシステムを内含している。そのため、危険をどう予見し、それにどう生産システムとして対峙するかという視点も含まれる。より具体的には、企業は予見される危険に対して、未然防止の力点に置くのか、また事後的な対応に力点を置くのかという選択が求められる[5]。

　図1に示すように予見される危機についても様々である。とりわけ発生頻度とその影響による被害の程度により、その対応も大きく異なると考えられる。

　例えば、危険Ａと危険Ｄを比較した場合、危険ＡはＤに比べて危険の発生リスクは高いものの、予想被害は軽微である。また危険ＤはＡに比べて危険の発生リスクは低いものの、ひとたび危険が発生し危機化すると、その予想被害は甚大である。このように企業は危険をどう予見し、その対策を打つかということが問題になるものの、一般的には、発生リスクが低ければ低いほど、

図1　危険度、被害度を軸にした危険度評価

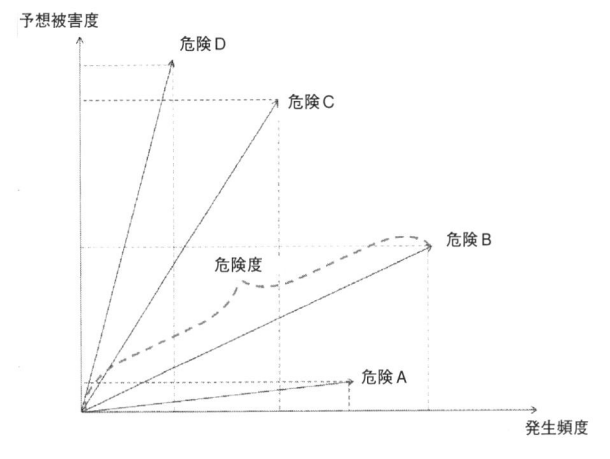

出所：日本科学技術連盟（2012）、p.21 より筆者加筆作成。

企業はその予防措置としての投資はあまり積極的にはなれない。また、発生リスクが高く、予想被害度も高いようなケース、図1でいえば、危険Bや危険Cのような場合には、企業はむしろ積極的に予防対策としての投資や訓練等が敢行されるであろう。危険Dのように甚大な被害を伴う場合には、事後対応として被災国からの撤退も考えられる。2011年に生起したタイ洪水危機を図1に当てはめて考えれば、およそ危険Dに属する危機であったといえよう。

（2）危機対応の生産システム

　ここでは、危機対応の生産システムとは何か、また危機から脱却し、正常な状態に戻るまでのプロセスに着目し、深層現調化の進展との関係性について明らかにする。
　ここでの危機対応の生産システムとは、危機からの脱却をつうじて危機発生前の状態に戻ることを想定した復旧対応も含むが、危機後の事後的な対応とし

ての生産システムを示している。

　前者の場合には、イレギュラーの状態からレギュラーの状態への生産システムへの転換、もしくはその再現性に着目した生産システムであるといえ、「復旧対応の生産システム」と呼ぶことにしたい。また後者の場合には再発防止やリスク低減化につながる生産システムであり、ここでは「リスク低減の生産システム」と呼ぶことにしたい。これらの生産システムが深層現調化とどのような関係性を持つのかをまずは前者の生産システムから順にみていこう。

復旧対応の生産システム

　復旧対応の生産システムの場合、危機によって被害を被った工程やシステムを復旧させることが、再現性を持った生産システムとなる。イレギュラーからレギュラーの状態への生産システムの再現は、どのような段階や過程を経るのだろうか。生産システムの再現化への段階的プロセスを示したのが、表4である。

　ここではその生産システムの復旧プロセスを大きく「応急措置」、「緊急対応」、「臨時対応」の3段階に分けて考察している。

　第1段階の「応急措置」では、復旧可能性があるのか否かといった判断に基づく対応行動が必要とされ、工場管理としては対策本部設置等による「状況把握」、「全体の指揮」、「工場保守」といった対応が必要になる。そのほか従業員の安否確認や確保の問題がある。

　第2段階の緊急対応では、代替措置が可能な状況下で平時とは異なる方法ではあるが、復旧に向けた緊急対応がとられる。タイ洪水危機では冠水被害から工場停止に追い込まれた企業も多く、サプライチェーンは寸断された。工場内の排水作業や清掃を優先にしつつ、従業員の確保や訓練などが行われる。

　緊急対応では、生産体制だけでなく、物流や倉庫についても代替的確保が必要になる。緊急対応ではイレギュラーな対応と同時にレギュラーの対応を併行させながら徐々にイレギュラーの対応を減らしていく対応となり、取引先の復旧程度を把握しながら臨時の生産計画のもと手配が進められる。日本本社から

表４　生産システム、サプライヤーシステムの再現性過程

	段階	局面	状態
イレギュラー対応	第１段階	応急措置	代替措置がとれるかどうか 代替措置がとれる場合には復旧可能性はある【復旧可能性 ≠ 0】 代替措置がとれない場合には復旧可能性は０になる【復旧可能性 = 0】
	第２段階	緊急対応	代替措置可能な状態でイレギュラー対応 イレギュラー（非正常化）をレギュラー（正常化）する対応 危機発生前の状態を 100 とし、現状を X とした場合。【100 ＞ X】
	第３段階	臨時対応	イレギュラー対応とレギュラー対応の併存状態 イレギュラー部分が残るもレギュラー対応も可能 レギュラー部分の領域拡大に向けてのプロセス 期間限定での負荷の増大 危機発生前の状態を 100 とし、現状を X とした場合。【100 ≧ X】
		正常化	危機発生前の状態に戻った状態（レギュラーの状態）【100=X】

出所：筆者作成。

の駐在員の応援等により早期正常化への対応が行われる。

　例えば、危機発生前のレギュラーの状態を 100 とするならば、危機発生時の被害状況から徐々に正常な状態に向けて段階的に回復していくことが想定される。この点は、生産システムだけでなく、サプライヤーシステムの復旧についても同様に考えることができる。

　表４は、生産システムの再現性に着目し、イレギュラーの対応を応急措置、緊急対応、臨時対応の３段階に分けて整理したものである。この３段階を経てレギュラーの状態の生産システムに戻るというイメージである。

　こうした段階的な復旧過程の中で、企業が優先するのが、費用と復旧までの時間である。災害の度合が小さい場合にはスピードよりも費用面が優先される可能性が高いが、災害の度合が大きい場合には、費用よりもスピードが優先されることもある。

　表５は、復旧への対応行動を簡易的に示したものである。復旧への対応行動には、再現化と改善による大きく２つの方法があると考える。再現化は、災害前の状態に戻すことを最優先に考え、費用よりもスピードを重視して対応する方法である。生産システム及びサプライヤーシステムの再現化にも当てはまる

災害度合	対応行動	特徴	災害前	災害直後	復旧開始	復旧後
大きい	再現化	費用＜スピード	100	0	0	100
小さい	改善	費用＞スピード	100	0＜X＜100	0＜X＜100	X≧100

表5　復旧への対応行動

出所：筆者作成。

考え方である。もう一つは、再現化というよりは災害前の状態よりもより良い状態を目標とし、費用を優先しつつも改善、改良に時間を費やす方法である。深層現調化との関係性でいうならば、生産システムやサプライヤーシステムについては、再現化、改善とも災害前の状態に戻す対応行動であるため、原点回帰に近い考え方になる。

リスク低減の生産システム

リスク低減の生産システムは、危機からの教訓や経験を活かし、リスクの低減化や復旧対応行動のスピード効率を上げるための生産システムである。

復旧過程の中で、より多くの企業が直面した問題が、部品内製率の高い自社生産方式であった。

部品の集中生産は生産効率やコスト低減に効果的ではあるものの、災害時の供給リスクは高く、タイ洪水危機においてより多くの企業がこの問題に直面した。こうした問題解決の糸口が、部品の外注化、すなわち生産委託の拡大化や部品調達網の「見える化」である。

生産委託の拡大化は、生産委託できる協力メーカーがあってはじめて可能であり、タイの協力メーカーの開拓が重要になる。その場合、単純な部品ほど外注化、生産委託しやすい工程になるが、そのための企業開拓が深層現調化の原動力になる。また、部品調達網の見える化とは、自社の取引先を２次、３次の取引先も含めた取引関係図（サプライヤーマップともいわれる）を作り上げる作業である。これにより、災害に遭った場合、どのレベルで部品供給に滞りが出ているのかを把握することができる上、深層現調化を一歩進める。実際に、河西工業や日本精工ではタイ洪水危機での情報を得ることができる。

第Ⅱ部　日系自動車メーカーのグローバル生産展開とサプライヤーシステム管理

190

後にこうした対応を行った。⁽⁶⁾

（3）小括

　本節では、危機対応の生産システムを復旧対応の生産システムとリスク低減の生産システムに分けて考察した。危機対応の生産システムが深層現調化にどう影響するのかは、企業の危機対応の中でのあるべき姿としての選択的行動にある。企業の対応行動の選択肢には、復旧を選択せず、事業撤退や他国への生産移転もあるが、復旧を前提に、再現化や改善を行う方法もある。それらはイレギュラーからレギュラーへの対応への転換の際の主要な行動であると考える。

　現地での部品調達を一層推し進めるような真水の現調化を高める深層現調化の取り組みとは、すでに進出し、現地での生産を展開している企業が被災を契機にして、被災国から撤退をせず、現地での再投資や工場の再稼働を進め、また現地での生産効率向上や生産量の拡大、現地での調達部品の拡大を図ろうとするような場合であろう。

3　ホンダグループの危機対応

　ここでは 2013 年からの現地での聞き取り調査をもとに、ホンダグループの危機対応のあり方を自動車メーカー、部品サプライヤー、物流会社の視点からとらえ、生産システム、サプライヤーシステムの再現性について分析を行う。ホンダにあっては生産システムとサプライヤーシステムの再現性に重点が置かれ、また復旧対応のスピード化が志向されたことにより、費用よりもスピードを重視した対応が行われた。なお、3 社の視点からサプライヤーシステムを考察することの理由は、生産システムの再現性はもとより、サプライヤーシステムの再現性は誰が主体となって行われたのかを明らかにするためである。以下、

自動車メーカー、物流会社、部品サプライヤーの順に分析を行う。

（1）HATC の危機対応[7]

　ここでは、自動車メーカーであるホンダに焦点を当て、応急措置、緊急対応、臨時対応の枠組みでその危機対応を明らかにする。

　ホンダのタイ 4 輪完成車工場である HATC では、部品製造も行っている。ホンダの 4 輪車事業でのタイ進出は 1984 年のローカルメーカーへの委託生産に遡るものの、1992 年には HATC の前身となる HCMT（Honda Cars Manufacturing Thailand. Co.,Ltd）が設立された。今日の HATC は 2000 年に設立された生産・販売の本社を兼ねた会社である。2013 年時点では年産 28 万台の生産能力を有し、1 日当たりでは、ライン 2 本の 2 直体制で 1,120 台の生産能力を有していた。従業員数は約 4,000 名である。また、ライン 2 本のうち、第 1 ラインでは、シティ、ジャズ、ブリオ、ブリオ AMA を生産し、第 2 ラインでは、シティ、シビック、CR-V、アコード、City-Brio（アジア専用車）を生産していた。

　HATC では 10 月 4 日に冠水のため、工場の操業を停止した。2 日後の 6 日には浸水の水位は約 2 m に達した。同工場にて排水作業及び清掃作業が始まったのは、11 月末であり、工場建屋、製造設備の復旧が始まったのが 12 月であった。復旧作業が始まったところで生産再開時期や通常生産の時期が定められ、生産再開は翌年 2012 年の 3 月 31 日、通常生産は同年の 4 月の第 2 週として設定された。

　おおまかに 3 つの危機対応区分に当てはめるならば、応急措置は 10 月、緊急対応は 11 月末〜 12 月、臨時対応は 12 月〜 3 月ということになる。

応急措置

　HATC では、応急措置として 3 つのことが行われた。一つ目は、従業員の雇用保証と給与保証 10 日間である。同社では危機当初から復旧を想定してい

ため、従業員の安否確認とともに、従業員の離職リスクの低減化を図るために、まず従業員の雇用保証を打ち出すことが優先された。二つ目は、対策本部の設置である。本社やアジア統括本社の Asian Honda Motor Co.,Ltd との情報共有と対策のためであった。もっとも HATC では、アジア諸国向けと一部北米向けの部品製造も行っていた。そのため、タイの HATC からの供給が途絶えたことにより、アジア諸国、北米工場の生産拠点も生産停止ないし生産調整を余儀なくされた。

　HATC は設備、製品、部品在庫の被害、工場稼働停止による販売機会の遺失等を含めると、約 1,100 億円もの洪水による損失額（営業利益ベース）を被った。三つ目は、緊急対応、臨時対応に備え、1 次から 3 次までの部品サプライヤーの取引関係図、いわゆるサプライヤーマップの作成であった。このサプライヤーマップを作成することにより、サプライチェーンの寸断がどの部分で起きているのか、また復旧可能性がない場合に備えての迂回ルートを探るためにも必要であった。さらに海外への部品供給を優先的に行うためにも必要であった。

緊急対応

　HATC で緊急対応が始まったのは、11 月末あたりからであった。同社の緊急対応は概ね 3 つであった。

　一つ目は、日本からの輸入車の受入れと輸送であった。11 月末に政府による自動車産業に対する緊急対策が出されたことにより、被災工場で生産できない車種の補完対応として、他国から同種系の車種を輸入することが可能となったためである。緊急対応として日本から「アコード」や「ジャズ」を輸入し、販売店への輸送を行った。二つ目は、従業員の作業訓練であった。洪水被害を受け、従業員が洪水リスクのない地域への移住や家族の安否確認等に帰宅したまま、会社に戻らないケースもあり、従業員確保が深刻な問題となっていた。加えて熟練度の高い従業員が不足していたこともあり、復旧期間を有効活用して従業員の研修、作業訓練が行われた。三つは、臨時対応に向けての生産・物流計画の調整である。HATC は本社との協議の過程で、もともと 4 月に完全

復旧し、正常時の生産体制に移行する計画で進められていたが、2012年2月に突如、本社から完全復旧の1か月前倒し計画（4月→3月）の発表があり、それに向けた取引先に対する生産・物流計画の再指示と完全復旧に向けたタイムテーブルの見直し作業が加わった。

臨時対応

　HATCでの臨時対応は翌年の2012年3月26日からはじまった。初日の生産台数は120台であり、通常期の1/10の規模で生産開始した。しかし、同じ設備の搬入と仕様変更を一切せず、完全な生産システムの再現化を行うことで、2週間程度で完全復旧し、正常時の生産体制に戻すことを優先した。これには90名近くの日本人駐在員のほか、日本からの応援者も含めた形で行われ、70〜80人もの出張者を総動員して行われた。しかし、もっとも難題であったのが、金型の調達であった。特にプレス部品、エンジン部品、クランクシャフト、コンロッド、ドアパネル部品の内製に用いる金型問題に腐心していた。

　被災したメーカーや部品サプライヤーがこぞって金型問題を抱えており、メーカーからの金型発注が特定の金型メーカーに集中する傾向にあり、納期がまったく計算できない状態に置かれていたため、完全復旧までのタイムテーブルが計画通りに進む確証はなかったとされる。

　また、完全復旧へのスケジュールが前倒しされたことを受けて、同社では臨時対応として船便での部品発注から航空便での部品発注に切り替えた。[9]

　そのほか同社は、ダイカストマシーンの調達（2500tクラス）にも苦慮したといわれる。こうした設備の発注には見積りを算出した上で、契約を結ぶのが通常であるが、見積依頼なしの緊急対応に応じる設備メーカーの探索に追われた。多くの設備メーカーでは、完成車メーカーといえども見積りを算出せずに納品をしたところで、果たして代金を支払ってもらえるのかという懸念があり、緊急対応に応じられない状況にあったのである。

　HATC側には、当初から災害保険での補填や保証を見込んでおり、コスト負担の問題よりもスピード対応してくれる設備メーカーを求めたのであった。

（2）物流会社の危機対応[10]

　ここでは、HATC の専属物流会社の位置づけにある 2 つの会社、AAL と ANI の危機対応を分析しながら、生産システム、サプライヤーシステムの再現性を分析する。

　ホンダには、完成車物流や部品物流、納入代行業を主業務とする専属物流会社がある。日本国内では主としてホンダ・ロジスティクス、日本梱包運輸倉庫がある。AAL と ANI はその両社のそれぞれの海外子会社であり、ALL は 1995 年に HATC の敷地内に設立された。ANI もまた HATC に隣接地に設立されている。

　後述するが、タイ洪水危機においては、総じて ANI は AAL よりも危機対応能力が高く、復旧対応も早かったが、ここでは AAL を中心に分析を行い、ANI については簡潔にとどめたい。

　AAL の従業員は 2013 年現在、462 名（日本からの駐在員 4 名）であり、作業地区は HATC 向けの業務を行うアユタヤ地区と 2 輪車関係の業務を行うバンナ地区に分かれる（表6）。

表6　AAL の作業区

地区		顧客	業務区分	従業員
アユタヤ地区		H 社	4R DCC　1Line	323 名
		H 社	4R DCC　2Line	450 名
		HT 社	Export Packing	108 名
		K 社	TSD 納入代行業務	79 名
		AP 社	Service Parts Packing	67 名
バンナ地区	ラッカバン	T 社	CBU	204 名
		T 社	2R CKD	41 名
		T 社	DCC　3Line	151 名
		T 社	TSD	21 名
	ウェルグロー	PC 社	Service Parts　Packing	23 名

出所：AAL 社の社内資料により作成。

　今回のタイ洪水危機においては、アユタヤ地区の工場が壊滅的被害を受けたことにある。これは ANI のアユタヤ区の工場についても同様であった。

応急措置

　AAL では、2つの応急措置を行った。一つ目は、ボートの現地調達である。洪水により陸路が使えなくなることは明白であったため、ボートが主要な交通手段になることを見越して調達に奔走した。もっとも各社ともボートの調達を行なうため、入手が困難な状態にあった。危機対応へのちょっとした経験値の差が、応急措置として何が必要かを瞬時に判断する能力に結びつくことがあるが、同社ではボートの確保が優先されたのである。この点はボートの確保に遅れ、入手できなかった HATC より優れていた点であり、AAL が調達したボートを HATC にも提供する企業間協力が行われた。

　二つ目は、現地視察と、被害状況の把握である。同社ではそれ以外になすべき点が見つからなかったとしている。

　ANI では、AAL に比べて危機対応は迅速であり、異なる対応を行った。応急措置として行った対応は、ボートの確保のほか2つあり、一つ目は、土嚢を積んでの浸水対策であり、二つ目は、冠水した際の措置としての備品や設備等の取捨選択が徹底して行われた。例えば、冠水しても影響ないものを捨て、冠水するとよくないものは2Fや高所に移動させるなどの対応のほか、事務所のパソコンもすべて高所の2Fに移動させ、2Fに仮のオペレーション室も設置をした。そのため、工場のオペレーション機能としての被害は HATC や AAL に比べると明らかに軽微なものであった。こうした対応は、取引先への納品確保を優先した危機対応といえるが、こうした対応差は、日本駐在員の経験値と危機管理能力の差というべきほかない。ホンダグループ企業間の正確な日本人駐在員の力量や経験値についての比較調査は難しいものの、総じていうならば、駐在員の駐在経験年数の差に大きく影響したと考えられる。HATC や AAL では平均駐在年数は3～4年であるのに対して ANI では駐在年数が8年目を迎える駐在員が多く、日頃から洪水に対する対応や方法や手順についてのシミュ

レーションが行われていたとしている。

緊急対応

AAL の緊急対応は、3 点であった。一つ目は冠水のため、工場機能が麻痺したことへの対応としての代替施設の確保であった。政府の支援政策より、代替地や代替施設の候補はあったものの、その確保は競争のため困難を極めた。同社がようやく代替の仮倉庫を確保できたのは、11 月 14 日のことであり、アユタヤ地区から約 130km、時間にして約 1 時間 30 分ほど離れたバンプー地区に賃貸の仮倉庫を確保した。AAL や ANI では、HATC を介して部品の輸出業務を最優先するため、もともと工場跡地であったこの仮倉庫を改修、清掃の上、作業スペースを拡張・有効活用した。[11]

二つ目は、従業員の確保であった。HATC 同様、アユタヤ地区の洪水リスクが高いことから離職した者や、家族の安否確認のため工場に戻らない従業員も多く、熟練労働者の不在に加えて新規従業員の確保も困難な状態に置かれた。工業団地内で従業員確保に向けた争奪戦が行われていたと理解される。

臨時対応

AAL では、4 輪車用の CKD（Complete Knock Down）[12]部品の梱包用作業にこの仮倉庫を活用した。パーツストレージ→パーツレシーブ→ストックマテリアルの工程の流れの確保と、ピッキングエリア、ストックケース等を確保した。この臨時対応では、イレギュラー対応とレギュラー対応の併行での対応となる。

まず、イレギュラー対応としてのバンプー地区の仮倉庫での作業は、11 月 14 日から開始され、24 時間対応で業務が行われた。洪水被害が比較的軽微であった ANI と NITTSU は、12 月中にアユタヤ地区に戻り、レギュラー対応に転換していった。AAL はアユタヤ地区での復旧作業が手間取り、2 社に比べて 1 か月遅れでアユタヤでのイレギュラー対応に転換し、正常時の作業に入れたのは、2012 年 2 月 2 日であった。

　AAL ではアユタヤ区での復旧作業は 11 月 25 日から開始された。主作業は、CKD 部品の移管作業に備えての空容器置場の確保とパレット整理、敷地内の排水作業、配線設備の漏電に伴う電線の入替作業、人材育成であった。

　これは当初計画の 11 月 22 日から 3 日遅れのタイミングであった。アユタヤ区では空容器置き場の確保から作業がスタートし、洗浄スチーム機で洗浄しつつ、整理していく方法がとられた。この作業は人海戦術での手作業となったため、要員の不足で作業が遅延し、12 月まで時間を要した。敷地内排水はピックアップトラックを使い、高圧ポンプでかき出す方法を取り、復旧作業は順調であった。

　AAL では、リスク低減の生産システムへの対応も行われ、工場施設のペイントの塗布、事務所機能の 2 階への移転、新規従業員確保のためのリクルートプランを設定した。リクルートプランが設定された背景には、多くの従業員が工場に戻らず、従業員の人材確保は困難を極めたためであり、新人をゼロベースで訓練する方法がとられた。唯一の幸いは、トラックの被害は比較的軽微であった。ドライバーの機転により損失は軽微なものであった。同社では CKD は 2 月初めから順次開始され、空容器は仮のタグを設置しての対応が行われた。

(3) 部品サプライヤー A 社、B 社の対応[13]

　ここではホンダグループの部品サプライヤー 2 社のケースを扱う。1 社は、HATC に隣接しながらも早期復旧対応に成功した A 社の事例であり、もう 1 社は、ホンダグループにあって最初に洪水被害に遭い、甚大な被害を被ったサハ・ラタナナコン工業団地に入居する B 社の事例である。両社はホンダグループにあっていずれも迅速な危機対応を発揮し、早期復旧に成功した企業である。A 社はホンダ鈴鹿製作所との取引開始年が 1960 年から、B 社はホンダとの取引関係が、1963 年から始まった古参のホンダグループ企業である。

　まずは、A 社の事例からみていこう。A 社は 1994 年に設立され、事業概要としてはプレス加工、パイプ加工、溶接、組み付け、表面処理等の部品加工と

金型製造を手掛けている。B社も1994年に設立され、事業概要としては、自動車用車体プレス部品および金型の製造を手掛けている。

A社の応急措置

A社では、HATCよりもやや高所に工場を建設したこともあり、HATCの冠水よりも2日遅れの10月8日に冠水被害を受け、約2m水没し工場機能は麻痺した。A社にも8年目クラスの長期駐在員がおり、長年の経験から早くから今回の洪水被害が大きいものになることを想定して、現地従業員の情報を当てにせず、予め、万が一の冠水の可能性を考えて冠水の前々日（6日）には仮事務所と貸倉庫を確保していた。また、冠水に備えた対応の段取りについても日本人駐在員間では打ち合わせ済みであり、HATCが冠水した日から応急措置が始まった。応急措置には大きく4つある。一つ目は、運び出せるもの、動かせるものはすべて倉庫に移送し、間に合わないものは2階に積み上げることを徹底した。例えば、ライン制御盤、ロボット関係はリフトを使用して2階にあげ、1階の事務所にあったパソコン、機械等は2階に積み上げた。また金型は放置することを決め、材料、パイプ等は運び出しを徹底した。そのため、喫系の応急措置としては、浸水被害を少なくするために土嚢を積みあげての対応程度だったとされる。同社では他社での緊急対応の一部がすでに応急措置の段階で行われていた点にある。

A社の緊急・臨時対応

A社では、早くから臨時対応の段階に入り、A社グループ全体での減産にならないよう、グループ全体としては平時の対応を維持する対策に終始した。すなわち、A社は、HATC向けその他についての取引先対応については倉庫作業での対応で納期を順守し、ホンダ以外の他社向けについては、取引先工場へのダイレクト搬入を行うことで臨時対応を行った。もっともA社の場合、日本の本社工場である四日市工場や菰野工場、またインドにおいてタイ拠点製造品目のベースのラインがあり、代替生産設備を使った生産ができた。A社

での生産分を確保するために、A社の金型と治具を早急に日本に移送し、日本での代替生産により供給量の維持を図ったのである。

そのため、緊急対応としては2点あり、一つ目は、治具、金型は日本生産拠点に移送する作業、日本での代替生産を円滑にするための日本での金型洗浄後、金型設置、生産体制の構築であった。二つ目は、災害対策本部設置、責任者の配置と緊急連絡網の作成であった。

また、臨時対応としては3点あり、一つ目は、現地での生産計画を優先しつつ、日本での在庫増産とタイへのリードタイム短縮化のために空輸を最大活用、二つ目は、現地での早期復旧対応のために日本から派遣者の特別ビザ申請、三つ目は、設備の再設置であった。例えば、プレス機は専門メーカーに洗浄の依頼し、専用機については洪水保険を見込んで新規購入した。

B社の応急・緊急・臨時対応

B社では10月4日から浸水が始まり、最終的には4m冠水した。被害はホンダグループの中でも甚大なものであった。B社ではHATC向けにキャビンパーツやフロア＆スペックパーツなどの車体の基本骨格を支える部品やエンジン回り部品やガソリンタンクが主製品であった。金型や治具については事前に引き揚げ作業を行っていたため、大きな問題にはならなかったものの、電気系統やロボット関係はすべて廃棄処分の対象になるなど、浸水時点で問題が判明していた。

B社の応急措置においてもっとも重要であったのが、タイ人従業員の雇い止めと、タイ経営幹部による迅速な復旧の決断であった。従業員の雇い止めは国の補助金に頼ったものであったが、それ以上にタイ人側の経営幹部が迅速に復旧の判断をしたことにより、タイ従業員が離職しないで多勢が残ったことが大きかった。タイ従業員の確保に成功したこと、また排水作業が始まってから復旧作業に向けて積極的に参加する体制が取れていたことが大きかったと当時の斉藤社長は振り返る。

応急措置においてもタイ従業員がすでにボートを大量に確保しており、船上

での生活を楽しんでいたという。現場から離れずに復旧に向けた準備作業をする従業員の姿勢に救われたとしている。

　緊急対応では、廃棄せざるを得ないロボットを見越してロボットの先行発注と全部買取を行った。また、B社は4社の株主が出資していたため、現地資本の出資株主の伝手を利用し、HATCやAAL、ANI、NITTSUも間借りして使用したがバンプーでの仮倉庫を手配した。これによりバンプーでの仮倉庫での代替生産が可能となり、ガソリンタンクの成型、アッシー、塗装を行った。

　しかし、B社のケースにおいて深層現調化にかかわって特筆すべき点がある。リスク低減の生産システムの構築として、タイの別の工業団地に新工場を建設したことである。B社はタイ中部のサラブリ県のノンケー工業団地に洪水リスク回避と生産性向上を目的に、世界で最新にして、これまでのB社の技術力を結集した新工場を立ち上げ、2014年11月に本格稼働した。この対応では既存工場も残しつつ、ノンケー工業団地の新工場への生産移管を行ったことから、従業員も新工場への移動を余儀なくされたが、同社ではマイクロバスを36台用意してアユタヤ地区の従業員をバスにて送迎する対応を施し、従業員確保に成功した。新工場は、オートメーションによるライン化を進め、1,250人いた従業員が730人の従業員で稼働できる体制を構築し、人員の合理化を進めるとともに、リフトを1/3に減らし、モノを運ぶカラクリを多用するなどの生産効率化に加え、使用電力も2/3に減らし、生産拡大を図った。新工場での生産拡大分を輸出利率向上につなげることも可能になり、アジア周辺国に加えて、欧州、ブラジルにも輸出できるようになった。

　このようにB社の事例からは、単なる生産システムの再現化を超えて、深層現調化の進展につながる現地での生産効率化に結びつける取り組みが行われた。

（4）小括

　本節では、自動車メーカー、物流会社、部品サプライヤーの視点からタイ洪

水危機に対する危機対応を分析した。生産システムの再現化には個々の企業のリスクに対する姿勢や考え方のほか、駐在員の経験的判断や行動が大きく作用した面は否めない。またタイ人経営幹部はじめ中間管理職クラスの人材や熟練労働者が危機を乗り越えてどの程度確保できたのか、人材育成や確保の面も重要な要因であった。また、サプライヤーシステムの再現化や復旧の担い手については、現地の日本人駐在員の資質や経験的蓄積に依拠するところが大きい。

　本研究では精緻な比較分析はできていないが、以下のことがいえる。すなわち、自動車メーカーよりも部品サプライヤーの日本駐在員の現地経験年数が長い点や現地駐在経験年数によって得られた現地での人材ネットワークの深さから、サプライヤーシステムの再現性を主導的にリードできたのは、より多くの選択肢と方法を有していた部品サプライヤーや物流会社の駐在員であったと考えることができる。

4　まとめ──危機対応の生産システム・ 　サプライヤーシステムと深層現調化

　本節では、第3節の危機対応の生産システム、サプライヤーシステムの再現性分析から深層現調化のまとめを行う。

　ホンダのケース分析からは、危機対応の生産システム、サプライヤーシステムの再現性は、大きく3つの特徴を有していた。一つは日常のリスク対応は個別対応、二つは現地による先行対応、三つはスピード対応の優先であった。これらの特徴からいえることは、日本での先行経験はルーチン業務では現地に移転されやすいものの、イレギュラー対応業務については移転されにくい側面があることである。

　また、本国より現地での先行対応や意思決定が優先されるようなイレギュラー対応では、意思決定ルートが海外→本社に逆転して起きることもある。より具体的には、現地対応計画→本社報告→本社事後承認といった流れになり、

代替調達方針、調達先の確保が進められ、現地での緊急のサプライチェーン、臨時のサプライチェーンが構築される可能性がある。より顕著にその傾向がみられるのは、危機後の生産システム、すなわちリスク低減の生産システムである。

日本経済新聞社の 2012 年 11 月 4 日までの調査結果においても、洪水被害にあった中堅・中小企業 30 社のうち、29 社がタイ国内にとどまりつつ、15 社が新工場を設立すると回答している。これらの企業の戦略意図は、完成車メーカーのタイにおける自動車需要拡大への対応やアジアでの戦略的生産拠点の強化があげられる。このため、部品サプライヤーも被災工場の単純な再建や復旧だけでなく、生産拡大をにらんだ投資を進める傾向にある。

図 2 はタイにおける輸送用機械分野の部品・原材料の調達先の推移を示している。興味深い点は 2012 年までのタイ国内におけるタイ輸送機械分野の部品・原材料の調達先はやや減少したものの、2013 年には顕著に増加傾向を示し、部品、原材料の現地調達が増加していることである。為替等の影響こそあれ、

図 2　タイ輸送機械分野の部品・原材料の調達先の推移

単位：％

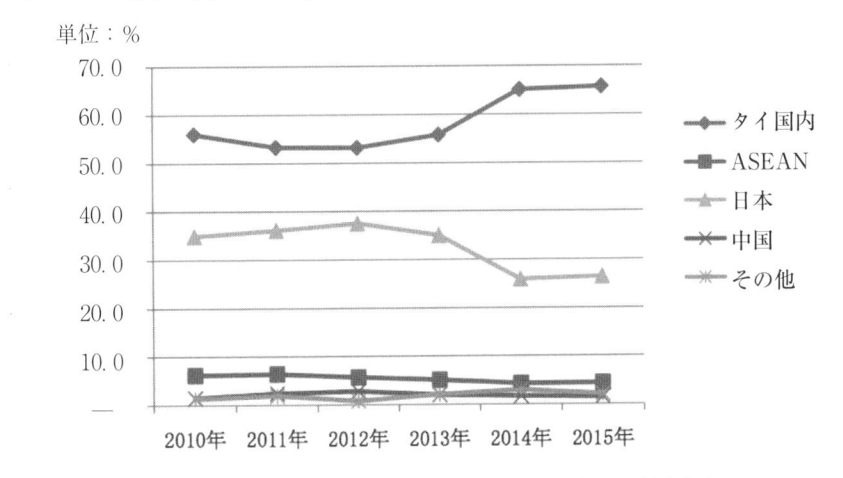

出所：盤谷日本人商工会議所「景気動向調査」、JETRO（2016）より筆者作成。

タイ洪水危機を経て、各完成車メーカーの現地調達率向上の取り組みや、ローカルサプライヤーの育成等が寄与してきた結果ともいえる。タイには、Tier1が約 700 社以上、Tier2、Tier3 で約 1,700 社以上が集積するといわれている。危機対応の生産システムのあり方を通じて、サプライヤーマップの作成や整備が進んだことは、本研究からも明らかにされた。深層現調化の進展には、各階層の部品サプライヤーが洪水リスクはじめ、リスク対応のためにローカルサプライヤーの探索や、候補の部品サプライヤーの育成指導が必要になる。2013年以降の急速な現地調達率の向上の背景には、日系部品サプライヤーの生産能力、生産効率拡大のほか、ローカルサプライヤーの開拓、育成が進展したことの証左である。

［注］

(1) 本研究は、2013 年 9 月 6 日（於：関西学院大学）の日本経営学会全国大会自由論題報告「タイ洪水危機におけるホンダグループの危機対応」をもとに、その後の追加調査を経て再編集した中山健一郎（2017）『経済と経営』第 47巻第 1・2 号合併号（札幌大学経済・経営学会）所収を修正・加筆したものである。

(2) タイ洪水の発生経過については、盤谷日本人商工会議所『所報』（2012）が詳しい。9 月 30 日には日本大使館は洪水への注意喚起が行われていたが、タイ政府内に「国家洪水対策センター」が設置されたのは、10 月 8 日のことだった。

(3) 2011 年のタイ自動車産業は、1 ～ 3 月にかけては日本での東日本大震災の影響により、日本からの調達部品の供給不足から生産体制に大きな影響が生じた。日本での復旧作業が進む中で徐々にタイでも生産が本格化したものの、10 月以降の未曾有の大洪水により、一部での完成車工場が直接的被害を受けたほか、取引先のサプライヤーの被害により、各社とも工場生産が停止するなどにより、生産台数は落ち込んだ。

(4) タイ工業団地公社の 2012 年 11 月上旬時点での集計によれば、7 工業団地の全 839 工場のうち、684 社（82％）が工場を再開（部分再開を含む）し、68工場（8％）が閉鎖されたことを伝えている（『日本経済新聞』2012 年 11 月 5日記事による）

(5) 一括りに危機管理とするよりも、危機に対する事前的対応を重視するのが、

リスクマネジメントとし、また危機への事後的対応をクライシスマネジメントと区別する場合もある。

(6) 『日経産業新聞』2012 年 11 月 20 日記事による。

(7) 断りがない限り、2013 年 3 月 24 日の HATC への聞き取り調査による。

(8) HATC では、洪水被害を逃れた完成車も含めて合計 1,055 台を廃棄処分した。工場再開後の新車販売への影響を考え、余計な風評被害を阻止する目的もあったとされる。また、大型プレス機、射出成型機など一部を除いた大半の設備も廃棄処分した。

(9) 航空便での部品発注は、船便よりも高コストになるが、同社では部品供給リードタイムの短縮化には、航空便を使用する以外になかったとしている。

(10) 断りがない限り、HATC、AAL、ANI への 2013 年 3 月 25 日の合同聞き取り調査による。

(11) 仮倉庫はもともと工場跡地であり、広大なスペースがあったが、改修、清掃を通じて 6,300 ㎡ の倉庫を 8,857 ㎡ に拡張した上で、HATC の仲介により AAL、ANI、NITTSU の 3 社で共同使用したとされている。(2013 年 3 月 25 日、筆者の AAL,ANI への聞き取り調査による)

(12) CKD とは自動車を構成するすべての部品を海外へ送り、現地で組立てや溶接、塗装、艤装、検査などを行い、自動車として完成車にする製造技法である。これに対する類似用語として、SKD（Semi Knock Down）がある。この製法も部品を現地へ送り、海外現地にて組立てを行うが、ほぼ完成車に近い状態で、ボルトやねじなどの締結だけで完成車になるレベルでの部品単位で輸出される。

(13) 断りがない限り、A 社の事例は、2013 年 3 月 26 日、筆者の A 社への聞き取り調査によるもの、B 社の事例は、2014 年 7 月 4 日及び 2016 年 9 月 12 日の筆者の B 社への聞き取り調査によるもの。また、A 社は 2006 年にホンダの関連会社となったが、A 社と B 社は 2013 年には合併の基本合意を進めていた。諸事情からこの合併交渉は決裂し、解消されている。

[参考文献]

アイアールシー（2013）『タイ・インドネシア自動車産業の実態　2013 年版』。

折橋伸哉・目代武史・村山貴俊（2013）『東北地方と自動車産業——トヨタ国内第 3 の拠点をめぐって』創成社。

亀井利明、亀井克之（2009）『リスクマネジメント総論』同文舘出版。

佐久間健（2011）『徹底検証　グローバル時代のトヨタの危機管理』芙蓉書房出版。

JETRO 海外調査部アジア大洋州課（2016）「アジアの原材料・部品の現地調達の課題と展望」。

JETRO バンコク事務所（2011）「日タイ洪水復興セミナー　タイ大洪水～早期復興に向けた現状と課題」。

佐伯靖雄（2015）「生産システムの競争力とその階層構造」『企業間分業とイノベーション・システムの組織化』晃洋書房。

塩見治人・梅原浩次郎（2011）『トヨタショックと愛知経済　トヨタ伝説と現実』晃洋書房。

奈良武（2014）『企業「危機管理」の教科書』日刊工業新聞社。

NIshiguchi,T.and Beaudet,A（1998）"Case Study:The Toyota Group and the Aisin Fire",Sloan Management Review,Fall 1998,pp.49-59.

『日本経済新聞』2012 年 11 月 5 日記事。

『日経産業新聞』2012 年 11 月 20 日記事。

日本科学技術連盟（2012）『QC サークル』3 月号 No.608。

日本科学技術連盟（2001）『品質管理』10 月号 Vol.52.No.12。

盤谷日本人商工会議所（2012）『所報』2012 年 1 月号。

盤谷日本人商工会議所（2012）『所報』2012 年 2 月号。

藤本隆宏（2012）「サプライチェーンの「バーチャル・デュアル化」――頑健性と競争力の両立に向けて」『組織科学』Vol.45 4 号。

三菱総合研究所政策工学研究部編（2000）『リスクマネジメントガイド』日本規格協会。

宮林正恭（2005）『危機管理――リスクマネジメント・クライシスマネジメント』丸善。

李在鎬（2000）「サプライヤーシステムにおける下からの協力」『経済論叢』第 166 巻第 3 号（京都大学経済学会所収）。

第７章

アジア最後のフロンティア、ミャンマーの自動車・部品産業とその特徴

小林英夫

はじめに

　通称 CLMV 諸国と称されるカンボジア、ラオス、ミャンマー、ベトナムの４か国は、アセアン加盟後発組であるとともに、工業化という面でも後発グループに属する。それを反映した一人当たり GNP で見れば、４万ドル台のシンガポール、ブルネイをトップ集団に、6,000 ドルから１万ドルのマレーシア、タイ、インドネシアの中堅集団が続くなかで、2,000 ドル以下の CLMV 諸国は、アセアンの後尾集団を形成することとなる。しかも市場体制への移行という面でも、それはベトナム、ラオスが 1990 年代に、カンボジアが 2000 年代に、そしてミャンマーが 2010 年代に開始されるが、アセアンのなかで最も遅れたスタートとなっている。自動車産業に即してみれば、80 万台から 160 万台生産レベルを持つタイ、インドネシア、マレーシアから 20 万台レベルのフィリピン、ベトナム、そして現状（2016 年）ではめぼしいセットメーカーがなく部品供給地となっているラオス、カンボジア、ミャンマーまで、その相違幅は、ことのほか大きい。本章では、これら CLMV のうち、その市場開放が最も遅れたミャンマーに焦点を当てて、中古車市場を含む自動車産業の実態と経済開発区の実情、そして自動車・部品企業の活動状況に関してその姿を追ってみることとしよう。先行研究は、必ずしも多くはない。特に自動車産業に絞った場合には高原（2016）にとどまる現状にある。本章執筆の意図の一つは、そうした空白を

埋める点にある。

1　ミャンマー産業概況

（1）全般的状況

　ミャンマーの工業化の歴史は、大きく 1998 年を契機に 2 期に分けることが可能となる。それ以前のミャンマーでは、「ビルマ式社会主義」のもとで、国有企業依存の輸入代替工業化政策が展開されてきた。ところが、1998 年以降になると軍政の下、市場経済、対外開放が徐々に進行していった。そして、ミャンマーは 2011 年に民政政府が誕生し同年 3 月にティン・セイン大統領の就任以来米国との関係が急速に改善され、2012 年 7 月には 2003 年 5 月から継続してきた経済制裁が解除された。この結果、各国企業は同国への経済進出を目途に「ミャンマー詣で」を開始し、2011 年以降ミャンマーは投資ラッシュに沸く情況が生まれた。そして 2015 年 11 月の選挙で長期に軟禁されていたアウン・サン・スー・チー率いる国民民主連盟が大勝し、ミャンマー民主化時代が到来するとともに経済活動の活性化にも弾みがついた。以下、経済が活性化した 2011 年以降に焦点を絞ってミャンマーの経済活動を概観しておこう。

　まず、2011 年の経済制裁解除後の企業進出状況を見ておこう。直接投資状況をみれば、2009/10 年に 7 件、3.3 億ドルだった外国投資は、2010/11 年 24 件、199.9 億ドルに急増した。韓国企業による石油・天然ガス開発投資がその大半を占めた。2011/12 年と 2012/13 年はその反動で、2 年連続で 13 件、46.4 億ドル、94 件、14・2 億ドルと投資額が減少した。しかし、2013/14 年は 123 件、41.1億ドル、2014/15 年は 211 件、80.1 億ドルと投資は急速に増加を開始している。2014/15 年の投資の増加を担ったのは、主にシンガポールからの通信、石油ガス投資で、各国からの製造業投資も、その増加にあずかって大きかった。国別でみても、シンガポール、韓国の躍進が目覚ましい反面、中国の後退が顕著で

あった（ARC 国別情勢研究会 2015）。

　続けて貿易動向を見ておこう。かつては、米などの農産物が輸出の中心だったが（尾高・三重野 2012、Kuroiwa, 2012）、天然ガスの輸出が増加を開始し、それに縫製品が加わり、工業化の兆しが見え始めた。2014/15 年度で見ると、天然ガスが 51.8 億ドルで輸出の 41.4％を占めて第 1 位、続いて農産物（豆類・コメ・メイズなど）が 28.9 億ドル、23.1％で第 2 位、第 3 位が翡翠と縫製品（衣服）でいずれも 10.2 億ドルで 8.2％ずつを占めている（ARC 国別情勢研究会 2015）。縫製品輸出と鉱産物である翡翠輸出がほぼ同額という点にミャンマー工業化の現状が表示されているといえよう。

　次に輸入品を見てみると工業製品が中心であることは 2010 年以降一貫している。輸出同様 2014/15 年度で見ると、一般機械・輸送機械が 49.4 億ドルで、輸入全体の 29.7％を占めて第 1 位であり、以下精製鉱油、卑金属・同製品、電気機械器具の順で並んでいる（ARC 国別情勢研究会 2015）。ミャンマー政府は、2011 年 9 月に中古車輸入の制限を緩和し、2015 年 3 月には外資系企業の新車輸入販売が認められたため、日本からの中古車及び新車の輸入が増加を開始している。

（2）企業進出概況

　2011 年以降ミャンマーに対する外資系企業の進出が積極化したことはすでに指摘したが、国別にその動向を見ておこう。国別にみれば、シンガポール、英国、香港、中国、オランダ、韓国、インド、ベトナム、タイ、カナダ、日本、フランス、マレーシアの順になっている。2013 年までは中国が第 1 位のポジションにあったが、以降シンガポールの大型投資が続くなかで、順位が逆転した。シンガポールは、KDDI、住友商事がミャンマー国営企業と合弁で実施した携帯電話事業、シェルと三菱石油開発協同の天然ガス開発などで、この大型投資がシンガポールを第 1 位へと押し上げた。英国は、バージン・アイランドやバミューダのタックスヘブンからの投資が多い。中国は、ミャンマーの長い

軍政の統治下での国際孤立のなかで、政府間の連携を深めた関係を通じて企業進出を積極化させた。中国企業は、水力発電や地下資源開発といったプロジェクトに進出した。韓国企業は、ガス田開発に投資すると同時に衣料、電気電子などの分野にも進出を計画している（ARC 国別情勢研究会 2015）。しかしより積極的なのはアセアン各国である。タイは、隣国の強みを生かしてすべての産業分野で対ミャンマー進出を試みており、マレーシアもタンチョン・モーターが日産と組んでミャンマーの自動車分野に進出を試みており、インドネシアのセメント企業がミャンマー進出をはじめ、フィリピン企業もコメの生産をミャンマーで始めるなどの動きが出てきている。

2　工業団地の開設と企業誘致

(1) 立地条件

CLMV 諸国では、何れの国でも様々な特典を持ち、社会インフラが整備された工業団地が企業進出の対象地として重要な役割を果たしている。ミャンマーもその例外ではない。ミャンマーは電力不足から頻繁に停電が発生し、それが生産活動の大きな障害となっている。したがって、進出企業の多くは、こうした事態に備えて自家発電装置を装備している。また、政府の許認可を必要とする手続きが多く、効率的な企業運営は期待できない。さらに金融機関が未整備で、資金手当てが困難となる場合が多い。人材面でも確かに労賃が低廉であるとはいえ、訓練されたマネージャークラスを確保することが困難であるケースが一般的である。

こうした企業進出時の煩雑な手続きや許認可をスムーズに処理し、インフラや労務面でのトラブルを解決してくれて立上げを容易にしてくれるのが工業団地なのである。

(2) 工業団地概要

　したがって、日系企業の多くは外国企業向けの工業団地に進出するケースが多い。ミャンマーで外国企業向けに最初に設立された工業団地はヤンゴン国際空港に隣接してつくられたミンガラドン工業団地である。ミャンマー政府が89%、シンガポール企業が11%出資して1996年設立された同工業団地は、1998年竣工、2014年11月に入居を開始した。政府の管理下にあり、下水処理施設があるため排水処理には問題ないといわれている（フォーイン『アジア自動車調査月報』69号、2012年9月、4頁）。2015年現在で29社が入居しているが、その内訳をみると日系が11社、香港系が10社、台湾系が2社、韓国系が2社、シンガポール系が1社、フィリピン系が1社、中国系が1社、ケイマン諸島からの投資が1社となっている（フォーイン『ASEAN自動車産業2015』）。

　続いてティラワ工業団地が2015年9月に開業した（図1参照）。ミャンマー政府が51%、三菱商事、丸紅、住友商事、JICAが49%出資で出発した。ヤンゴン南東20キロの位置にあって2013年11月に起工式を行い、入居が開始された。同工業団地内には日本のODAによるガス発電所が設置され電力供給が安定していること、工業用水、廃棄物処理施設などの上下水道が整備されていること、経済特区の指定を受けて法人税の免除や原材料の輸出入の免税特権があること、投資許認可業務が短期間で終了すること、などの優位点がある。開設当初は「前途多難が予想された」（「日本経済新聞」2016年11月30日）が、2015年には入居予定数は47社を数え（同上紙2015年9月25日）、2016

図1　ミャンマー・ティラワ工業団地

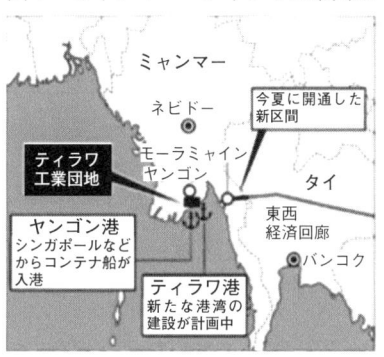

出所：「日本経済新聞」、2015年9月25日。

年に入り急増、進出企業は31社にのぼり、合計78社を数えるに至っている（同上紙2016年11月30日）。スズキはここに20ヘクタールの土地を確保し操業を開始した。このほか、日本企業では、後述する電機部品関係のフォスター電機、江洋ラジエーターを筆頭に段ボール・包装資材の王子ホールディングス、女性用下着のワコールホールディングス、即席めんのエースコックが、アメリカ企業としては清涼飲料水容器を生産するボール・コーポレーションが、タイからは鋼材・棒鋼を生産するミルコン・スチィールが、フランスからはセメント用倉庫建設でラファージュが、中国からは縫製品を生産する魯泰紡織がそれぞれ進出をしている（日本経済新聞」2015年9月25日）。

このほか、ミャンマー南東部でタイのバンコクから西方約350キロに位置するタニンダーリー管区にダウエイ工業団地が開設された。当初ミャンマー・タイ両国政府のプロジェクトとして出発したが、2013年にはタイの企業が資金不足で撤退し、その後しばらく停滞していたが、2015年7月日本政府もこのプロジェクトに参加することで具体化が進行した。ダウエイ工業団地は、ティラワ工業団地の約8倍、2万ヘクタールで、大規模港湾の整備を通じた石油化学などの企業の入居が予定されているという（「日本経済新聞」2015年11月30日）。ダウエイ工業団地は、ホーチミン市からプノンペンを経てバンコクに至る南部経済回廊の延長線上に位置する。したがって、タイのバンコク周辺の自動車産業集積地域とも距離的に近接して、タイのレムチャバン港とも距離的に近いなど、自動車部品企業がタイプラスワンのサテライト工場を設立するには好都合な立地条件を備えている。ここは、先のティラワ工業団地と比較すると大規模かつ港湾設備を有するため、今後この整備とともに石油化学プラントなどの大規模な施設企業の進出が予定されているのである（日本経済新聞」2015年11月30日）。

3 ミャンマーの自動車市場

(1) ミャンマー自動車市場

　ミャンマーの自動車市場を特徴づける第一の点は、2輪車と中古車が大きな比重を占めていることである。ミャンマーの一人当たり名目GDPは2011年に800ドルだったのが、2014年には1,203ドルに達している（図2）。また、将来予測を見ても月収50万チャット（約5万円）の中間層の比率は、2012年の7.3%から8年後の2020年には13.0%まで約2倍近い増加を見るであろうといわれている（「日本経済新聞」2015年11月30日）。しかし依然としてミャンマーは、アセアン内ではカンボジア、ラオスと並ぶ極貧国の一つであり、モータリゼーションの到来には時間が必要である。賃金もミャンマーのヤンゴンのワーカーの平均月給はわずかに68ドルで、ベトナムのホーチミン市の130ドルの52.3%と約半分であり、インドのチェンナイの260ドルと比較すると26.2%と約4分の1の低さである。さらに中国の武漢の333ドルの20.4%、広州の352

図2　ミャンマーの一人当たりGDP推移（2012 － 2015）

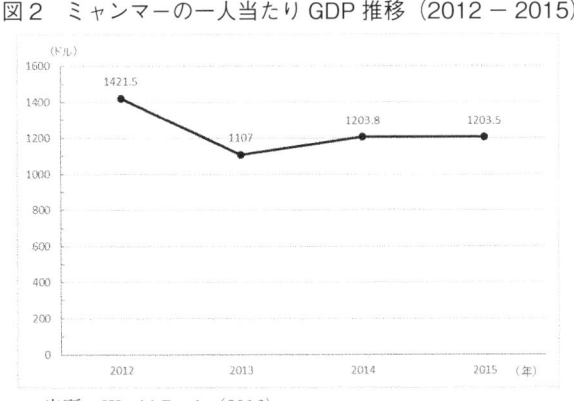

出所：World Bank（2016）

図3　輸送機器保有台数構成（2011 年）

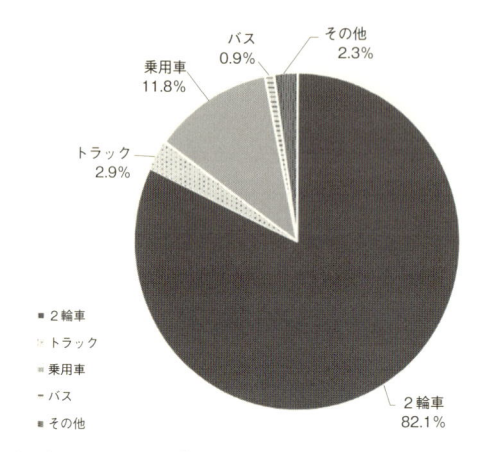

出所：フォーイン『アジア自動車調査月報』64 号、2012 年 4 月。

ドルの 19.3％にしかならない（「日本経済新聞」2012 年 5 月 30 日）。したがって 4 輪車はおろか 2 輪車の普及もまだ緒に就いたばかりなのである。

　成長が予測されるミャンマーで、この成長の動きは、まずは 2 輪車保有の急増となって表れた。2008 年には 4 輪車保有台数 37.4 万台に対して 2 輪車はその 2 倍近い 65.9 万台を数えたが、2011 年には 4 輪車 42.5 万台に対して 2 輪車は 4.4 倍の 188.4 万台と急増を遂げた（フォーイン『アジア自動車調査月報』64 号、2012 年 4 月）。2011 年現在だが、輸送機器の主力は 2 輪車で、全体の 82.1％を占め、乗用車は 11.8％を占めるにすぎず、トラックは 2.9％、バス 0.9％に過ぎない。

（2）　増加する中古車

　したがって、ミャンマーでは乗用車生産はこれからで、乗用車の大半は中古車で、中古車輸入ビジネスが中心となっている。ミャンマー政府は、2011 年 9 月に中古車の輸入規制緩和策を発表した。その条件とは以下のようなもので

あった。すなわち、車齢が 40 年を超えた車両の買い替えを促進するため、その廃車証明と引き換えに、政府は輸入許可証を無料で発給するというものだった。それ以前の 2010 年 1 月にミャンマー政府は、すでに商用車、2 輪車の輸入規制を緩和していたが、乗用車は適応外であり、また発給していた輸入許可車は高額だった。ところが、2011 年 9 月の改正の結果、廃車の代替として輸入が許可される車両は 1995 ～ 2006 年に製造され、CIF 価格が 3,800 ～ 62,000 米ドル相当の自動車とされたのである。しかも、今後、買い替えの対象となる自動車の車齢は 30 年以上、20 年以上と順次拡大される予定であるといわれる（フォーイン『アジア自動車月報』64 号、2012 年 4 月、18 頁）。

その結果、ミャンマーへの中古車輸入が激増した。特に日本からの中古車輸入が増加したのである。日本からの中古車輸出先はかつてはロシアが主体であったが、2009 年にロシアが中古車輸入規制を強めた結果、2011 年以降はミャンマーが最大の輸出先となった（「日経産業新聞」、2012 年 7 月 10 日）。そして 2015 年には日本からのミャンマー向け中古車数は 14.1 万台を記録したが、それは日本からの仕向地別中古車輸出台数ではトップを記録した。ちなみに 2 位はアラブ首長国連邦（UAE）で、以下ニュージーランド、ケニア、チリの順となっていた（「日本経済新聞」2016 年 2 月 26 日）。

正確な統計資料はないが、日本からの中古車の大半はトヨタ車であるといわれている。そのため豊田通商はスペアパーツの供給のためにヤンゴンにサービスセンターを開設している。

ミャンマーでは市内に多数の中小零細の自動車修理・改造工場が存在し、40 年以上過ぎた中古車を解体して、スクラップとし、その代わりに輸入許可書を獲得することをビジネスとしている企業が多いといわれる。その中心地はマンダレー地区である。「自動車スペアーパーツを中心とする機械部品の製造および修理は、1990 年代初頭に新たに建設されたマンダレー工業団地に集積している。この工業団地には車両修理を行う小工場が約 150 か所あり、ヤンゴン―マンダレーを結ぶ中大型トラック・バスの 7 割は、ここでメインテナンスされている」（工藤 2012）といわれる。この事業には退役もしくは現役の軍人が

関与し、しばしば日本とのネットワークを活用して、オークションで落札された日本の中古車をミャンマーに輸入するビジネスもあるといわれている。したがって、自動車部品産業といっても、その実態は中古車解体・修理・再生業だといってもあながち誤りではないというのが現状なのである。

（3）日本自動車企業の進出の現状と問題点

では、ミャンマーへの日本自動車企業の進出状況はどんな状況なのか。以下、各社の状況を見ておくこととしよう。この分野で進出実績を有するのはスズキである。まず、スズキの状況を紹介しておこう。

スズキは 1998 年 10 月、MADI（Myanmar Auto and Diesel Engine Industries）と合弁で 2 輪・4 輪車の生産事業を行うことで合意した。そして 1999 年に生産事業を開始し、Wagon R の CKD（Complete Knock Down）生産を開始したが、2000 年に入ってからの対ミャンマー経済制裁の強化のなかで、部品供給がままならぬなかで、2 輪車を約 1 万台、Wagon R を約 6,000 台生産したに止った。しかし 2010 年末に、ミャンマー政府との契約が終了したため、スズキはミャンマー事業を中止した。共同出資社の豊田通商も 2010 年 6 月に同事業への出資を引き揚げた。ところが、スズキは 2012 年 3 月、ミャンマー政府に 2 輪・4 輪車生産の合弁会社設立について事業認可を申請した（フォーイン『アジア自動車調査月報』64 号、2012 年 4 月、19 頁）。そして 2013 年には工場を再開した。スズキは新たにチィラワ工業団地に約 20 ヘクタールの土地を確保して 2017 年をめどに CKD 方式で年約 1 万台の生産を予定している（「日本経済新聞」2015年 4 月 4 日）。

日系自動車企業のミャンマー進出計画は、スズキだけにとどまらない。新規事業計画として進出を検討している日系企業は、いすゞ自動車、マツダ、三菱ふそうトラック・バス、三菱自動車、日産など 5 社が動き始めている（「日本経済新聞」2012 年 5 月 24 日、5 月 30 日、2013 年 10 月 8 日）。いすゞは小型トラックの現地生産を、マツダは小型車の販売を、三菱ふそうトラック・バスはトラッ

クとバスのミャンマー向け輸出の開始を、三菱自動車はピックアップトラックの販売と中古車の補修修理部門を立ち上げるために準備を開始した（「日本経済新聞」2013年10月8日）。また、日産は、マレーシアの自動車メーカーのタンチョンと連携して日産車の生産準備を開始した。

また新車の生産や販売に先駆けて、2013年には現代、メルセレス・ベンツが、2014年にはBMW、トヨタ、日産、マツダが、2016年にはロールス・ロイスが、一斉にヤンゴンにショールームの開設を開始した（「日経産業新聞」2016年8月6日）。

（4）外資系企業の進出の現状

では、日本を除く他の外資系企業はいかなる動きを見せているのか。

まず、中国の奇瑞汽車であるが、この中国の代表的民族系企業である奇瑞は、2011年3月にミャンマー第2工業省との間で合弁契約を締結し、「QQ3」をSKD（Semi Knock Down）方式で生産する組立工場を立ち上げて生産を開始した。さらに同年6月には第2工場設立についてミャンマー第2工業省と契約を結んだ。主力車種は「QQ3」で、その生産能力は年間約3,000から5,000台といわれる。パーツの大半は中国から輸入するものと想定される。さらにミャンマーの需要にこたえるために中国からの完成車輸入も考慮中といわれる（フォーイン『アジア自動車調査月報』64号、2012年4月、19頁）。

また山東省の済南に拠点をもつ中国を代表するトラックメーカーの中国重汽車も2011年4月にミャンマー第2工業省傘下のNo.1 General Heavy Machinery Industryと合弁でトラック生産を実施することとなった。このほかに同社は販売サービス網の構築、トラックの生産技術の移転も行うといわれる。また中国を代表する国営自動車企業の東風汽車も2012年以降、トラックの販売を開始する（フォーイン『アジア自動車調査月報』64号、2012年4月、19頁）。

以上は中国企業の動きだが、超廉価車「ナノ」を販売したことで知られるインドを代表するタタ・モーター社も2010年12月にMyanmar Auto and

Diesel Engine industries（MADI）と共同で Magwe 管区に大型トラックの生産を開始した。生産能力は年間 1,000 台で、将来的には年間 5,000 台まで拡大する計画だという。スタートは大型トラック生産であるが、ゆくゆくはアセアン向け小型商用車及びバスの組立生産を行う計画も持っているといわれる（フォーイン『アジア自動車調査月報』64 号、2012 年 4 月、18 頁）。

　外資系企業もショールームの開設に積極的で、2013 年 8 月に現代自動車がヤンゴンにショールームを開設したのに続き、2014 年に入ると GM,フォード、ベンツ、BMW がヤンゴンに次々とショールームを開設した。

（5）ミャンマー企業の現状

　ミャンマーを代表する自動車関連の民族系企業は、Super Seven Stars Motors Industry（SSS）であろう。ミャンマー全体で 7 都市 10 か所のショールームを有し、SSS は、2010 年 11 月ヤンゴン市に新工場を立ち上げた。ここで乗用車と小型トラックを生産し、アフリカとバングラデシュに輸出する計画だといわれる。2012 年には現代・起亜傘下の起亜自動車ブランドの代理店となった。そして 2016 年 2 月には仏プジョーとも代理店契約を結んだ（「日本経済新聞」2016 年 3 月 10 日）。SSS は 1993 年に設立された企業で、当初は貿易会社だったが、2004 年に小型トラックを、2009 年にはバンの生産を開始し、中国や日本から部品を輸入して SKD 方式で生産を行っている（フォーイン『アジア自動車調査月報』64 号、2012 年 4 月、19 頁）。

（6）自動車部品産業の現状

　ミャンマーへの自動車部品企業の進出は、まだ緒に就いたばかりである。日系企業ではパイオニアは車載機器の生産を検討しているし、トヨタ紡織は自動車用の内装部品の生産を検討しているし、フォスター電機は車載スピーカーの生産を検討し一部実施に移している（「日本経済新聞」2012 年 5 月 30 日）し、ラ

ジエーター補修部品を供給する江洋ラジエーター、小型モーターを生産するアスモも生産を開始した。

　チラワ工業団地に進出したフォスター電機の場合だが、創業は1949年である。スピーカーの製造販売会社としてスタートした。1959年に現在の社名に変更した。次第に音響領域に事業を拡大し、1965年に香港に関係会社を設立したのを契機に、以降は海外展開を本格化させた。この結果、2016年現在で14社の海外子会社を有している（『有価証券報告書』2016年度）。車載スピーカに関して、同社はベトナムのバクニン、インドネシアのバタムに工場を有するが、ミャンマー工場は、2016年春以降テレビ用のスピーカの生産を開始し、17年からは車載スピーカの生産を開始する。2016年の月産生産個数は、スピーカ30万台、ボイスコイル60万台だが、17年にはスピーカ月産100万台、ボイスコイル100万から150万個に拡大する計画である。さらに、ベトナムでは、スピーカ応用製品の設計も行う予定だという（「電波新聞」2016年9月20日）。

　同じチラワ工業団地に進出したのが江洋ラジエターである。同社は、創立は1956年で、名古屋に本社を有するラジエターの補修部品生産を行っている会社である。1994年にインドネシアに生産拠点を、2000年にアメリカのカルフォルニアに、2004年にはシンガポールにそれぞれ販売拠点を創設、2005年には中国の蘇州に第2の生産拠点を、そして2014年には3つ目の生産拠点としてミャンマのチラワ工業団地に工場をそれぞれ立ち上げた。

　最初に進出したインドネシアの労賃が急騰、それに対する対応としてミャンマーが選択された。ラジエターの部品は全量日本をはじめとする各国から輸入し、生産した製品は全量輸出する（「日本経済新聞」2014年11月13日）。購入した敷地は3ヘクタール、当初の従業員は約100人、年間12万台程度の補修用ラジエターの生産を行う（同上、2014年6月5日）。

　アスモは2014年にヤンゴン市内に生産拠点を設けた。生産品は自動車用小型モーターで、徐々に生産量の拡大を目指すという（「日本経済新聞」2013年10月4日）。アスモはもともと田中計器工業として1950年に創業されたが、1970年にデンソー傘下に入り79年社名をアスモと変更した。以降北米、インドネ

シア、韓国、チェコ、中国に生産拠点を拡大（『有価証券報告書』2016）した。ミャンマー工場は、資本金200万ドル、子会社のアスモインドネシアとの折半出資で、インドネシア工場の生産設備を移管して手作業中心の作業をこなすという（「日本経済新聞」2013年10月3日）。

4　ミャンマー自動車産業の現状と将来の施策

　2016年現在、ミャンマーの自動車・同部品産業は、まだ緒についたばかりで、本格的展開の準備期にあるといっても過言ではない。ミャンマーへの海外企業進出が本格的したのは2011年3月のティン・セイン大統領の下で民政移管が行なわれて以降のことで、いまだ5年程度しか経過していない。したがって、今後の産業振興を前に解決すべき課題は山積している。

（1）産業インフラの整備

　2000年の民主化指導者アウン・サン・スー・チーの自宅軟禁を契機とする欧米側の経済制裁によってミャンマーは経済低迷に陥り、それが負の遺産となって、制裁解除後も社会インフラの整備が極端に遅れている。まずは極端な電力不足状態が一般化している。ミャンマーはガスタービン発電、水力発電が主力だが、水力発電が1950年代に日本の賠償で具体化されたバルーチャン発電所の電力に依存しているように、施設が老朽化しており、ミャンマーの電力需要を賄うにはいたってはいない。したがって、計画停電が実施されており、企業は自家発電設備を装置する必要があり、それが企業進出に際して大きな障害となっている。また単に発電施設だけにとどまらず、送電施設、変電施設も同じく老朽化しており、インターネット設備とその普及率は低く、かつ送信スピードは遅く、ビジネスに支障をきたす事が少なくない。

(2) 自動車市場の拡大

したがって、自動車・同部品産業の振興は、これからの課題であり、当面は本格的稼動の準備段階にある。それゆえ、ミャンマーの自動車市場の現状は、海外から輸入される中古車が主体を占めており、その改造や修理業が大きな比重を占めている。特に日本車への人気は高く、中古車市場では取引の主力を占めている。トヨタ通商は、このメインテナンスのために必要なスペアパーツを供給するためのサービスセンターをヤンゴンを始め、ミャンマーの主要都市に設置してきた理由もそこにある。しかし中国の奇瑞やインドのタタ、日本のスズキなどが現地生産を開始している折から新車では奇瑞やタタ製の乗用車が増加しており、さらにタイから輸入される日本企業製のピックアップトラックや韓国から輸入される現代や起亜の乗用車が増加を見せはじめている。これらは、いずれも人口 6,000 万人を超えるこの市場の潜在力に着目して市場進出を果たそうとする動きの一環である。

(3) 現地生産の動きと障害

自動車をミャンマーで生産する動きはこれまでにも見られた。スズキは合弁で 1998 年に生産工場を設立、当初 2 輪車 3,000 台、4 輪車 1,000 台を生産したが 2010 年にミャンマーから撤退したし、いすゞも 1999 年にトラック生産を開始したが 2000 年代初めに欧米各国の対ミャンマー経済制裁強化のなかで生産を中断している（「日本経済新聞」2012 年 5 月 30 日）。その後 2012 年にスズキは再進出を計画したし、いすゞや日野、三菱ふそうも現地生産を計画している。これらはいずれもトラックを中心とした商用車生産で、今のところ日本企業で乗用車現地生産に乗り出す動きは見られない。わずかに日産がマレーシアの地場企業のタンチョンと共同して現地 CKD 方式で生産を準備している程度である。インドのタタ、ミャンマー企業である SSS（Super Seven Stars Motors

Industry）も中国からのノックダウンでトラックを生産する計画である。乗用車で現地生産を実施しているのは奇瑞、タンチョンなど数社で、他はトラックの現地生産もしくは販売の出先としてミャンマーを位置付けている。このことは、今後ミャンマーでフルセットの乗用車生産を実施するのはあまりに困難が多いと考えているからである。

　乗用車生産を行うには、まず中古車完全輸入禁止を実施せねばならないが、現状においては困難が多い。また、現地生産を行うには大量のワーカーを確保して教育せねばならないが、それには多大な時間が必要である。現地生産が困難な理由もそこにあろう。こうした状況を踏まえてミャンマーの自動車・同部品産業の今後を展望すれば、タイとの地理的近接性を考慮して、産業集積が進んだタイの自動車部品産業の外延的一角に位置して、その労働集約的部門を担当する道が工業化をスタートさせるにあたって無理のない位置取りだといえよう。そして一定の時期を経て条件が許せば人口 6,000 万人余の国内市場を前提に自動車産業自立の道を歩むことは可能となろう。ただし、ミャンマーのモータリゼーションが始まる 1 人当たり GDP3,000 ドルに到着する時期が完成車輸入自由化の到来時期の 2018 年以前であることが必要となるのである。その意味で、残された時間はあまりに少ないといわざるを得ない。

おわりに

　以上、ミャンマーの自動車・同部品産業の歴史と現状、そして将来展望について論じた。ミャンマーは、アセアン加盟国の中では自動車・同部品産業ではラオス、カンボジア同様後発グループに所属するが、しかしグローバリゼーションの影響を受けて急速に変貌を遂げてきていることは間違いない。本章では、こうした急速に変貌する様を跡付けると同時に、将来展望の見通しを論じた。

［付記］

　本稿脱稿後の 2017 年 1 月よりミャンマーへの中古車輸入が大幅に制限されることが発表された（「日本経済新聞」2016 年 12 月 28 日）。その結果、2012年から激増し続けた日本からミャンマーへの中古車輸出は急減することが予想される。その反面、現地生産の動きは急速に進行し、それと関連した部品生産の需要増大に応える部品企業の現地進出が増加することが予想される。これらの「ミャンマー車市場異変」（同上紙）に関しては、機会を改めて論ずることとしたい。

［参考文献］

西村英俊（2012）『アセアンの自動車・同部品産業と地域統合の進展』東アジア・アセアン経済研究センター。

工藤年博（2012）「ミャンマー軍政下の工業発展」尾高煌之助・三重野文晴編『ミャンマー経済の新しい光』勁草書房。

高原正樹（2016）「ミャンマーの自動車・自動車産業」西村英俊・小林英夫編『ASEANの自動車産業』勁草書房。

ARC 国別情勢研究会（2015）『ARC レポート　ミャンマー 2015/16』。

山本肇（2013）「ミャンマー自動車産業の政策と展望～ラストフロンティアの夜明け」『アジア自動車シンポジウム　黎明期のミャンマー自動車市場』。

小林英夫（2016）「ミャンマーと日本企業」阿曽村邦昭・奥村龍二編『ミャンマー――国家と民』古今書院。

Ikuo Kuroiwa（edit）（2012）*Economic integration and the location of industries: the case of less developed East Asian countries*, New York, Palgrave Macmillan.

第Ⅲ部

サプライヤーのグローバル経営と
サプライヤーシステムの変貌

第8章

新しいリージョン・産業集積地における複合リンケージSCM戦略

メキシコ自動車産業と日系サプライヤーの事例から読み解く

具承桓

はじめに：問題意識と問いかけ

　多くのグローバル企業にとって、成長市場・地域のポートフォリオ維持は成長戦略の重要思案である。また市場需要リスクを回避しつつ、グローバル競争で生き残りながら持続的な成長を遂げるためには、新しい成長動力源として市場または競争優位性のある経営資源の確保・探索は必要不可欠である。本章では、自動車産業集積地として再び注目されている中南米のメキシコ合衆国（以下、メキシコ）の自動車産業と同部品産業を取り上げ、サプライヤーシステムの脆弱性の中、自動車メーカー（以下、OEM）はどのように新しいサプライチェーンを形成していくのか、また、サプライヤーには機会とリスクを与えるのか、そして必要とされる組織能力は何かについて考えてみたい。すなわち、産業基盤の弱い国に生産拠点を展開した場合、その国または地域におけるサプライヤーシステムの脆弱さや非完結さがどのような問題を引き起こし、サプライヤーシステムとサプライヤーの成長戦略にどのような影響を与えるのか。

　メキシコには欧米OEMだけではなく、日産、ホンダ、マツダ、トヨタなどの日系OEMの進出と生産拡張が続いている。時を同じくして、2014年現在日系企業数は814社で、ここ4年間で400社も増えている（中畑2015）。メキシコが再び注目される理由についてグローバル視点でみると、新興国における生産・労働コストの比較的優位性の衰退と賃金上昇による代替生産地域（国）

の必要性、グローバル需要を牽引した新興国経済の低迷、市場需要低減変動リスクの分散、北米市場の需要回復などの複雑な要因の相互作用の中で、新しい生産地域模索がなされる。メキシコは比較的低い賃金水準であり、NATFA加盟国のため、関税なしで自由貿易の利点を有する。同時に、南米やアフリカ、ヨーロッパへのアクセスが良い地理的な利点も有している。

　OEM 生産拠点のグローバル展開には、海外展開能力や資本力、労働力と質の確保だけでは不十分である。特に、生産活動においてはサプライチェーンの構築が最大の課題であると言っても過言ではない。5,000 種類の 2 万を超える部品や材料を効率的かつ効果的に調達できるサプライチェーン構築なしでは、海外生産オペレーションは成り立たない。この問題が凝縮され、表面化されるのが「現地調達率（以下、現調率）」の問題であろう。海外生産進出経験の長い東南アジア生産拠点でもいまだに現調率はそれほど改善されていないのが現状である。

　産業基盤が弱く、OEM の要求能力（品質、納期、コスト、フレキシビリティ）に対応可能なサプライヤーが不足する進出国においては、効率的なサプライチェーン構築がより困難な状況に陥る。生産拠点が集中する新興国のような国では同様な状況にある。新しく新設された国内の九州や東北地方のような産業集積地においても類似の問題が発生している。

　見方を変えれば、進出サプライヤーにとっては、新しい生産集積国におけるサプライヤーシステムの脆弱性と不均衡状況が新しい事業成長機会をもたらす。その国のサプライヤーシステムは、現地進出国の産業基盤、OEM 進出に伴う同伴進出、自発的な海外進出等々が絡み合って、国内とは異なったロジックで、ダイナミックに展開される可能性がある。

　本章の問題意識を明らかにするため、分析対象としてメキシコを選定する。メキシコは再び新しく自動車産業の集積地になっている。進出企業の場合、新しいサプライヤーシステムの構築が緊急課題とされるところであるため、最もふさわしい地域と思われる。メキシコ自動車産業に関する研究成果は投資心理喚起などを目的とするコンサルタントの現状分析が主なもので、星野（2014）

が唯一であろう。星野（2014）の研究は、メキシコ自動車産業の成り立ちと米国経済との関係、日系進出状況、現地化の実態と問題、地場企業の参入可能性などについて幅広い関心分野を視野に入れて議論を行っている。

　以下では、まず、メキシコ自動車産業の現状と産業基盤を考察した上で、日系サプライヤーのメキシコ生産戦略展開の事例を検討しながら、新しい生産集積地におけるサプライヤーシステム形成のロジックとダイナミズムについて考察する。

1　先行研究の検討と研究視点・データ

（1）サプライヤーシステムの構造と変貌に関する研究の検討

　自動車産業は日本の経済成長の牽引役であった。自動車産業の成長は様々な日本発理論を生み出した。日本経済の成長期に日本型生産システム、リーン生産システム（Womack, Jones and Roos, 1991）、中間組織論などの議論がなされ、さらには日本企業の強みとして広く認識された（Hamel and Prahalad, 1994）。

　その柱の一つは自動車産業で見られる効率かつ効果的な取引関係である。その取引関係の競争力の源泉は、OEM 生産現場における持続継続的な改善活動やQC 活動だけではなく、高い外注率と、それを実現するための信頼関係に基づく長期継続的取引関係、サプライヤーの早期開発参画、開発・生産をまとめて任せる承認図方式（Black Box 方式）、少数者間の有効競争、といった特徴を有するサプライヤーシステム（藤本 1997a、1997b）にあった。

　このような企業間システムは戦後の資源不足の歴史的な制約条件の中で生まれた（和田 1991、藤本 1997）。サプライヤーシステムは、経済発展・生産拡大の中で特定の自動車企業との取引を主とするサプライヤー群との開発と生産面の綿密な調整を行う「階層的な企業間関係」が「系列」システムとして形成されたものである(4)（和田 1991）。戦後、経営資源の不足という制約条件の中で

OEM が外部サプライヤーと協働し、そのサプライヤーの組織能力を組織化（いわゆる、協力会）し、その生産・開発能力を活用し、効率的な製品開発プロセスを構築することができる（具 2013）。同時に、急速な生産量拡張にも柔軟に対応することができたと見られる。

　ここで注目したいのは「顧客の幅」、すなわち顧客先の多変化(多角化)である。系列を中心とした閉鎖的・垂直的な取引構造、縦の系列システムは、1980 年代を経て特定の顧客を超えて、複数顧客との取引をするアルプス型（Nishiguchi, 1994）へ変貌してきた。延岡（1999）によれば、汎用性の高い標準部品の場合、顧客先がオープンに、特定的部品（高い専用性）の場合、最適数への収束していくことを報告している。特定部品の場合、より密接な調整プロセスが求められるため、その関係的技能をベースに（企業）関係特殊的な資産（浅沼 1997）価値がより強化されるようになる傾向がある。

(2) 企業活動のグローバル化とグローバルサプライチェーンに関する議論の検討

　市場の不確実性の高い今日、グローバル企業には高いレベルでマスカスタマイゼイションと敏感な対応能力が必要である。つまり、市場環境変化に素早い適用能力（Lee, 2004; Ferdows, Lewis, and Machuca, 2004）の構築には生産現場のオペレーションの効率化の壁を越えて、ものと情報の淀みのない流れをつくるサプライチェーンが必須な戦略的課題となる。ZARA、セブンイレブンなどが好例として挙げられよう。この企業の競争優位性は、ネットワークとしてのサプライヤーシステムをグローバル次元でまとめ、高いロジスティクス能力に基づき、迅速な市場対応ができることである（Hausman, Lee and Subramanian, 2013）。これらの企業競争力は、グローバルではなく一定の地域を中心とした生産ネットワークの統合とそのためのロジスティクス能力にある。

　歴史的な制約条件の中で国内で形成されたサプライヤーシステムは海外生産拠点においては制約を受けることになるはずである。関係特殊資産または関係

特殊的技能を有する中核また一部サプライヤーの場合、OEM と一緒に海外生産拠点展開を行うものの、海外で既存取引サプライヤーから必要品目を、必要な時期に、必要な生産量を確保・調達するには限界がある。

したがって、OEM はなるべく近隣地域や国に進出している、取引実績のあるサプライヤー、または取引能力のある日系サプライヤーで補う体制を構築する可能性が高い。ASEAN における自動車部品相互補完体制を構築した、トヨタの IMV プロジェクトが好例である（根本・橋本 2010、野村 2015）。これは、ASEAN 経済圏の生産拠点間分業と統合を通じた規模の経済性を活かし、生産オペレーションの効率化を図る仕組みであることを意味する。

裏を返せば、OEM の組立ラインに必要とするすべての部品調達が一国内では完結されていないことであり、関税障壁のない経済圏の仕組みを十分に活用する形で、調達活動が行われていることを示唆する。同時に、サプライヤーの立場からみると、海外進出によるリスク分散、特定顧客への依存度の低減による不確実性の回避、投資回収期間短縮、組織内の未利用資源（Penrose, 1959）の活用によって、事業成長機会を手にすることができることである。したがって、OEM にとって長いサプライチェーン産業基盤の弱い地域に進出するサプライヤーは、なるべく規模の経済性と範囲の経済性を図れる行動をとりやすいことが考えられる。

以上の検討より、自動車および同部品サプライヤーが産業基盤の弱い国に生産拠点を展開する際に、サプライチェーンはどのようなロジックで構築されていくのかについて議論していくことにする。

（3）研究方法とデータ

先述した問題意識に取り組むために、主に質的データを用いる事例研究を通じて、探索的分析を行う。取り扱うデータは 2015 年 8 月に実施された現地訪問調査と 2 次データを用いる。現地訪問調査は、メキシコ中部高原の産業集積地に立地している日系サプライヤーと OEM1 社に対して行った。そのうち主

要サプライヤー3社を取り上げる。また、他の企業調査内容を補完的に用いる。なお、インタビュー先は現地法人の責任者とマネージャーグループの助力を得て行われたものである。

2　メキシコ自動車産業と同部品産業の現状と問題

（1）メキシコの競争優位性と戦略的位置

まず、簡単にメキシコの概要について確認しておこう。

メキシコはアメリカに隣接する面積196万平方キロメートル（日本の約5.2倍）のNAFTA加盟国である。メキシコの経済規模は、名目GDPが11,443億ドル、一人当たりGDPが9,009USドル、失業率が4.43％である。しかし、この経済規模に比べると、貧困率が52.3%（2012年、19位）で非常に高く、

図1　自動車生産国地域の平均賃金上昇率推移

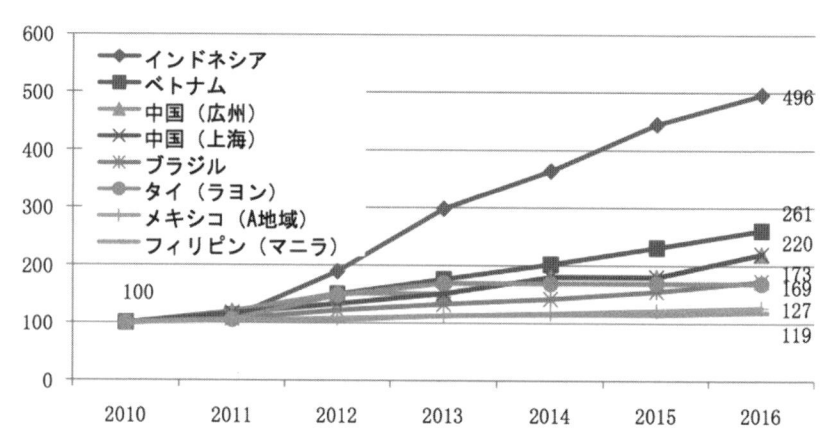

注：2010年対比（2010年値＝100）毎年1月時点現地通貨建て。
出所：http://www.marklines.com/　をベースに筆者作成。

所得格差（2013年ジニ係数が0.45）も大きい国である。

　労働力の側面でみると、メキシコは2015年現在、人口1億2,701万人（識字率93.5%）で、世界10位の労働力豊富な国である。出生率は2.25%、経済人口65.4%、人口ボーナスのある国である。メキシコの最低賃金と平均賃金を比べてみると、最低賃金は85USドル／月で、中国上海の306USドル／月の36%水準、タイの182USドル／月の約1／2水準である。平均賃金は、中国上海が474、タイが363だが、メキシコは260～269のレベルである。最低賃金の上昇率は、2010年を100にすると、タイが169、ブラジル173、中国広州220、インドネシア496水準に比べて、はるかに低い127レベルで低賃金基調にあり、その伸び率は鈍いことが確認できる（図1参照）。

　次に、メキシコの立地は、NAFTAの枠組みの中で非常に有利なポジションにおかれている。北アメリカとラテンアメリカの間に立地し、陸と海を通じて北南米大陸、太平洋、カリブ海・大西洋を通じてLA、EU、アフリカ市場へのアクセスが容易である。これは生産基地として、分散した市場への良いアクセシビリティと労働力の競争優位性がメキシコの魅力であろう。これまでの世界生産供給地であった国の賃金上昇、そして世界需要を牽引してきた新興国需要の低迷に伴うリスク分散の狙いで、メキシコへの生産拠点のシフトと集中が起きた。

　リーマンショック後、北米市場の回復基調のなか、メキシコは隣接国としてその恩恵を受けながら国内経済状況が回復された[8]。貿易データと対メキシコFDIをみると、米国への貿易依存度[9]が非常に高く、2010年以降メキシコが重要な投資先として認識されつつあることが分かる。近年の対メキシコFDIの

表1　対内直接投資の推移（単位：100万USドル）

2000年	2005年	2008年	2010年	2011年	2012年	2013年	2014年
18,303.11	24,129.98	28,610.16	26,082.98	23,375.93	18,950.77	44,626.69	22,794.70

　出所：JETRO、財務省ホームページ。

推移をみると表 1 に示すように 2013 年まで継続的に増えている。同様に、日本の対メキシコ直接投資も 2012 年以降高水準で、日本企業にとって投資先の重要性が増している。[10]

(2) メキシコ自動車産業の概要

メキシコ自動車産業は、今日、インドやブラジル、ロシア、タイなどの新興国のマイナス成長に比べて、非常に堅調な成長を見せており、世界 7 位の生産大国になっている（OICA 参照）。もちろん景気循環により、生産台数変動が予想されるものの、今のところ OEM10 社がすでに進出しており、2014 年生産台数は 3,365 千台（前年度対比 10.3% の伸び率）にまで増加した。生産台数の約 8 割（2,643 千台）が輸出である。輸出先の内訳をみると、北米 1,735 千台（うち、8 割が米国、2015 年は 72%）、EU/EFTA1,383 千台、南米 539 千台、日本 520 千台、イスラエル 21 千台などである。メキシコは最大市場である米国の需要に大きく依存する産業構造になっている。

日系 OEM に限ってみると 2016 年 1 月～ 10 月、生産台数のうち、日産 43.6%、ホンダ 56.2%、マツダ 28.2%、トヨタ 91.0% を米国に輸出している。[11]日系メーカーにとっても、メキシコは米国、中国、インド、タイ、インドネシアに続く生産拠点国である。[12]これらのことから、メキシコは北米生産供給基地としての役割が大きいのがわかる。長期的な観点で考えると、このような構造は一層強化される一方にあると思われる。というのも、自動車産業関連投資がより活発化しており、ミニデトロイトといわれるようにもなった（図2）。

2010 年代の OEM 増強実績と計画についてみておこう。日産のアグアスカリエンテス第 2 工場（17.5 万台：2013 年 11 月新設）、ダイムラーのアグラスカリエンテス工場合併（23 万台：2017 年）、マツダのサラマンカ工場（25 万台、2014 年 1 月新設）、ホンダのセラヤ工場（20 万台：2014 年 2 月新設）、起亜（モンテレイ工場、30 万台：2016 年）、VW のフェフラ工場新設、アウディのサンホセチアハ工場（15 万台：2016 年新設）、BMW のサルイスポトシ工場（15 万台：

図2 メキシコの乗用車生産拠点マップ

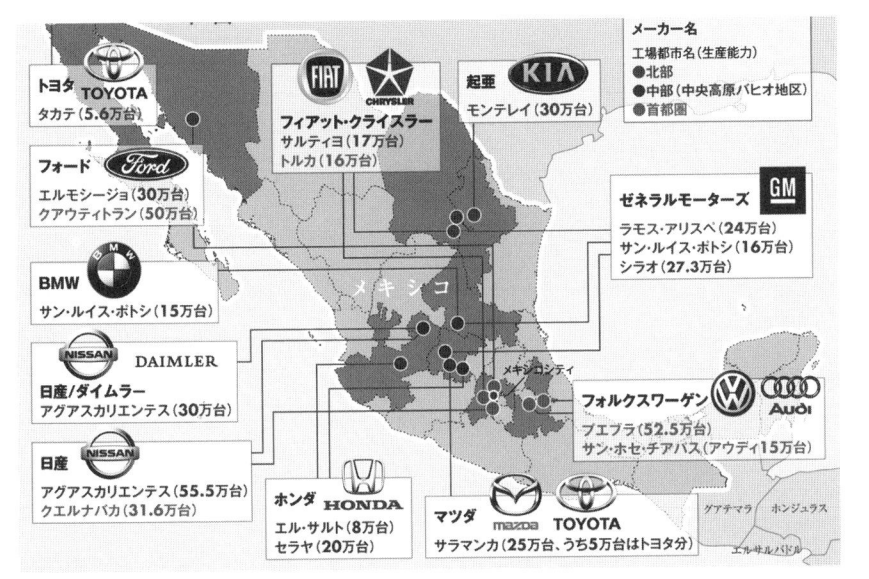

出所：週刊ダイヤモンド（2015）http://diamond.jp/articles/-/70255?page=2（4月16日付）。

2019年新設）、トヨタのグラナファト工場（20万台：2019年新設）などの投資計画が発表されている。このような投資ラッシュの背後には、世界最大市場の一つである北米地域への隣接性と、NAFTAの原産地規則を満たせば自動車及び自動車部品に対する関税が事実上ゼロになる制度的仕組みが影響している。

　一方、国内販売状況は生産量に比べれば、所得格差に制限されるところがあるが、徐々に伸びている。新車販売台数（ライトトラックを含む）は2015年135.2万台（19.0％増）で、日産が34万7,124台（シェア25.7％）、GMが25万6,150台（シェア19.0％）、VWグループが21万8,616台（シェア16.2％）の順である。

（3）メキシコ自動車部品産業の実態

　OEM の生産量と生産能力が拡大・増強するにつれ、部品産業も拡大しつつある。米国の International trade Administration（2015）報告書によれば、メキシコは世界 6 番目の自動車部品生産国である。2008 年を起点に、メキシコ自動車部品の輸出額が輸入額を上回るようになった。その輸出先の 9 割（2013年実績ベース）が米国である。

　では、メキシコ自動車部品生産の担い手を確認しておこう。

　まず、自動車部品企業は産業クラスターを中心に立地している。同報告書によれば、米国と近い北部地域に 70 工場、北西部 142 工場、中部地域に 101 工場が分布しており、自動車関連企業は 2,559 社があり、そのうち 65％が外資系だと指摘する。また、安藤（2015）によれば、2013 年現在約 1、250 社の外資サプライヤーが進出しており、そのうち日系が 27%、米系が 29%、欧州系が 22%、その他（地場系と韓国系など）が 22% 占めており、地場産業が弱い構造である。階層的分業構造を担うサプライヤー数でみると、2011 年の Tier1 対 Tier2 と Tier3 比率が 1 : 1.3 だった。同比率は 2013 年に 1.8 に改善されたが、タイの同比率 2.5 に比べれば、少ない水準にある（安藤 2015）。一般的な構造とも言えるヒエラルキー型ではなく、サプライヤーシステム構造の弱さが浮き彫りになっている（アイアールシー 2015）。また、メキシコ自動車部品は米国への輸出額が高いだけではなく、輸出額に匹敵する高い輸入額である。

　これらのことから、2 つのことが言える。第一に、メキシコ自動車産業を支えるサプライヤーシステムが独自性を保っているとは言い硬く、その脆弱性が浮き彫りになっている状況にあること。第二に、メキシコ自動車産業・同部品産業の量的成長の裏に、国内需要の弱さにより、世界最大級の米国市場需要への高い依存度だけではなく、米国自動車産業の生産分業構造に組み込まれているという状況にあること。同時にメキシコ国内における自動車メーカーの生産能力増強ペースを支える同部品産業の成長遅れが根底にあることが確認でき

る。

　総括すると、メキシコの自動車産業の生産拡張ペースに同部品産業の生産能力拡張が追いつかない不均衡状態にある。そのため、サプライヤーシステムの脆弱性を外資系によって補う構造になっている。メキシコ進出のOEMと部品企業が生産オペレーションを堅調に維持するためには、部品産業の基盤構築が必要不可欠である。

　では、以下ではメキシコ進出日系サプライヤーの事例から上記の論点について検討して行こう。

3　事例考察：新しいリージョンにおける生産展開と実態、そして新たな成長の機会

（1）Tier2 サプライヤー A 社の事例

企業及び事業概要

　A社は1950年代に設立されたTier2サプライヤーであり、現在のトップは創業者でオーナー企業である。事業内容はシートとエアバック、エンジン部品の構成部品の製造販売である。同社は、1990年代後半に既存取引先Tier1の進出誘いによって東南アジアに進出した。最初の海外展開であった。が、顧客が見つからなくて事業が軌道にのらず、苦労をした。その後、同社は中国進出の日系メーカーとの取引がきっかけで、海外売上比率を3割にまで増やすことができた。海外進出が企業成長の重要な軸になった。

　この海外進出経験がベースとなり、2000年代以後、積極的に海外拠点展開を図り、急成長を遂げている。海外売上高は全体の1/3にまで成長した。2012年メキシコの中部高原に設立された拠点は、その翌年150％にまで伸び、2015年も前年対比で7割の成長を図っている。このメキシコ進出は東南アジア進出と違い、自社独自の意思決定によって遂行されたものである。既存製品群の将

来性への不安の解消のため、新しい製品群への挑戦と成長地域を求めるようになった。トップはメキシコ進出を更なる成長、事業拡大を図れるチャンスとしてとらえ、投資決断をしたのである。つまり、取引先が確保されていない不確実性の高い中でメキシコ進出を決断したのである。

　この意思決定の背後には、OEM の投資行動や生産状況、国内需要の衰退といった日本市場の閉塞感があった。成長のためには、海外進出という選択肢を選ばざる得ない状況であった。とはいえ、A 社は規模的にも資金的にもそれほど余裕のある企業ではない。海外拠点マネジメント要員、資金、設備などの不足の中で、新しい拠点に経営資源を配備しなければならない状況であった。それで、メキシコ現地拠点の立ち上げと運営・管理のため、海外生産業務に経験の高い日本人を採用し、生産現場管理及びトップマネジメント層要員にした。

顧客先と Tier2 に求められる能力

　同社は海外進出以後、徐々に顧客開拓を行った。今は最終的にトヨタ、日産、マツダ、いすゞ、スズキ、VW、中国ナショナル企業に納入している。このことから高い QCD 実現能力があると判断できる。製品開発における Tier2 の役割は、Tier1 の設計・製造能力を支えるため、基本的に金型設計、QCD 遂行能力、生産技術力が求められる。当初、同社はシート関連金属加工品を中心ビジネスとしていた。こうした取引実績をベースに、徐々に新天地の顧客へアプローチを行った。

　しかしながら、金属加工品の収益性の傾向を考慮し、より高付加価値品への展開を図らなければならないという認識があった。それで後述するように関連部品を取り込みながら、納入単位の拡張と高付加価値化を図った。そこでエアバックに着目する。エアバックは近年コックピット周りだけではなく、車両側面と後部座席へ装着範囲が拡大しつつある製品である。そこには機構構成部品やフレーム、金具などが必要とされる。ところが、エアバックは乗客安全を担うものであるため、非常に高い品質レベルと、車両側とのインターフェース調整が求められる。すなわち、高い精度が要求される。エアバックの関連部品

によっては、10か所以上の精密な寸法が求められる複雑なものも少なくない。付着車両および車両部位によってその形状や寸法、強度が異なる。これらのことから、同社の高い製造能力が伺える。同時に、同社はシート・フレーム部品生産も行っている。また、多種多様な材料を取り扱う加工工程であるため、その発注先も多様である。一方、高いマネジメント能力と仕入先の開拓といった課題を抱えている。

生産体制構築とその特徴

A社はメキシコ進出に当り、海外展開可能な資源と投資資金確保、顧客開拓などの問題を解決しなければならなかった。そこで、A社は様々な工夫を行った。

まず、工場敷地はレンタルの形態をとり、建屋も簡潔な構造にし、固定費の低減を図った。敷地内には生産量増加に対応できる生産拡張スペースがあり、土地主と良好な関係構築にも努めている。

次に、製造拠点に不可欠な設備の特徴とその調達について見てみよう。前述したように、シートフレーム関連部品だけではなく、エアバック関連部品生産も手掛けることになった。主な生産プロセスはロボットラインで、複雑な形状の部品溶接・加工に対応できる。そのロボットは汎用性の高いものであり、中国製である。この汎用ロボットは、後述する金型と同じく、自社ネットワークの傘下にある中国拠点が手配、選定したものをベースに検討し、調達したのである。

さらに、金属プレス加工の品質と生産性に直結する金型に関しては、金型設計は日本本社部門で、金型そのものは中国製あるいは台湾製である。ロボットと同様に、中国拠点が手配し、購入・調達する形態をとった。金型の保全機能は現地化されている。しかし、全体的な金型管理や生産エンジニアリング業務は日本人専門家が担っている。他のプレス機などに関しても、精度確保と投資額低減のため、日本から中古品を導入し、活用している。また、生産現場に用いる中小規模設備に関しては100%内製化している。

新たな事業成長に向けての取り組み

　メキシコ進出以後、A社は金属プレス品からの脱却を目指している。前述したように、プレス部品の場合、単品での利益率が低く、成長に限界があるという危機感があった。事業成長を図る方法は、既存取引先の数量増加、納入単位の高付加価値化、そして顧客取引先の拡大、の３つが考えられる。まず同社はプレス加工技術をベースに、溶接と樹脂を融合した製品群の開発、提案を積極的に行った。この取り組みは、部品間の構造的・機能的統合のようなモジュール生産方式をTier2のポジションから提案し、事業化を進めるものである。そのため、社内に不足している樹脂関連技術を外部から取り入れている。次に工場内には研究室を設置、汎用性の高い３次元測定器（ブラジル製）と強度測定器（日本製）を備え、運用している。研究室の設置目的は顧客側の現地での設計変更やカスタマイズニーズに迅速に対応するためであった。

　さらに、設備ソフトの内製化を図っている。様々な顧客の要望に対応するためには、加工設備の高い汎用性だけでは十分ではない。その設備の制御ソフト技術の構築も必要である。同社は、ソフト規格をグローバルに分散している生産拠点でも対応できる標準規格とすることで対応している。

　最後に、人材育成である。量産エンジニアと金型、メンテナンス分野の要員能力向上のため、日本拠点の助力を得ながら、定期的な現地エンジニア研修を行っている。現場作業員は短期間の研修でライン投入が可能である。

（2）Tier1.5 サプライヤー X 社の事例

企業及び事業概要

　同社は日系２社の合弁企業として近年設立された企業である。メキシコ中部に位置し、従業員800人程度のシート組立メーカーである。シート製造は、シートカバーの裁断・縫製とフレーム生産・組み付け、ウレタン発砲・成型、組み付け、これら３つの工程で製造されたものを組立、検査する工程で構成される。顧客OEMにとって、シートは車両商品性に係わる製品であるため、高い

品質レベルが求められる。というのも室内の雰囲気と快適性、安全性、利便性を左右する重要部品の一つであり、近年には様々な機能が取り入れられた部品になっている。リクライニング、ラック、スライド、暖房、メディアなどの機能が年々複合化・多様化されている製品である。そのため、構成部品数も増加し、複雑化の傾向にある。

顧客先と Tier1.5 に求められる能力

主な顧客先はメキシコに拠点を構えている日系2社がメインである。それに北米への輸出品が加わる。高品質維持のため、構成部品の多くは日本や他リージョンの日系から調達されている。多様な構成部品と調達先の分散によって、製品の大きさやセット納入などを考慮した効率的なロジスティクスが非常に重要である。現地調達先の確保が課題である。

不安定な労働力と生産体制の特徴

操業開始以後、メキシコだけではなく輸出需要増加によって、生産量が増えている。そのため、従業員数を倍々に増やしながら、また多能工育成を図りながら、生産量増加に対応している。しかしながら、残業や休日勤務の不安定な出勤率、離職率、勤務態度などにより、シフト運営に問題が出ている。その解決策として、一部の生産ラインに日本から導入した自動設備に人をつける半自動ラインで、労働力の変動に対応可能な生産体制をとっている。

先述したように、輸出と国内向けの生産量増加の一方、多くの構成部品は長いロジスティクス活動によって調達されているのが問題になる。それによって、生産受注情報が、メキシコ国内の場合には4〜30日前、アメリカ向けの場合には2週間前、中国・台湾向けには1〜2か月前に行っており、非常に複雑な形態になっている。現調率の基準値の上方調整が中長期的に考えられるため、いずれ企業は既存取引相手を代替できる取引先を模索しなければ競争力維持の限界が露呈する可能性が高い。

新たな成長に向けての取り組み

　同社は2つの問題を克服しなければならない。一つは、量産規模の確保である。もう一つはマスカスタマイズの実現である。フルモデル、派生モデル、OEM の戦略変化があってもサプライヤーはより集約されていく可能性が高い。すなわち、中小企業の場合、量産規模として100万台くらいが必要であるため、グループ企業だけでは量産規模の確保が難しい。収益性確保への圧力が多様な顧客へのアプローチをさせることになる。グローバル戦略としては地産地消を図る。大物の場合、PT 共通化がされればされるほど集約生産したほうが良いことになる。同時に、多様な顧客の要望に対応するため、なるべく部品（製品）の共通化をしようとする。さらに、固定費低減のため、自動化を進めるベクトルが働く。

（3）Tier1 サプライヤー Y 社の事例

企業及び事業概要

　企業規模は単独ベースで従業員約1,000人、連結で1万人を超えるグローバル・シートメーカーを目指す企業である。Y 社は2013年増資し、2014年より生産開始された。生産規模は年間約28万台である。メキシコ拠点は同社のグローバル戦略において南米地域拠点の司令塔の役割を担っている。シートという製品の特徴上、主力顧客への JIT 納入（60分以内）に対応できる隣接のサプライヤーパークに隣接立地している。取引先は、ほとんど日系企業であるが、一部中国ローカル企業にも納めている。メキシコでは日系 OEM が9割を超える。

　近年、顧客の開発機能現地化強化の流れのなかで、同社も開発の現地化を進めつつある。その内容は、R&D の一部機能、すなわち図面管理や製品機能改訂、実験、マイナチェーンなどに関する機能の現地移管である。また、これらの機能遂行のために設計エンジニアリング要員を数十人配備している。しかしながら、この R&D 能力はメキシコ拠点の役割である図面管理や改訂機能を有する

ものの、新規製品開発能力は持っていない。開発に伴う調整プロセスの多くが日本国内で行われるからである。その主体は OEM 開発本部と本社開発部門が担っており、技術標準により調達先承認権も日本本社側が持っている。

生産体制の特徴

シートの生産工程は図3のようなプロセスで製造される。同社の場合、このような生産加工、所要部品生産工程を企業グループ内の4つの企業で相互分業生産体制をとっている。一部の加工工程、構成部品の耐久性強化のための熱処理工程は外部企業（日系）に委託している。

①生産受発注情報：1日1,400シートを供給できる生産能力を有している。一般的には、部品発注情報は5か月前に内示が来て、生産確定情報が4日前、最終生産確定情報は1日前に来る。生産ラインへの投入情報（時間、装着車両、色、オプションなど）は1時間前に来る仕組みである。これらの情報にあわせてロジスティクスが行われる。しかしながら、多数の顧客を相手にする Tier1 の場合、顧客先の生産に対する考え方が異なるため、その生産情報が来る時期も様々である。よって、Tier1 の生産及び調達業務の複雑性は増すことになる。

②生産及び品質管理体制：生産加工工程は自動化とデジタル品質・履歴管理をしている。インタビューによれば、このような同生産拠点のデジタル品質・生産管理システムは、日本や他地域の拠点に比べてより新しい管理システムで

図3　シートの生産プロセス

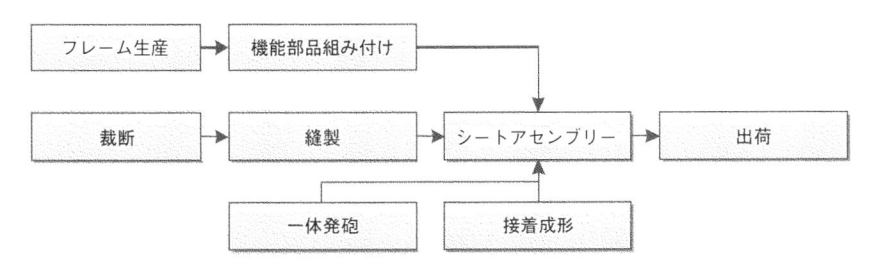

あるという。例えば、自動化は金型交換などがこれに当たる。シートの形状の多様性とシートの各部位ごとに異なる材質により、フィット感を出す必要がある。そのため、多様なグレード・車両特性によって様々な材料の混合割合を工夫し対応する。また、締付記録のデータはすべて、デジタルで記録するデジタル品質管理体制をとっている。

③**在庫管理体制**：100種類を超えるバーコード記録で完成品を管理し、コンベヤーによって搬送され立体自動ロッカーに格納される。そこから、納入順番オーダーがくると、積載順番にあわせて出すシステムになっている。このようなシステムはフレームなどの構成部品にも適用されている。さらに、生産状況と在庫管理を一目で管理できる体制として、デジタル掲示板（モニター）が工場内のあちこちに設置されている。それを通じて各々工程の生産および在庫状況を中央統制室が把握、分析できるシステムを備えている。このような情報システムと管理体制は後発国である韓国の現代・起亜自動車や部品メーカーが先行していたものである（具2015、Ku2015）。実際に、このようなメキシコ拠点の管理体制は日本工場にはないものだという。

このように、本国日本よりも新しい産業集積地であるメキシコの新拠点において新しいデジタル生産管理体制が導入された例は、ミッション部品を作る別の企業でも確認できる。今後、デジタル管理掲示板のような情報管理システムはグローバルに展開される。工場間の生産性比較も可能である。別のサプライヤーでも、国内よりもメキシコ拠点において新しい工場管理システムが導入されていることも確認できた。

ロジスティクスと現調化の実態

部品供給体制についてみておこう。調達先の決定は多くの日系サプライヤーで見られるように日本本社が基本的に決定する。その意思決定過程を見ると、顧客からの情報をベースに、既存取引と潜在的な取引可能性のある企業を対象に、QCD審査を通じて決定する。日本ではグローバルソーシングを、メキシコ顧客向けの部材に関してはローカルソーシングに分けて行っている。よって、

調達先は日本、中国、メキシコの他拠点、北米などにまで至る。

　少し詳しくみるために、調達先地域と現調化の程度を確認しておこう。2014年現在、Tier2 のローカル調達率は約 8 割にまで至る。主にメタルパーツ、プラスチック、鉄などである。ところが、Tier1 になると現調化率は 4 割にすぎない。特に、樹脂材料やウレタン原料、スチールなどの材料は米国や他の地域から調達している。また、メカニズム系機構の一部部品は米国や日本から調達している。そのため、ロジスティクスに多くの時間とコストを要する。

　メキシコ国内のサプライヤーシステムの不完全性と、メキシコ内で調達できない部品を米国や他の地域から調達していることが確認できる。特にサプライチェーンの川上部分がNAFTA 域内の米国に高く依存度していることがわかる。ものによっては、加工工程が 1,000 キロ離れた米国まで運び、そこで作業が終わったら再度メキシコに輸入し、最終組み立てを行うこともある。

新たな成長に向けての取り組み

　前に考察したように、同社は開発現地化に取り組んでいる。最新のデジタル研究設備を備えつつ、開発能力向上も図っている。しかし、開発能力は短時間で確立できるものではない。現地では部分的な課題から始まり、経験蓄積によってできるものである。

　今後、Y 社は日系の 2 社だけではなく、他の日系進出企業と外資企業への取引拡大を目指している。ミッション系の日系 Tier1 をみても同様なことが言える。その企業の取引先は約 30 社あるが、ロケーション的にはメキシコ内が 1/3、他は輸出である。その顧客は日系と米系である。これは、OEM とは異なる、Tier1 ならではの量産規模確保と、迅速な投資資金の回収という圧力が取引先の多角化ベクトルを促していると思われる。

(4)　その他：賃加工企業の事例

　熱処理加工企業も近年メキシコ進出したばかりである。賃加工ビジネスとし

て、装置産業としての特徴を有するため、投資回収期間が長い、取引企業や物量によっては稼働率によるコスト上昇リスクも高い。金属部品の品質に係わる工程であるため、顧客要求を満たすための技術力（熱処理ノウハウ：対象製品の並べ方、温度、間隔、量など）と精度の高い日本製設備で対応している。

　日本設備装置を使うのは、装置変更による品質変動リスクを回避するためである。これによって、メキシコ内のライバル企業が多いにもかかわらず、顧客先を増やしており、現地人を活用し顧客開拓にも積極的に取り組んでいる。当初の顧客は日系企業がほとんどだったが、最近にはこれまで取引経験がなかった欧米企業と、取引実績のない日系企業との取引がメキシコという新しい土地で開始されるようになった。

　一方、労働力の面で着目すると、同一地域の特定エリアにおける労働者の集積、人口密度の向上、生活費の上昇、近隣企業との賃金差による離職率の向上により、結果的に進出企業に賃金上昇圧力と良質の労働力確保競争が起きている。この問題を緩和するため地域政府も動いている。インタビューによれば、新しい産業集積地になっている中部高原地域の州政府同士が協議を通じて、企業誘致の分割を図っているという。その意味で長期的には、賃金上昇を吸収できる稼働率や生産性の向上（自動化を含む）といった生産現場の能力構築と現調率向上が課題となるに違いない。

4　発見事実と GNP 時代の海外生産・取引展開モデル

（1）発見事実

　事例検討からわかった事実を整理し、その含意と動因について検討を加えたい。まず、発見事実を整理すると、次の通りである。

　①メキシコにおける自動車・同部品の生産集積は進むものの、メキシコという単一国家内におけるサプライヤーシステムは逆ピラミッド型のような不完全

な構造であり、その脆弱性を露呈している。その多く部分を外資系とNAFTA域内の米国に依存しており、一部の製品に関しては日本を始め、他リージョンからの調達によって補っている。

②新しい生産集積地におけるサプライヤーシステムとOEM能力間の不均衡状態が、系列や国境、既存取引先を超えて、サプライヤーを相互活用することによってサプライヤーシステムの不均衡状態もしくは不完全性が補われている。

③新しい生産集積地におけるサプライヤーは、投資リスク分散と早期投資回収のため、既存取引先を超えた取引に積極的である。

④新しい生産集積地におけるサプライヤーシステムの不均衡または非完結性は、Tier2の事例からわかるように、新しいビジネスチャンスとなる。新しいビジネス機会は顧客先の高い調達コストや関連機会コストの低減効果の期待に応えるものである。そのため、生産現場のQCDレベルはもちろん、周りの部品をベースにしながら関連部品を取り入れた納入単位の拡張、高付加価値化を通じた新しい提案型ビジネスが成長の要因となる。

⑤グローバルソーシングを追求するOEMの開発現地化行動は、サプライヤー側の開発現地化を促す要因になる。しかし、その範囲は限定的である。

⑥日系進出企業の生産システムは、日本の拠点よりも新興国拠点における自動化率が高く、ITによる管理体制が先に導入される傾向がある。

以上の①〜⑥の中で、サプライヤーシステムに関する事項（①〜②）、新しい産業集積地におけるサプライヤーにとってのビジネスチャンスと能力（③〜④）、グローバル生産展開と開発現地化・自動化率・デジタル管理システム導入行動（⑤〜⑥）にまとめられよう。ここでは最後の新興国拠点における自動化問題について検討し、他の問題は次節で検討を行う。

ここで、確認された一つの事実は、日系サプライヤーの場合、メキシコのような新しい産業集積地でデジタル生産管理技術の早期導入と自動化志向が強いことである。なぜOEMよりもTier2、Tier1の自動化志向が強いのか。また、なぜ、メキシコの拠点に日本より早く新しいデジタル管理体制と自動化が進む

ことになるのか。

　事例で論じたように、新興国生産現場の特徴とも言える高い離職率、低熟練、不安定な勤務体制などといった状況の中で、「安定した品質維持」と「生産変動への対応圧力」がより自動化志向を強めると思われる。無論、低賃金のメリットを生かす手作業工程もあるものの、安定した品質維持のため、新しい生産拠点において日本より早くデジタル管理手法と自動化が進んでいることが確認できる。

　その理由は、日本とは異なる生産現場の状況、相対的に低い熟練レベルを補うため、また、日本より新管理技術導入による組織抵抗が少なく、レガシーコストがないため、新興国の生産拠点から早期導入されると思われる。第一に、産業集積が高度化されると、限られた地域において従業員確保、補充に困難が予想されるからである。第二に、中長期的に見ると賃金上昇による固定費上昇圧力のリスクに対応するためのである。第三に、多能工確保と教育、暗黙知の伝承にコストと時間が多く必要だったり、移転困難だったりするからである。そして高い離職率のため、デジタル技術の精緻化と相対的に低い導入コストがその背景にあり、新管理技術導入と自動化傾向が強まっていくと思われる。このような行動志向は、相対的に労働コストが高い OEM あるいは Tier1 よりも、Tier2 が取り入れやすいと思われる。

　このようなデジタル管理システムと自動化志向行動は、韓国の現代自動車及び同グループ企業でみられる。GPN の早期構築や管理能力キャッチアップ、管理調整の複雑性を軽減するといった、標準管理システム志向（具 2015、Ku, 2015）とは違う原因である。日系メキシコの場合、管理の標準化よりも、量産品質確保と技能形成・維持の限界への対処手段として選択されたものである。

（2）GNP 時代の海外生産展開と取引展開モデルの提示：新たなビジネスチャンス

ここでは、発見事実から①～④のことを念頭におきながら検討を加える。

　現調率の実態が裏付けるように、ある特定地域・国におけるサプライヤーシステムの脆弱性は海外生産拠点の展開を遂行する Tier1、Tier2 に新しいビジネスチャンスを与える可能性がある。この問題を明確にするためには、まず、生産拠点の海外展開を OEM（Tier1）とサプライヤーの取引関係の発展パターンを考えてみたい（図4参照）。

　ここでは、日本内で取引関係にある A 部品メーカーと主たる顧客である OEM の海外生産拠点の展開、そして国内における取引経験のない B 社を想定、単純化して考える。そうすると、主に、以下のような4つのパターンが考えられる。その際、A 部品メーカーと OEM の子会社（OEM sub）が X 国に進出するケースと、その後 Y 国へ進出するケース、そして取引経験のない B 社との海外取引開始ケースを想定する。

　（A）**同伴進出パターン**：日本国内ですでに取引関係にある OEM と A 社の場合、OEM の X 国への新規進出に伴い、A 社も新規進出するパターンである。この場合、進出時期において多少の時間差はあるものの、既存の取引実績や過去の取引経験が重視される進出パターンである。

　（B）**非対称的進出パターン**：日本国内ですでに取引関係にある OEM と A 社だが、両社との間で進出国と進出時期が非対称的であるため、国境を越えたロジスティクスが行われるパターンである。A 社が複数の取引先を有している場合、もしくは投資意思決定に時間的ずれが生じる場合である。

　（C）**第三社補完・代替参入パターン**：OEM 進出国 X における A 社の進出ができず、海外サプライヤーを含む第三社企業（取引経験無）が進出している状況で、取引に伴うロジスティクスや諸調整コストが効率的だと判断され、新しい取引関係が進出国 X において開始されるパターンである。B 社は既存の取引先であった A 社を補完あるいは代替することになる。特に、汎用性の高いものであればあるほど、あるいは OEM へのカスタマイズ能力が高ければ高いほど、代替サプライヤーになる可能性が高い。

　（D）**第三社定着パターン**：（C）の取引開始とその実績評価により、X 国だけではなく、Y 国、そして日本での取引まで拡大していくパターンである。B

図 4　GNP 時代の海外生産・取引パターン展開モデル

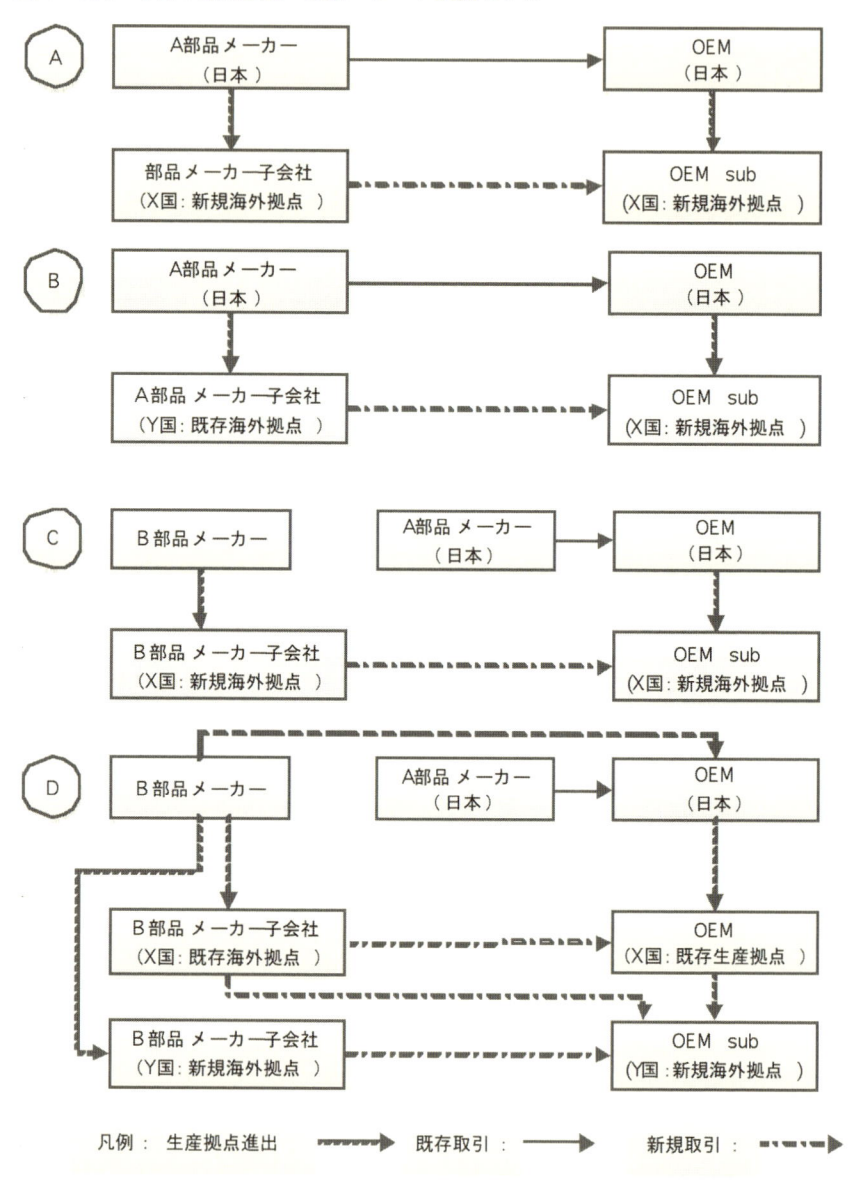

凡例：　生産拠点進出　 ▬▬▶　既存取引：　───▶　新規取引：　▪▪▪▶

出所：筆者作成。

社のグローバル供給能力が高ければ高いほど、OEMの他のグローバル拠点にも供給できる可能性が高い。

このモデルはOEMのGPN展開により、取引パターンが（A）から（D）へ変貌していくことを示す。特にグローバル生産が広く普及すると、（C）と（D）の形態が多くなる可能性が高い。OEMの海外生産展開と増強に伴い、既存サプライヤーが対応できない場合、サプライチェーンの脆弱性が問題となる。この問題を補うため、OEMは多様な選択肢の中で機会コストを低減できるサプライヤーを選択、取引を開始する可能性が高い。とりわけモジュール生産供給が広く採用されている今日、中核サプライヤーは関連部品や資材を安定的かつ迅速に調達可能なサプライチェーン構築が重要となる。

逆に言えば、サプライヤーシステムの脆弱性のある地域では、事例でも考察したように海外進出によって新しいビジネスチャンスを獲得することができる。進出サプライヤーの行動は、迅速な投資回収と規模の経済性（中小規模企業の場合、100万台分の量が必要という）の確保のため、より多くの顧客開拓を望むことになる。その傾向は、設備投資の早期回収圧力が相対的に大きい下位階層のサプライヤーに強くかかる。逆に、長いロジスティクスによる部品供給の不安定性の除去とコスト上昇抑制といった誘引がOEMの現調率向上となる。両者の利害関係は、なるべくリスクを回避しようとする。

しかしながらTier2の場合、一般的に国際経営の能力が不足している。また、長いロジスティクスになると、経営の不確実性・複雑性に対する管理コストの増加になる。これらのリスク回避コストもTier1より十分に耐えられる余力がないと判断してよい。また、Tier2の場合、比較的汎用性の高い製品が多いと思われる。そのため、Tier2はより積極的に進出国のサプライヤーを発掘・活用しようとする誘引が現調化を促すことになる。

総括すると、第三地域のサプライヤーシステムは、OEMの系列や既存取引関係の壁を超えて、進出サプライヤーを相互活用する可能性が高くなることを示唆する。また、その動きには第三国に進出している下位レベルサプライヤーがより積極的に顧客開拓や調達先の現調化を図る経済的な誘引が働くのであ

る。したがって、サプライヤーにとっては、自動車部品として基本的に要求される QCD レベルを満たせば新しい顧客多角化の機会を手にすることができる。さらに、第三国での取引実績が他地域、または日本国内におけるビジネスに繋がり、企業成長の動力源にもなる。その展開は、なるべく FTA の仕組みのメリットと効率かつ安定したロジスティクスを考慮した形で、リージョンを中心に展開される可能性が高い。

5　まとめとディスカッション：複合的なリンケージ SCM

　再び自動車産業の集積地として注目されるメキシコ。その背後は、世界最大市場の一つの軸である米国への良い近接性、FTA 枠組み、陸と海上ルートを使った北米と南米、EU、アフリカ市場へのアクセスの容易さ、国内低賃金基調といった要因がある。グローバル市場の不安定と不確実性の中、新興国プラスワンという側面から市場ポートフォリオ達成のために、選択された地域として見なすことができる。また、産業基盤が弱い地域・国において、先述したような多様な経済的誘引によって系列やアルプスを超え、相互活用するサプライヤーシステムが構築される可能性が高いことがわかる。ここでは、発見事実をもとに、その背後の論理についてディスカッションする。

（1）GPN の深化と複合リンケージ（complex linkage）SCM 戦略

　まず、日本自動車産業におけるサプライヤーシステムの変遷について簡単に振り返ってみよう。

　日本自動車産業の成長と発展は、大量生産に内在する生産硬直性の限界を超え、柔軟な専門化生産システム（Piore and Sabel, 1984）を構築してきた。その背後には、工場内における継続的な改善活動と生産システムだけではなく、「日本的」サプライヤーシステムの特徴が製品開発と生産システムの効率性に

結び付き、リーン生産システムの形成に至った。高い外注率の中でも円滑かつ柔軟な生産システムを後で支えたのがサプライヤーシステムである。1950年代初め始まった「系列診断」[13]が大きな役割を果しており、その過程で既存取引関係にあるサプライヤーに対する品質、技術指導、統制が強く行われた（和田1991）。他方、特定顧客との長期取引で培った関係的機能と知識はサプライヤーの競争力に転換された（浅沼1997）。

先行研究で考察してきたように、系列を中心とした閉鎖的取引は1980年代を経ながら、サプライヤー群が複数のOEMを納入先と共有する「アルプス型」の構造（Nishiguchi, 1994）へ変化した。また、部品の属性によって取引パターンの違いがあるものの、取引のオープン化（延岡1999）へ変わってきた。さらに、近能（2002）はサプライヤーシステムをネットワーク取引構造として捉え、納入先の多変化、オープン化の実態を報告している。つまり、サプライヤーの組織能力や経営資源がOEMの相互活用によって、サプライヤーの成長にも繋がることが指摘できる。このようなサプライヤーシステム及び取引特徴はOEMのグローバル化の際にも概ね堅持されてきた。

ところが、2000年代に入り、企業成長パスとしての海外進出プロセスにおいて、「市場と最適生産地の不一致」、「OEMとサプライヤー間の生産能力の不均衡（拡張規模とスピード）」が発生する。特に、産業基盤の弱い国の場合、サプライヤーシステムの脆弱性に直面する可能性が高い。

既存系列を中心としたサプライヤーシステムの移転、すなわち垂直分業型サプライヤーの海外進出パターンでは新しい産業集積地域においては既存サプライチェーンにこれまで取引経験のないサプライヤーを組み入れたものが形成される可能性が高い。なぜならば、新しい産業集積地におけるサプライヤーシステムの脆弱性によって、系列を超えて、国境・企業国籍を超えて、これまで取引経験のないサプライヤーが参加するサプライチェーン形成されることで、同地域におけるサプライヤーシステムが構築される可能性が高い。単純にグローバル供給能力を有する大手サプライヤーを中心にグローバルソーシングが行われるだけではなく、Tier1とTier2レイヤーにおいては新しい取引関係が形成

されやすい環境になるのである。そうすることによって、既存取引に基づいたサプライチェーンではなく様々な顧客を対象としたサプライヤーシステムが形成される。

　そうなると、系列を超えたアルプス型構造が、様々な国から進出したサプライヤーを複合的に組み合わせて、多様な生産モデルのサプライチェーンを構成していくことになる。また、新しい産業の発展地域において、多様な自動車メーカーの進出に伴い、一緒に Tier1 と Tier2 が進出する傾向がある。しかし、メキシコのような地域はサプライヤーシステムの非完結・不安定である。そのため、自社の既存取引経験のあるサプライヤーだけでサプライチェーンを構築するには限界があり、効率性にも欠ける。よって、なるべくリージョン内で活用できるサプライヤーを中心に、その地域とその他地域のサプライヤーが複合的に参加するサプライヤーシステムの形成が起こりうる。

　GPN の深化により、進出国におけるサプライヤーシステムの脆弱性が浮き彫りになると、OEM とサプライヤーの異なる立場を相互補完する形になる。それをここでは「複合リンケージ（complex linkage）SCM」と呼ぶことにしたい。一つの OEM を中心とした系列取引や複数の国内 OEM への取引多角化を超えて、企業の国籍を超えて様々な進出サプライヤーと近接地域のサプライヤーをより限定されたグローバル次元（リージョン）で相互連結・活用することによって、構築されるサプライヤーネットワーク及びサプライヤーシステムを意味する。

　新興国中心の生産ネットワークの拡充が起きている今日、複合リンケージSCM の動きは特殊なものというよりも今後一般的な傾向になると考えてよいだろう。経済環境の不確実性の上昇、地域・国間の普及率のバラツキ、サプライヤー能力と技術の差などにより、生産拠点と進出国のシフトと生産品目の変化が頻繁に起こりうる。特に、自動車の電子化・自動運転・EV などの技術との融合により、取引経験のない異業種企業間の融合が飛躍的に進展しているのを考慮すると、サプライヤーの分散と入れ替えの動きは強まると思われる。OEM は外部サプライヤーの能力と資源に依存しており、できる限り自社のオ

ペレーションを円滑に行うためには、既存の取引関係に縛られず、様々なサプライヤーをサプライヤーネットワークに参画させる行動をとる。その結果、新規取引サプライヤーへの信頼と取引経験はサプライヤー間の競争を一層グローバル化に導くことになり、サプライヤーシステムはよりダイナミックな変化を遂げ、複合的なリンケージを深化されることになると思われる。このような状況が表面的に現れている一つの側面がグローバルソーシングであろう。

（2）新産業集積地進出企業に求められる組織能力：リコンビネーション・ケイパビリティ

　第2章で議論したように、同一または類似な制度システム基盤の下、調達候補先の中でロジスティクス上効率的な相手が選択され、サプライヤーシステムの欠落を補完する可能性が高い。その際、そのリージョン内の潜在的な取引相手になるサプライヤーが日本で見られるような協調的な関係が必ず構築できるとは言いにくい。この点で、OEMとサプライヤーにはどのような組織能力が必要とされるのか。OEMとサプライヤーの共通課題であろう。

　メキシコの状況を確認すると、自動車関連企業の進出ラッシュ、増産が続いているが、航空機関連機械産業などの基盤産業があるものの、自動車部品産業は弱く外資系に依存している。Tier3あるいはTier4階層まで下りると、産業の境界を超えて有用されているのが実態である。相対的に、地場のTier2やTier1は少なく、外資サプライヤーの進出によって行っている。サプライヤーシステムの非完結性・脆弱性は、低い現調率と必要部品・材料の輸入調達先分散を招く。部品供給体制に高い不安定性が内在し、サプライヤーシステムの脆弱性への対応が海外生産戦略の鍵となる。

　では、このような状況でサプライヤーに必要とする組織能力は何か。OEMのグローバル生産戦略の変化（製品と生産量、生産供給拠点）は、サプライヤーに生産品目や生産量、資源を含め、生産供給地の決定とリデザイン能力を求めることになる。これをリコンビネーション・ケイパビリティ（recombination capability：以下、RC）と呼ぶことにする。RC（Carnabuci and Operti, 2013）とは、イノベーションや戦略論の分野において、組織間ネットワークにおける技術資源と知識の再結合・再組み合わせでできる創造・再利用能力を指しており、ダイナミックケイパビリティのコアな概念とされる（Teece, Pisano and Shuen, 1997）。ここでは、「既存取引または潜在的な取引企業で構成される企業間ネットワークに内在する技術資源と知識の再結合や再利用によるイノベーション能力だけではなく、自社の企業境界内外要因による諸生産変動に対して、GPN内の迅速な資源再配置と移転を通じて、環境及び生産変動要因に対応できる動態的な能力」として定義する。

（3）今後の課題

　本章では、複合的リンケージサプライヤーシステムの形成論理について、事例を通じて論理的な帰結として提唱した。しかし、そのプロセスの特徴やプロセスについては筆者のこれまでの様々なインタビュー調査に基づき、提案した概念モデルである。より詳細な分析、観察が必要になるだろう。生産のグローバル化が進展すればするほど、またモジュール化生産方式の進展によって、さらに自動車電子化の動きによって、このような傾向を強める可能性が高い。よって、サプライヤー組織能力としてRCは、不確実性の高い市場環境と速い技術変化の時代に求められる迅速かつ柔軟な対応能力（Zhang, 1990；Sheridan, 1993; Sanchez and Nagi, 2001）が必要となる。これを実現するためのサプライチェーン構築が必須である。

　今後、最近の自動車生産拡張国になったところにおいても同様なことが起きているのか、またOEMからサプライヤーにまで至るより具体的かつ詳細な分析と、そのメカニズムについてより具体的な分析が求められる課題を負っている。

［謝辞］

　　本研究はJSPS科研費26380543（研究代表者　具承桓）の助成を受けて実施されたものであり、その成果の一部である。メキシコ調査研究の際、大変お世話になった受け入れ企業の方と、共同調査の機会を下さった、東海学園大学の和田一夫先生、東京理科大学の松島茂先生と岸本太一先生にも感謝申し上げる。

［注］

⑴　本稿執筆の中に実施された米国大統領選挙結果により、NAFTAの見直しやメキシコへの政治・経済的関係の変化が懸念される。また、イギリスのブレグジットなどの政治・制度の変化による、生産拠点やサプライチェーンの見直しが起こりうることは、本章の基本的な問題意識を裏つけるものであろう。

⑵　2007年の『九州の自動車産業の実力と今後の展開』福岡フォーラムの資料によれば、輸送コストが高い部品（シートやラジエーター、マフラー、エアコンなど）はトヨタ、ダイハツなどに九州内に近接立地、調達が行われた。しかし、関東や東海地域からの調達が約8割に比べて、九州地域内調達が約5割に留まっていることを指摘する。

⑶　代表的な報告書としては、安藤（2015）、中畑（2015）、西の（2016）などが参考になる。

⑷　OEM、とりわけトヨタは生産量増加による負荷にどのように対応したのか。一つは、部品開発と生産をなるべく外注し、サプライヤーに任せることで、もう一つは、車両組立を委託生産の形で補うことで対応してきたと見られる。日本自動車産業の委託生産の歴史については塩地・中山（2016）を参照されたい。

⑸　メキシコは1990年代前半にAPEC参加（1993年）、NAFTA発効（1994年）、OECD加盟（同年）により、北米貿易協定（NAFTA）の枠組みの中で経済活動が行われている。また、2015年3月にブラジルとの自動車貿易協定ACE55号を改訂され、数年間存続したその上限設定が撤廃された後、制限なしの無関税貿易が再開された。また、両国の間では自動車の現地調達の条件比率を初年度2012年に30%から35%へ、2016年までに40%まで引き上げることに合意した。http://www.mexicotradeandinvestment.com/（2016年9月1日アクセス）

⑹　メキシコは、欧州系（スペイン系等）と先住民の混血（60%），先住民（30%），欧州系（スペイン系等）（9%），その他（1%）で構成されており、カトリック教が9割、スペイン語が共用語である（外務省ホームページにて）。

⑺　http://www.marklines.com/。2011年を境目に米ドルベース（2013年時点）

で中国の方がメキシコより約2割弱高い（Bofa Merrill Lynch Global Research）。

(8)　1994年12月に通貨危機が発生され、深刻なリセッションを続いたが，ペソ安により1996-97年に貿易収支が黒字に転化した。リーマンショック直後、実質経済成長率はマイナス4.7％となったが、2010年は5.1％に回復し、2013年は1.4％，2014年は2.1％となった。

(9)　貿易関係をみると、輸出額が3,808億ドル、輸入額が3,952億ドルである。そのうち、輸出全体で81％が米国に占め、米国との経済関係が強く、米国への依存度が非常に強いと言ってよい。メキシコ経済に占める日本の割合は輸出00.8％、輸入4.4％で、直接的な貿易関係は薄い。

(10)　外務省の発表によれば、2012年は818億円、2013年は1,666億円，2014年は1,297億円、2015年は1,503億円の投資があった。（http://www.mofa.go.jp/mofaj/area/mexico/）

(11)　日本経済新聞（2016年11月11日）。

(12)　2015年のメーカー別生産台数では、日産が2.1％増の82万2,948台、GMが1.8％増の69万446台、FCAが0.7％増の50万3,589台、VWが3.7％減の45万7,517台、フォードが2.0％減の43万3,752台となった。ホンダは41.6％増の20万3,657台、マツダは78.2％増の18万2,357台、トヨタは46.8％増の10万4,810台だった。

(13)　「一九三九年に制定された『購買規程』により、トヨタは部品企業を『分工場』と位置付け、取引開始後は『永続的な取引を原則とし、その経営体質の強化に努めて相互の繁栄をはかる』ことにして」いる（和田、1991）。つまり、企業の境界の中に入れてマネジメントの対象にしていることが分かる。

［参考文献］

安藤裕之（2015）「自動車・部品メーカーのメキシコ活用戦略」『Mizuho Industry Focus』Vol.168、みずほ銀行産業調査部。

浅沼萬里（1997）『日本の企業組織革新メカニズム——長期取引関係の構造と機能』東洋経済新報告社。

Carnabuci, G. and E. Operti（2013）"Where do firms' recombinant capabilities come from? Intraorganizational networks, knowledge, and firms' ability to innovate through technological recombination", *Strategic Management Journal*, 34（13）, pp.1591–1613.

Ferdows, K., M. A. Lewis, and J. A. Machuca（2004）"Rapid-Fire Fulfillment", *Harvard Business Review*, 82（11）, pp. 104-110.

藤本隆宏（1997a）「サプライヤー・システムの構造・機能・発生」藤本隆宏・西口敏弘・

伊藤秀志編著『新しい企業間関係を創るサプライヤー・システム』有斐閣、pp. 41-70。

藤本隆宏（1997b）『生産システムの進化論――トヨタ自動車にみる組織能力と創発プロセス』有斐閣。

Hamel, G. and C. K. Prahalad（1994）*Competing for the future*. Harvard Business School Press: Boston, MA.

Hausman, W., H. L. Lee and U. Subramanian（2013）"The Impact of Logistics Performance on Trade," *Production and Operations Management*, 22（2）, pp. 236-256.

星野妙子（2014）『メキシコ自動車産業のサプライチェーン――メキシコ企業の参入は可能か』アジア経済研究所。

近能善範（2002）「自動車部品取引のネットワーク構造とサプライヤーのパフォーマンス」『組織科学』35（2）、pp. 83-100。

具承桓（2015）「現代自動車グループのモジュール生産戦略の展開とその特徴」『研究技術計画』30（3）、pp. 201-216。

Ku, S.（2015）"Chapter 9.The rise of the Korean Motor Industry", Paul Nieuwenhuis and Peter Wells（eds）, *The Global Automotive Industry*, Wiley: London.

具承桓（2013）「日本企業の競争力の変貌と開発現地化問題の本質」『京都マネジメント・レビュー』22、pp. 89-110

Lee, H. L.（2004）"The triple-A Supply Chain", *Harvard Business Review*, 102-122.

中畑貴雄（2015）「メキシコ自動車産業の最新動向と中期展望」JETRO。

根本敏則・橋本雅隆（2010）『自動車部品調達システムの中国・ASEAN 展開――トヨタのグローバルロジスティクス』中央経済社。

延岡健太郎（1999）「日本自動車産業における部品調達構造の変化」『国民経済雑誌』第 180 巻第 3 号、pp. 57-69。

Nishiguchi, T.（1994）*Strategic Industrial Sourcing:The Japanese Advantage*. Oxford University Press: New York.

西野活介（2016）「成長を続けるメキシコ自動車産業の課題と展望」三井物産戦略研究所。

野村俊郎（2015）『トヨタの新興国車 IMV ――そのイノベーション戦略と組織』文眞堂。

Penrose, E.（1959）*The Theory of the Growth of the Firm*, Cambridge: MA.

Piore, .M. J. and C. F. Sabel（1984）*The Second Industrial Divide: Possibilities for Prosperity. Basic Books:* New York.（山之内靖・永易活一・石田あつみ訳「第二の産業分水嶺」筑摩書房、1993）

Sanchez, L. M. and R. Nagi（2001）"A Review of Agile Manufacturing Systems",

International Journal of Production Research, 39（16）, pp. 3561-3600.

Sheridan, J. S.（1993）"Agile Manufacturing: Stepping beyond Lean Production,"*Industry Week*、242（8）, pp. 30-46.

塩地洋・中山健一郎（2016）『自動車委託生産・開発のマネジメント』中央経済社。

Teece, D. J., G. Pisano and A. Shuen（1997）"Dynamic Capabilities and Strategic Management", *Strategic Management Journal,* 18（7）, pp. 509-533.

和田一夫（1991）「自動車産業における階層的取引関係の形成──トヨタ自動車の事例」『経営史学』26（2）、pp. 1-27。

Womack,J. P., Jones, D. T. and D. Roos（1990）*The Machine That Changed the World: The Story of Lean Production-Toyota's Secret Weapon in the Global Car Wars that is Revolutionizing World Industry.* Rawson Associates, New York.（沢田博訳『リーン生産方式が世界の自動車産業をこう変える──最強の日本車メーカーを欧米が追い越す日』経済界、1990 年）

Zhang, S. H.（1990）"A Methodology for Achieving Agility in Manufacturing Organisations: An Introduction", *International Journal of Production Economics,* 62, pp. 7-22.

［資料］

アイアールシー（2015）『メキシコ・ブラジル自動車産業の実態 2015 年版』IRC。

福岡フォーラム（2007）『九州の自動車産業の実力と今後の展開』。

Marklines. https://www.marklines.com/ja/statistics/（アクセス日 2016 年 10 月 8 日）

日本経済新聞（2016 年 11 月 11 日）。

週刊ダイヤモンド（2015）http://diamond.jp/articles/-/70255?page=2（4 月 16 日付）

US International trade Administration（2016）. 2016 ITA Automotive Parts Country Case Study. www.trade.gov/topmarkets.

http://www.mexicotradeandinvestment.com/（2016 年 9 月 1 日アクセス）

第9章

日系 Tier1 の少ない南米自動車市場の
急成長と非日系調達への適応

欧米系、現地系からでも日系並みを実現するトヨタの部品調達[(2)]

野村俊郎

はじめに

　21 世紀に入ってブラジル、アルゼンチンを中心とする南米自動車市場は急速な成長を遂げた。ブラジルは 2012 年に過去最高の 380 万台、世界第 4 位に躍進し、同年第 6 位のドイツ（308 万台、近年のピークは 2009 年の 380 万台）を追い抜き、第 3 位日本（近年のピークは 2013 年の 537 万台）に迫った。アルゼンチンも 2013 年には 100 万台に迫る台数となり、東南アジア最大のインドネシア市場と並ぶ規模となった。21 世紀に入り、ブラジル自動車市場は先進国と並び追い越していく急成長の時代に入り、アルゼンチンも世界有数の規模に達したと言えよう。

　また、ブラジルとアルゼンチンの自動車市場は FTA 協定（ALADI の ACE 協定）により一体化しており、両国を併せると南米自動車市場の 8 割以上を占めている。[(3)] また、ALADI の ACE 協定は、ブラジル、アルゼンチン両国に相互補完的な生産拠点を構築するよう促す「均衡係数」を定めており、それがブラジル、アルゼンチン両市場の相互補完的な成長を促進している。こうした市場の急成長と協定上の必要から、世界の主な自動車メーカーは、ブラジル、アルゼンチンを拠点に南米市場の攻略を本格的に進めており、両国ともに市場が急成長する中でメーカー間の競争が激化している。

　そうした競争の中で、世界全体ではトップを走るトヨタの動向に注目すると、

図1　Big4に現代、ルノー、トヨタ、ホンダが挑むブラジル

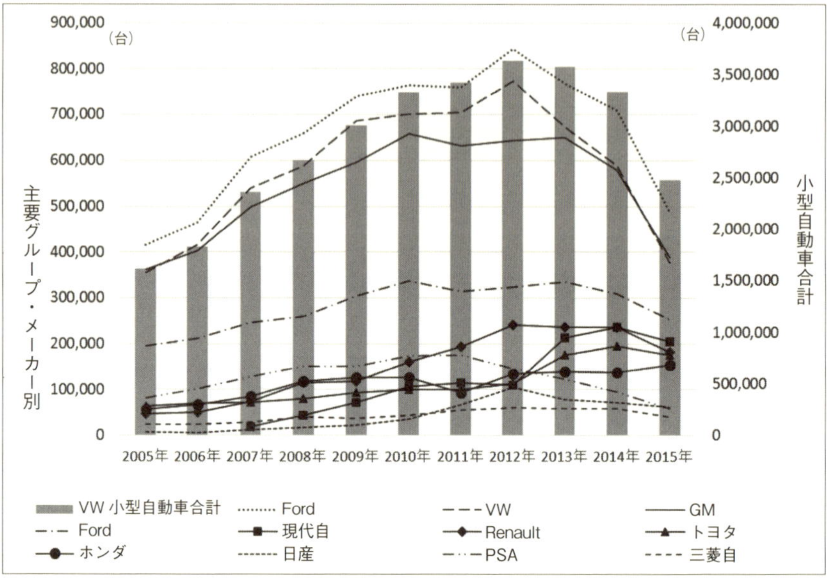

出所：ANFAVEA統計を基に筆者作成。

　ブラジルでのシェアは5％前後と低く、対抗勢力の一角を占め、その拡大に向けた挑戦を続けている。他方で、アルゼンチンでのシェアは1割程度とブラジルよりやや高く、生産シェアは15％でFiat、VW、GM、Fordと並ぶレベルに達している。アルゼンチンのトヨタはブラジルでは生産されていないIMV[4]のみを生産し、その生産の半分程度をブラジルに輸出しており、ブラジルでのIMVの販売を支えている。

　しかし、アルゼンチンには日系サプライヤーがほとんど進出しておらず、現地生産には現地系、欧米系のサプライヤーからの調達が不可欠である。アルゼンチンのトヨタでは、こうした非日系サプライヤーからの調達が8割に達しており、それを品質、価格、納期に問題なく実行するために、新たな調達ルーチ[5]ンが導入されている。それを具体的に示すことで、表面的なシェア競争の背後で進んでいる能力構築競争の実態を調達面で示したい。

ところで、ブラジルとアルゼンチンの市場には、いずれも歴史的経緯から市場を支配してきたメーカー（現地ではBig4と呼ばれるFiat、ＶＷ、ＧＭ、Ford）が存在する。しかし、市場の急拡大の中で対抗メーカーも成長しており、寡占的支配から群雄割拠の競争への転換が進んでいる。そこで本稿ではまず、市場の急成長の中で崩れゆくBig4の支配と群雄割拠の様相を呈する競争の動向を分析する。

1　ブラジル、アルゼンチンが主導する南米自動車市場の成長

南米では、ブラジル市場の規模が圧倒的に大きい。過去最高の2012年に国産車だけで300万台、輸入車を含めると380万台を超える規模に達し、中国（過去最高は2015年の2460万台）、米国（同じく2015年の1747万台）、日本に次いで世界第4位の市場規模となった。市場規模が300万台を超えたのは、この他にインド（過去最高はブラジルと同じく2012年で360万台）とドイツだけである。

2003年から2013年までの自動車市場の年平均成長率も11.49％と、ブラジルの高いGDP成長率（年率17.91％）を反映して好調であった。同時期のブラジルの自動車輸入も7万台から約80万台まで十倍以上に伸びており、輸入相手の約半分がアルゼンチンを中心とする南米諸国で、ブラジルが南米市場の成長を主導していると言えよう。

次いで規模が大きいのはアルゼンチンで、過去最高の2013年で、国産車36万台、輸入車60万台、合計100万台弱となっており、その市場規模は東南アジア最大のインドネシア並みである。輸入車の比率が高く、その8割がブラジルから輸入されており、ブラジルに立地するメーカーの販路となっている。輸入車を除く国産車の市場規模は、過去最高の2013年でも36万台で、中南米ではコロンビア、チリと同程度、ブラジルの1/10程度と小さい。とはいえ、アルゼンチンは国内生産の半分以上（過去最高の2011年で生産80万台中50万台）

図2　2015 年に 380 万台から 250 万台まで急落したブラジル

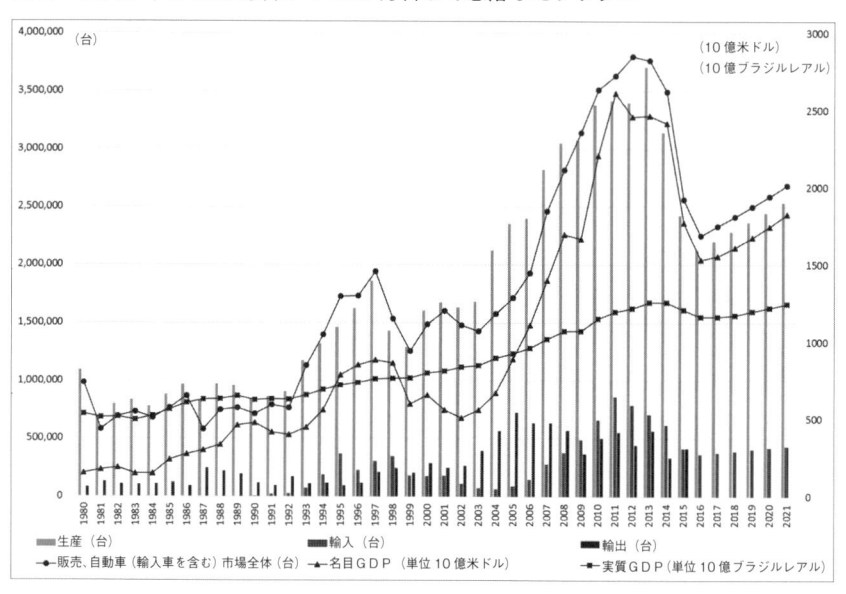

注：2015 年までは実績値、2016 年以降の GDP は IMF、自動車は筆者の予測値。
出所：GDP は IMF WEO、自動車は ADEFA 統計を基に筆者作成。

を輸出しており、生産規模もブラジルに次いで大きい。

　南米自動車市場は、この 2 か国で全体の 8 割を超えており、この 2 か国がその成長を主導してきた。ただ、ブラジル、アルゼンチンともに過去最高を記録した後、大きな落ち込みが続いており、2016 年に至るも回復に転じていない。

（1）みかけの数値以上に大きなブラジル経済の減速〜自動車市場の規模も 4 位から 7 位に後退〜

　図 2 に見られるとおり、ドル換算したブラジルの名目 GDP 成長率は、2012年から 15 年にかけてマイナスに転じ大きく落ち込んでいる。中国経済の減速、資源価格の下落が背景にあるとみられるが、それに伴うブラジルの現地通貨

レアルの対ドルレートの大幅な下落の影響も大きい。レアルは 2012 年頃の 1 米ドル＝ 2 レアルの水準から、2015 年には 4 レアルと半分近くまで下落した。2016 年夏には 1 米ドル＝ 3 レアル程度まで戻しているがそれでも 50% 程度の下落である。このレアル安が、ドル換算したブラジルの GDP を押し下げている。

　ただ、インフレ率が 10% 近いこともあり、レアル建ての名目 GDP 成長率を計算すると 2012 〜 16 年で 7.2% となり、ドル換算した場合と異なり成長を維持しているように思われる。そこで、インフレ分を差し引いたレアル建ての実質 GDP 成長率を図 2 で見てみると、2012 〜 16 年にかけてブラジル経済がマイナス成長に転じていることが分かるが、その程度を計算するとマイナス 1.17% にとどまるため、それほど大きなマイナスには思われない。

　しかし、自動車の販売台数のような実物の数値でみると、国内販売は 380 万台から 250 万台まで 100 万台以上減少しており、経済の減速は深刻である。市場規模の順位も 2012 年の世界第 4 位から、2015 年にはドイツ、インド、イギリスに抜かれ、第 7 位となっている。

（2）ドル換算名目 GDP と国内自動車販売の回復がパラレルに進めば 2021 年には 280 万台に回復

　次に、過去 35 年間の「ドル換算した名目 GDP」と「輸入車を含む国内自動車販売」の推移を見てみると、インフレ率が 4 桁を超えることが珍しくなかった 90 年代前半頃から現在に至るまで、両者はパラレルに変動するように（両者の相関が強く）なっている。他方で、レアル建ての名目 GDP や実質 GDP と自動車販売との相関は弱い。そこで、IMF の「ドル換算した名目 GDP 成長率予測」（年率 3.57%）で 2021 年の「輸入車を含む国内自動車市場」を予測すると 280 万台となる見込みである。過去最高の 2012 年が約 380 万台だったので 100 万台減となる。それほどまでに、2012 〜 15 年の落ち込みが深刻なのであり、未曾有の落ち込みと言えよう。図 3 のとおりアルゼンチンも同様の急成長と急落を経験している。

図３　アルゼンチンも急成長で百万台に接近するも 2014 年に 60 万台まで急落

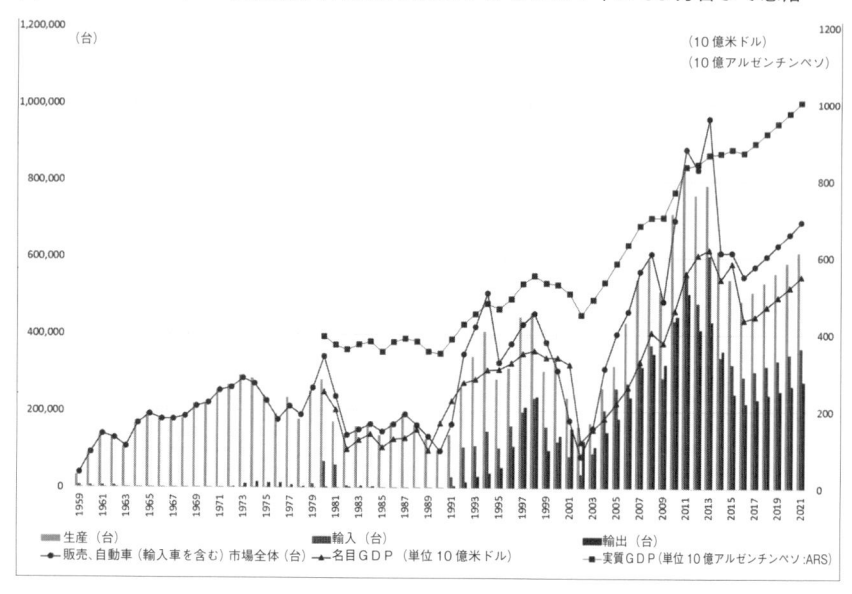

注：2015 年までは実績値、2016 年以降の GDP は IMF、自動車は筆者の予測値。
出所：GDP は IMF WEO、自動車は ADEFA 統計を基に筆者作成。

（3）ALADI 均衡係数の範囲内で FTA 化されたブラジル、アルゼンチン市場の相互補完的成長

　ブラジルとアルゼンチンは南米最大の FTA メルコスールの中核国であり、両国は「均衡係数」に基づき相互に補完しながら南米市場の成長を主導している。

　メルコスールは 1995 年 1 月 1 日の発足時点から、一部の例外品目を除いて域内加盟国間貿易の関税率をゼロとしている。現在でも例外品目として残っているのは、自動車、自動車部品及び砂糖だけである。ただし、自動車に関しては、ALADI（Asociación Latinoamericana de Integración ラテンアメリカ統合連合）加盟国間で経済補完協定（ACE:el Acuerdo de Complementación Económica）

表1　ブラジル・アルゼンチン間の均衡係数（ALADI・ACE14 号追加議定書による）

年	2001	2002	2003	2004	2005	2006 ～ 2013.6 月	2013.7 月～ 2014.6 月	2014.7 月 ～
均衡係数	1.16	2	2.2	2.4	2.6	1.95	完全自由化	1.5

注1：ブラジル・アルゼンチン間の自動車＆部品貿易では、一貫してアルゼンチン側が赤字のため、自動車メーカーが意識する均衡係数もブラジルからの輸入の上限を定めた均衡係数（上記の輸入倍率）のみである。
注2：追加議定書では、ブラジル側が赤字の場合のアルゼンチンからの均衡係数（アルゼンチンからの輸入の上限を定めた輸入倍率）も定めているが、一貫してブラジル側が黒字のため、自動車メーカーがその均衡係数を意識することはない。
出所：TASA 資料（2006 年 8 月 11 日の訪問の際に入手）、JETRO 通商弘報より作成。

が締結されれば 2 国間で関税ゼロが実現する。

　ブラジル・アルゼンチン間には ACE14 号が 1990 年に締結され、追加議定書で定められた均衡係数（倍率）の範囲内で自動車＆部品の輸入関税も免除（ゼロ）になっている。表 1 はブラジル・アルゼンチン間の自動車＆部品貿易において、アルゼンチン側が赤字の場合のブラジルからの輸入倍率を示している。アルゼンチンからの自動車＆部品輸出額に対してブラジルからの自動車＆部品輸入額がその倍率を超えない範囲で関税が 100% 免除される。

　追加議定書は数年ごとに改定されるため、均衡係数も数年ごとに変わっている。この均衡係数はメーカーごとに守る必要があるため、両国に生産拠点を持つメーカーは、ブラジル・アルゼンチン間で相互補完を行っている。例えば、トヨタはアルゼンチンで生産したトラック系乗用車（ピックアップのハイラックスと SUV の SW4）をブラジルに輸出し、その 1.5 倍の範囲で、ブラジルで生産した乗用車（カローラとエティオス）をアルゼンチンに輸入している。

　いずれにせよ、両国がお互いに市場を開放することで、各メーカーが相互補完を行うようになり、両国の自動車市場と自動車産業の発展を促進しているのである。以下、この 2 か国（ブラジルとアルゼンチン）に焦点を当てて、市場動向とメーカーの活動について分析していく。

2　メーカー別の動向

　以上のとおり南米市場はブラジルの規模が圧倒的に大きいが、アルゼンチンも規模が大きく、かつ両国はALADIのACE協定でFTA化しているため、世界の主要メーカーは、現代自動車を除いて両国に拠点を置いて活動している。以下、ブラジルとアルゼンチンについて、①欧米Big4の支配から群雄割拠に向かうブラジル、②インドと比較したブラジルの市場構成の特長、③欧米Big4にPSA、ルノー、トヨタが対抗するアルゼンチン、の3つを念頭に置いて詳しく見ていく。

（1）急成長前は欧米Big4がブラジル市場を支配

　南米最大の市場ブラジルでは、現地でBig4と呼ばれる欧米4社、FCA、GM、VW 、Fordが市場をリードしてきた。このうち、フォードは1912年、

図4　欧米Big4が支配していた2005年

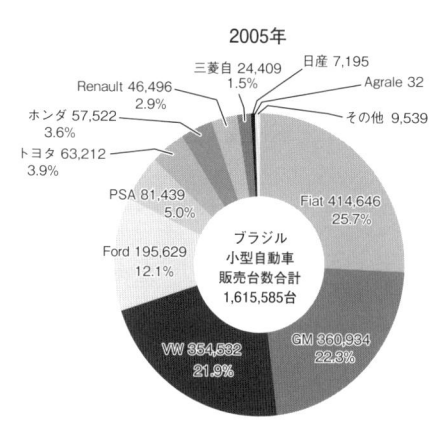

出所：ANFAVEA統計を基に筆者作成。

GM は 1925 年に現地法人を設立し、第 2 次大戦前からの長い歴史を持つ。VW は 1953 年、FCA は前身の Fiat が 1973 年に、それぞれ進出している。この 4 社でブラジル乗用車(乗用車＋トラック系乗用車[6])市場のシェアは 8 割(2005 年) を超えていた。他方で、日系はトヨタ、ホンダ、三菱、日産の 4 社が進出しているが、4 社合計してもシェア 9.4%（2005 年）とプレゼンスは低かった。日系で唯一、1950 年代から南米に進出しているトヨタでさえ、ブラジル乗用車市場でのシェアは 3.9%（2005 年）に過ぎなかった。日系メーカーが現地市場の成長を主導している東南アジア、インドとは対照的である。歴史の長いトヨタといえども欧米系 Big4 の支配的地位を掘り崩せていなかった。

(2) 急成長の過程で欧米 Big4 に現代、ルノー、トヨタ、ホンダが挑む新たな競争が始まる

とはいえ、2005 年と 2015 年のメーカー別市場シェアを比べてみると、図 5 のとおり 2015 年には、現代が 20 万台を超えて 8% のシェアを、ルノー、トヨタ、

図 5　群雄割拠の様相を呈する 2015 年

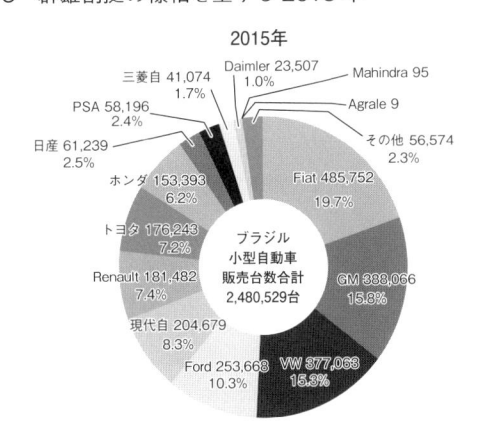

出所：ANFAVEA 統計を基に筆者作成。

ホンダも 15 万台を超えて、それぞれ 7.4%、7.2%、6.2% のシェアを獲得すると
ころまで成長している。他方で、Big4 のシェアは 8 割から 6 割に低下しており、
この 4 社が Big4 の支配的地位を脅かす所まで成長している。世界第 4 位の規
模に向かって成長していた時期にブラジル市場を巡る新たな競争がスタートし
たと言えよう。

コンパクトカーが 6 割を占めるブラジル市場

　ブラジルはアマゾンのジャングルのイメージがあるため、悪路走破性の高い
トラック系乗用車（トヨタハイラックス、VW アマロック、フォードレンジャー
など）の需要が大きいように思われるが、実際は各モデルとも数万台で、SUV
と小型ピックアップの合計で乗用車市場の 2 割ほどである。また、北米で需要
の大きいフルサイズピックアップ（フォード F250 など）も、ブラジルでは各
モデル数千台、合計でも乗用車市場の 5% 弱である。ブラジル市場でシェアが
高いのは ANFAVEA の基準でエントリー、小型ハッチバック、小型セダンに
分類されるコンパクトカーで市場全体の 6 割を占めている。

図 6　トラック系乗用車も 2 割あるがインドと同じコンパクト比率が高い市場構成

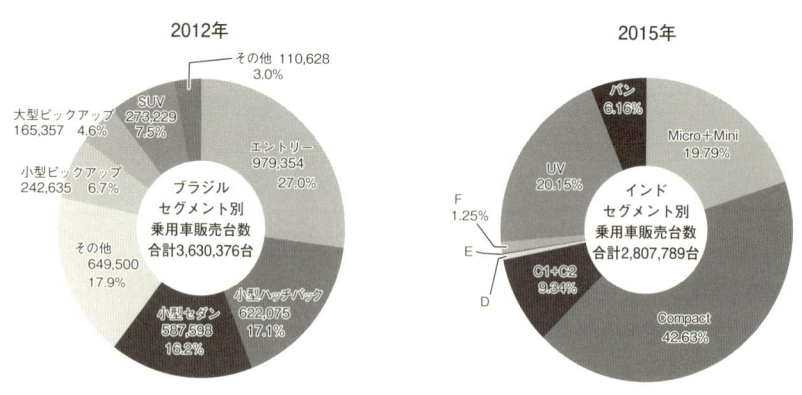

出所：ブラジルはフォーイン（2013）、インドはフォーイン（2016）をもとに筆者作成。

270

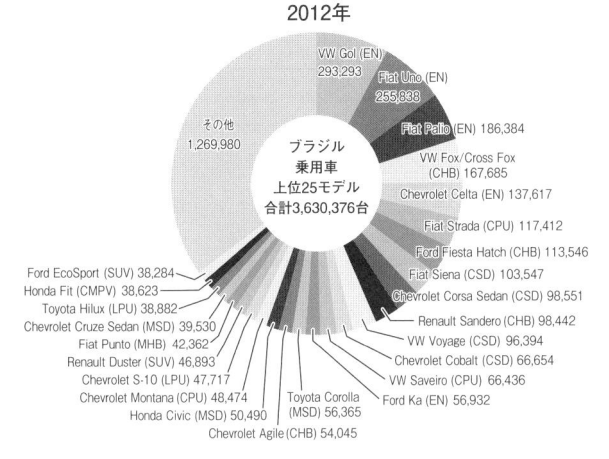

図7　10万台を超える上位8モデルはすべてコンパクト、VW ゴルがトップ

2012年

ブラジル
乗用車
上位25モデル
合計3,630,376台

VW Gol (EN) 293,293
Fiat Uno (EN) 255,838
Fiat Palio (EN) 186,384
VW Fox/Cross Fox (CHB) 167,685
Chevrolet Celta (EN) 137,617
Fiat Strada (CPU) 117,412
Ford Fiesta Hatch (CHB) 113,546
Fiat Siena (CSD) 103,547
Chevrolet Corsa Sedan (CSD) 98,551
Renault Sandero (CHB) 98,442
VW Voyage (CSD) 96,394
Chevrolet Cobalt (CSD) 66,654
VW Saveiro (CPU) 66,436
Ford Ka (EN) 56,932

その他 1,269,980

Ford EcoSport (SUV) 38,284
Honda Fit (CMPV) 38,623
Toyota Hilux (LPU) 38,882
Chevrolet Cruze Sedan (MSD) 39,530
Fiat Punto (MHB) 42,362
Renault Duster (SUV) 46,893
Chevrolet S-10 (LPU) 47,717
Chevrolet Montana (CPU) 48,474
Honda Civic (MSD) 50,490
Chevrolet Agile (CHB) 54,045
Toyota Corolla (MSD) 56,365

注：セグメントの略号は次の通り。EN：エントリーカー、CHB：
小型ハッチバック、CSD：小型セダン、MHB：中型ハッチバック、
MSD：中型セダン、LSD：大型セダン、MSW：中型ステーショ
ンワゴン、LSW：大型ステーションワゴン、CMPV：小型 MPV、
LMPV：大型 MPV、CPU：小型ピックアップ、LPU：大型ピックアッ
プ、CVAN：小型バン、LVAN：大型バン。なお、セグメント分類
は FENABRAVE による分類を採用。車種別販売台数とは別のデー
タソースを使用しているため合計値が異なる。
出所：フォーイン（2013）をもとに筆者作成。

（3）アルゼンチンでは欧米 Big4 にトヨタ、ルノー、プジョー・シトロエンが並ぶ

　国内生産の6割をブラジルに輸出するアルゼンチンでも、ブラジルと同じく Big4 の生産規模が大きいが、トヨタ、ルノーも Big4 と並ぶレベルまで成長している。現代はアルゼンチンに生産拠点を置いておらず、代わりにプジョー・シトロエンが Big4 と並んでいる。ホンダは参入が 2011 年と遅く、まだ規模が小さいが徐々に生産を拡大している。アルゼンチンでもブラジル市場を巡る新たな競争が始まっている。

　なお、ブラジル、アルゼンチンともに、自動車産業で活動しているのは、欧米、

図8　Big4 に PSA、ルノー、トヨタが対抗するアルゼンチン

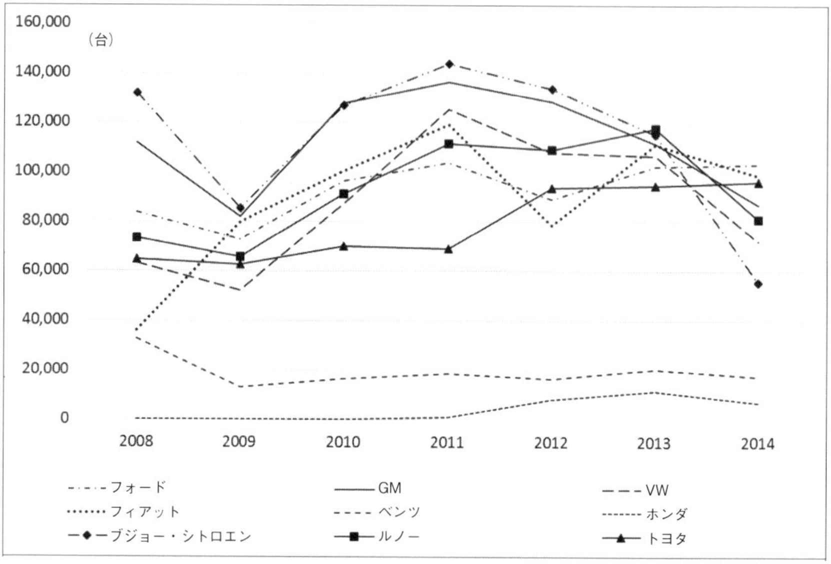

出所：ADEFA 統計を基に筆者作成。

日本、韓国の外資系ばかりで、インドのヒンドスタン、マヒンドラ、タタ、マレーシアのプロトンのようなローカル資本の現地メーカーは存在しない。ブラジル、アルゼンチンを走る車は自国の国産車か輸入車だが、いずれも欧米、日本、韓国のブランドであり、民族ブランドは存在しない。ブラジル、アルゼンチンだけでなく南米諸国はいずれも、輸入代替期に「国産化」だけを追求し「国民化」を追求しなかった結果であろう。南米自動車市場を巡る競争は、欧米、日本、韓国のグローバルメーカー間の競争であり、生産は南米現地で行われているが、商品企画、開発、商品ラインアップの決定は先進国の本社で行われている。

3　シェア競争では苦戦する南米でも進むトヨタの能力構築

　次に、ブラジルにおけるトヨタの動向について、市場構成が類似するインドと比較しながら見ていこう。ブラジルでは、トヨタも 2012 年に至る急成長の過程でシェアを伸ばしていた。2005 年と 2015 年を比較すると、6 万 3 千台、3.9%から 17 万 6 千台、7.2% まで台数もシェアも倍ほどに増えており、Big4 の対抗勢力の一角を占めるまで成長したと言えよう。

　しかし、5% を超えたとはいえ、今なお数パーセントであることに変わりなく、シェア拡大に向けて更なる挑戦が必要な状況である。これまでも、2011 年に自社工場を建設して本格参入した現代が 20 万 5 千台、8.3% のシェアを取っており、市場にフィットしたモデルを投入すれば、トヨタもシェアを充分に拡大できる。2012 年にエティオスをブラジルに投入してしばらくの間は、トヨタ自身もそう考えていたと思われる。

　21 世紀に入ってブラジルと並んで急成長を遂げたインドでも、トヨタのシェアが数パーセントにとどまっており、本格的な対策が求められていた。小型コンパクト・セグメントが市場の 6 割を占めることも共通であった。[7] ブラジル、

表2　エティオスの国別販売台数推移（2011 ～ 2015 年）

国名	セグメント	2011	2012	2013	2014	2015
ブラジル	S/D（セダン）	—	3,080	28,180	27,120	27,260
	H/B（ハッチバック）	—	5,510	34,710	33,900	32,970
	CROSS H/B（SUV）	—	—	610	4,600	3,240
アルゼンチン	S/D（セダン）	—	—	1,950	8,200	9,230
	H/B（ハッチバック）	—	—	3,520	10,560	11,110
	CROSS H/B（SUV）	—	—	100	1,360	1,210
インド	S/D（セダン）	41,080	43,800	34,410	27,190	32,150
	H/B（ハッチバック）	18,380	32,140	26,500	14,450	15,790
	CROSS H/B（SUV）	—	—	—	7,520	6,450

　注：CROSS H/B、クロスハッチバック、SUV テイストのハッチバック。
　出所：トヨタ自動車広報部資料を基に筆者作成。なお、データは随時更新されるため、一桁の台数には変動がある。そのことを考慮して一桁の台数は四捨五入した。

インドにこうした共通性があったため、両国を念頭に新興国専用小型コンパクト車・エティオスが開発され投入（インドは 2010 年、ブラジルは 2012 年）されたが、大方の予想に反してエティオスの販売は両国ともに 300 万台規模の市場で 6 万台程度、市場シェア 2% 程度で苦戦することになった。

　他方で、ブラジル、インドともに、急成長以前から投入されているカローラは、売れ筋のコンパクトより一回り大きく、東南アジアでは好調なトラック系乗用車 IMV（ブラジルではハイラックス、SW4、インドではイノーバ）もセグメントの規模がコンパクトに比べると小さい。このため、それぞれ一定のシェアを確保しているものの、ブラジル、インドともに市場全体で一桁のシェアを打開できていない。トヨタにとって、好調な東南アジアが「得意地域」なら、ブラジルはインドと並ぶ「苦手地域」と言えよう。

　しかし、シェア拡大という面で成果が出ない状況が続いているとはいえ、今後のシェア拡大に向けた地道な能力構築は続いている。その一つが欧米系、現地系の非系列サプライヤーの全面的な活用である。これまで、日本メーカーの強さの秘密は、長期継続的取引のあるサプライヤー[8]との阿吽の呼吸で実現される高い品質、確実な納期、安い価格にあると言われてきた。しかし、アルゼンチンのトヨタの場合、それが長期継続的取引の無かった欧米系、現地系サプライヤーとの間でも実現している。目に見える（表の）シェア競争で成果がでていなくとも、見えない（裏の）ところでは能力構築が進んでいるのである。

　以下、①トヨタのアルゼンチンにおける欧米系、現地系中心の部品調達の実態、②長期継続的取引関係のある日系からの調達が中心のインドネシアとの比較、③長期継続的取引関係のなかった欧米系、現地系からの調達でも、日系並みの品質、価格、納期を実現する「設計チェックシート」を組み込んだ図面承認手順、「SPTT 活動」を組み込んだサプライヤー支援手順の順に、トヨタのアルゼンチンでの部品調達活動について見ていこう。

（1）南米での非系列部品調達

アジアと異なり南米では、関係特殊的技能、投資を蓄積していない欧米の非系列１次サプライヤー（以下、１次サプライヤーを Tier1[9] と略記する）からの調達が中心となった。

表３～５に示されているとおり、アルゼンチンの IMV では日系サプライヤーの比率は２割しかなく、現地グローバルが45%、アルゼンチン、ブラジルのローカルが35% と、日系以外が８割を占めている。日系以外の８割はすべて系列ではなく、関係特殊的でないサプライヤー中心の部品供給態勢への転換である。トヨタにとっては、グローバル化に対応した新たな調達方式であり、調達方式の進化である。

表３　TOYOTA ARGENTINA S.A. の IMV 用部品サプライヤー

立地国	
アルゼンチンの自動車部品サプライヤー	46
ブラジルの自動車部品サプライヤー	34
ウルグアイの自動車部品サプライヤー	1
評価中のアルゼンチンの部品サプライヤー	2
原材料サプライヤー	18
合計	101

出所：TASA 資料（2013）を基に筆者作成。

表４　部品の日系比率は２割

	原材料サプライヤーを除く	原材料サプライヤーを含む
全体での現地日系サプライヤー比率	20.5%	16.8%
アルゼンチンの現地日系サプライヤー比率	13.0%	9.5%
ブラジルの現地日系サプライヤー比率	32.4%	31.4%

出所：TASA 資料（2013）を基に筆者作成。

表5 現地グローバルが約45%，ローカルが約35%、日系以外が合計で8割

	原材料サプライヤーを含まない	原材料サプライヤーを含む
全体での現地 GL サプライヤー比率	44.6%	43.4%
アルゼンチンの現地 GL サプライヤー比率	40.0%	35.4%
ブラジルの現地 GL サプライヤー比率	54.3%	55.9%

	原材料サプライヤーを含まない	原材料サプライヤーを含む
全体での現地 LOC サプライヤー比率	36.6%	31.3%
アルゼンチンの現地 LOC サプライヤー比率	46.1%	47.9%
ブラジルの現地 LOC サプライヤー比率	20.0%	17.6%

注：GL（Global）欧米資本のサプライヤー、LOC（Local）現地資本のサプライヤー。
出所：TASA資料（2013）を基に筆者作成。

以下、系列サプライヤーからの調達が中心のインドネシアと比較しながらアルゼンチンでの部品調達の特徴をみていこう。[10]

（2）系列調達のインドネシア、非系列調達のアルゼンチン～現地調達環境への適応～

日系が9割、系列が8割のインドネシアと対照的

インドネシアのIMVの現地調達では日系が9割を占め、日系中心の供給態勢が構築されている。また、全体の8割が系列であり、同伴進出の比率も高い。このため、長期継続的取引で部品メーカーを育成しながら、あいまい発注・無限の要求（清1990）で品質向上と同時に原価低減も進めるという系列取引の特徴がインドネシアにも移転されている。

現地の調達環境に適応するための変化

他方で、南米は日系自動車メーカーが少ない。アルゼンチンはトヨタのみ、ブラジルでもトヨタ、ホンダの2社、ベネズエラにトヨタ、コロンビアにマツダがあるのみである。日系のシェアも小さい。米系メーカー中心の市場であり、

部品メーカーも欧米系が中心となっている。このため、日系部品メーカーは同伴進出しても販路が狭く、スケールが期待できない。しかし、メルコスール域内では、域内調達しないと関税が高い。

　その結果、インドネシアの事例とは対照的に、アルゼンチンでのIMV生産では日系サプライヤーの比率は2割しかなく、日系以外が8割を占めることになっている。日系以外の8割はすべて系列ではなく、調達方式が非系列取引に変化したことを意味する。この「変化」では、系列の強み～長期継続的取引によるサプライヤーの積極的な投資、自主的なカイゼン、自動車メーカーからの無限の要求への対応など～は発揮されない。

　しかし、日系系列サプライヤーが2割しか確保できない地域でも、確保できる地域と同様にトヨタ・スタンダードを維持してIMVを生産できる。非系列調達の実現は、以上の二面性を持った調達方式の変化である。とはいえ、アフリカ、南米を除く地域では、同伴進出・系列調達に変わりなく、この地域でも、条件があれば系列調達を選択したと思われる。したがって、この変化は、日系サプライヤーが確保できないという条件で生じた、環境適応のための変化といえよう。

(3)「設計チェックシート」を組み込んだ図面承認手順

調達方式の変化に対応する「設計チェックシート」と「SPTT活動」

　こうした環境適応のための変化があっても、すなわち、長期継続的取引のない欧米系、現地系サプライヤーからの部品調達であっても、アルゼンチンのトヨタでは、日系サプライヤーからの調達と同等の品質、価格、納期での調達が実現している。

　その秘密は、①部品メーカーの図面を承認するプロセスにおける「設計チェックシート」の役割と、②調達が主導して設計、製造、生産技術がチームで部品メーカーをサポートする「SPTT（Suppliers' Parts Tracking Team）活動」にある。

　以下、承認図方式の概要を説明したうえで、前者の「設計チェックシート」

を組み込んだ図面承認手順について、次に、SPTT を組み込んだサプライヤー支援手順について、それぞれ説明する。まず、承認図方式の概要からみていこう。

海外での承認図方式による外注プロセス

　トヨタの海外事業体が現地の部品メーカーに承認図方式で部品を外注する場合、日本のトヨタ本社が部品の仕様書（外注部品設計申入書、外設申）を現地部品メーカー宛てに発行するところから始まる。これは、外注先の現地部品メーカーが日本メーカーの子会社（日系）であるか、欧米メーカーの子会社（欧米系）であるか、現地資本のメーカー（ローカル系）であるかに関わりなく同じである。外設申の発行元は、車種に関わりなくトヨタの設計部門である。

　日系や欧米系の場合、外設申を受け取るのは現地法人であっても、実際に設計するのは部品メーカーの母国の本社である。部品メーカーの本国本社では作成した図面に基づいて試作を行い、トヨタ本社の設計部門がそれを評価して、要求仕様を充足していれば部品メーカーが作成した設計図を Z の CE が承認する。部品メーカーは部品の品質保証責任を負う。これに対してローカル系の場合、現地で設計、試作を行いトヨタ本社の評価を受ける。

　これらのうち、日系の場合、トヨタと長期継続的取引があるメーカーが受注することが多く、阿吽の呼吸でトヨタの要求水準（Toyota Standard、TS）を充足できるため、効率的に外注プロセスを進めることができる。しかし、欧米系の場合、長期継続的取引がないことが多く、日系のように阿吽の呼吸で進めることはできない。ただし、技術水準は充分であるため、「設計チェックシート」でのチェックだけで済むことが多い。

　これらに対してローカル系では、阿吽の呼吸で進められないだけでなく、設計の技術水準が充分でなく、さらに製造面での技術水準も TS に達していないことが珍しくない。このため、トヨタの設計、製造、生産技術、調達のメンバーがチームで支援する SPTT 活動が行われる。まず、長期継続的取引のないメーカーの図面に対して作成される設計チェックシートからみていこう。

環境適応のための変化でも調達の QCD を維持する設計ルーチン

トヨタの場合、部品メーカーの図面も、内製部品の図面と同様に、設計部門を統括している Z のリーダーである CE（チーフエンジニア）が最終的に承認する。

だが、承認図面が Z に上がってくる段階では、その部品／システムは開発を完了したことを意味している。Z にとって大事なのは開発のプロセスである。問題が大きい時は、設計から Z にもタイムリーに進捗が報告され、必要であれば Z も設計判断に加わる。そのような議論・検討が尽くされた後の CE のサインである。

さらに、トヨタの設計部門でチェックを受けて Z に上がってくる部品メーカーの図面には、開発の経緯をダイジェストしたノート（設計チェックシート）がトップに添付されている。それを読めば、"あの課題の部品がこうなったのか"と大体判る仕組みになっている。また、欧米系の、たとえば Bosch 製の図面を出図する際には、デンソー製との違いをトヨタの設計部門が簡単にまとめた説明をつけていることもある。

こうした設計チェックシートに集約されていくトヨタと部品メーカーとの擦り合わせにより、デンソー製、Bosch 製、とサプライヤーが異なり図面が異なっていても、トヨタの要求水準（TS）が充足されるのである。

以上のように、欧米系、現地系の非系列サプライヤーからの部品調達、すなわち、関係特殊的技能の蓄積が日系サプライヤーに比べて少ないサプライヤーからの調達が中心になっても、その関係特殊的技能の違いは、設計チェックシートに集約されていく「トヨタと部品メーカーとの擦り合わせ」により、技術水準の高い欧米系ではほとんど吸収される。

しかし、調達先がローカル系の場合、こうした設計部門との擦り合わせだけでは、TS を充足できない場合もある。そのような場合に実施されているのが、設計以外の部門も参加した現地メーカーとの擦り合わせ、SPTT 活動である。次節では、この SPTT 活動について見ていこう。

（4）欧米系、現地系でも TS を実現する SPTT 〜部品調達でも進むトヨタの能力構築〜

SPTT のルーチンとは

SPTT（Suppliers' Parts Tracking Team）活動はサプライヤー候補、および取引中のサプライヤーの製品（部品）の性能・品質・原価・生産量がトヨタの基準（Toyota Standard、TS）をクリアしているかどうかをトヨタ側のチームで点検する活動のことである。SPTT チームのメンバーは、サプライヤーの決定権を持つ「調達」のメンバーだけでなく「設計」「生技」「品質」からもメンバーが出て、名前の通りチームで活動を行うところに特徴がある。

SPTT 活動は、「調達」がサプライヤーを決定する前の事前調査活動から始まる。サプライヤー決定権は「調達」にあり、「調達」には万全を期す責任がある。万全を期すには、品質はもとより、荷姿、運搬、納期管理、リスク対応などまで検討する必要があり、その会社の "実力" をつぶさに見て最終判断しなければならない。その為に「調達」メンバーもその道のプロではあるが、「設計」「生技」「工場の品質管理」といった専門家も一緒になって、目利きする所がミソである。

「チームですりあわせる」SPTT

発注先が決まるとトヨタの部品図面が貸与されてサプライヤーの量産が始まる（貸与図方式）。サプライヤーが自ら部品図面を書く場合は、トヨタの CE が図面にサインをして最終承認するとサプライヤーの量産が始まる（承認図方式）。そのいずれの場合も SPTT 活動は量産開始後 6 か月間程度続けられる。

SPTT では、まず、「品質」のメンバーが製品の「ばらつき」を点検する。製品の「ばらつき」とは、公差の範囲内の基準値からのズレのことであり、公差の範囲内のズレは不良ではなく、「ばらつき」として許容される。しかし、自動車部品はお互い相手の在る部品なので、たとえ公差内に入っていても、偏

りがプラス、マイナス逆転すると、組み付け性が悪くなったり、隙間が大きくなり見栄えが悪化することがある。

とはいえ、このようなケースではサプライヤーは"不良品"を出したという意識は持てない。そこで、「ばらつき」の傾向に異常値が認められると、「生技」のメンバーがサプライヤーの現場に入って、どこに問題があるか調査しカイゼンを行う。コストが想定内におさまらない場合は、「調達」のメンバーが入ってカイゼンを行う。これらの問題の原因がサプライヤーが作成した部品図面にある場合は、「設計」のメンバーがカイゼンに取り組む。

このようにして、サプライヤーが現地ローカルや欧米系などの長期継続的取引の無い部品メーカー（非系列）であっても、トヨタから見て品質面でもコスト面でも問題が無い部品が出来上がる。

欧米系、純ローカル系サプライヤーがトヨタと新規に取引する際のハードル

自動車メーカーの開発プロセスには、自動車メーカー毎の特色がある。部品メーカーに対する性能・品質の要求レベルの違いは、具体的には、開発の中の節目管理、納期管理、量産前の品質確認、量産開始後の品質保証の考え方、責任分担の割合、などの厳しさの違いとして現れてくる。トヨタは、それらが相対的に緻密で厳格と言われている。

サプライヤー側にすれば調達先と決まったら全てに関して自動車メーカーと合意して進めなければならない。トヨタと長期継続的取引関係の無い欧米系や純ローカルのサプライヤーがトヨタと新規に取引を開始する場合、これらをゼロからスタートする事になる。これが、トヨタと長期継続的取引関係が「有る」サプライヤー（系列サプライヤー）と異なり、それの「無い」サプライヤー（非系列サプライヤー）が直面するハードルである。

系列も「まとめて任せる」からSPTTが組み込まれた「まとめて任せる」へ

そのような意味で、系列サプライヤーに比べて超えるべきハードルが多く高い非系列のサプライヤーでも、系列と変わりない部品が作れるのは、この

281

SPTT 活動によるとみられる。

　SPTT 活動は初めて発注するサプライヤー（欧米系や純ローカルに多い）では必ず行われるが、系列サプライヤー、例えばデンソーでも変化点では必ず行われている。デンソーのような系列サプライヤーには「まとめて任せる」と言われているが、実際にはこうした点検活動が行われており、長期継続的取引のある「まとめて任せるサプライヤー」といえども SPTT のルーチンが組み込まれている。欧米系、純ローカル系などの「パーツサプライヤー」と同様に、トヨタの調達ルーチン全般に「SPTT のルーチン」が組み込まれているのである。

　このような SPTT を前提にした調達ルーチンの一般化は、系列サプライヤーが少ない南米、アフリカも含めた地域での製造の本格化、製造のグローバル化をきっかけとするトヨタの調達ルーチンの進化と言えよう。

おわりに

　本稿は、藤本隆宏（2003）で示された能力構築競争という考え方を念頭に置いて、ブラジル、アルゼンチン市場を巡るシェア競争の背後で進むトヨタの能力構築の実態を調達面で示そうとした。具体的には、南米における「日系中心の系列調達」から「欧米系現地系中心の非系列調達」への転換の実態、欧米系現地系でも日系並みの品質、価格、納期を実現する設計チェックシートを組み込んだ設計ルーチン、欧米系現地系の底上げをトヨタがチームを作って全方位から支援する SPTT 活動について詳しく述べた。

　南米はブラジルの市場規模が世界第 4 位、アルゼンチンが東南アジア最大のインドネシアと並ぶなど、世界市場の大きな部分を占めるまでに成長を遂げた。こうした市場の変化に見事に適応するトヨタの進化能力は生物進化と同様に驚くべきものである。さらに、本文では触れていないが、2017 年 1 月にはトヨタの社内に 5 番目のカンパニーとして「新興国小型車カンパニー」が設立され、

ブラジル、インドをはじめとする小型車の割合の多い新興国に適応する組織の進化も見られる。ブラジル、インドともに市場シェアでは5%程度と低迷が続いているが、現状打開に向けた能力構築は着々と進んでいる。「新興国小型車カンパニー」や、そのターゲットであるブラジル、インドの市場の動向に注目したい。

[注]

(1) 日系Tier1は、日本の部品メーカーの海外現地法人で、カーメーカーの現地法人と直接取引のある部品メーカーのことである。Tierは部品メーカーの階層を示す概念で、Tier1はカーメーカーに部品、素材を供給するメーカー、Tier1に供給するのがTier2、Tier2に供給するのがTier3という階層を形成している。

(2) 本稿は、現地調査（ブラジルは2013年3月、アルゼンチンは2006年8月と2013年3月に実施）で入手した資料とヒアリング結果、ANFAVEA（Associação Nacional dos Fabricantes de Veículos Automotores ブラジル自動車工業会）統計、ADEFA（Asociación de Fabricantes de Automotores アルゼンチン自動車工業会）統計、フォーイン『ブラジル メキシコ自動車・部品産業 2014』を基に作成した。

(3) 南米全体の市場規模（南米で自動車の販売統計が整備されている6か国の合計）は2014年で5,058,405台、その国別内訳はブラジルが3,498,012台、アルゼンチンが683,485台で合計8割超、その他の2割弱はコロンビア、ペルー、チリ、ベネズエラで、合計876,908台であった。

(4) Innovative International Multi-purpose Vehicle の略称。トヨタの新興国向け世界戦略モデルで、共通のIMVプラットフォームにピックアップトラック（モデル名ハイラックス）、SUV（同フォーチュナー）、ミニバン（同イノーバ）のアッパーボディーが架装されたトラック系乗用車の総称である。アルゼンチンではピックアップトラック、SUV（南米でのモデル名はSW4）が生産されている。詳しくは野村俊郎（2015）を参照。

(5) 新しい環境で新しい方式が導入された場合に、その方式がそれまでの方式と変わらず機能するには、現場で日常的に繰り返される活動の中に新たな方式が機能する条件が組み込まれる必要がある。この、「新たな方式が機能する条件が組み込まれた日常的に繰り返される活動」を本稿では「新たなルーチン」

と呼ぶ。調達分野での新たな方式（ここでは非系列調達）が機能する条件を組み込んだルーチンが「新たな調達ルーチン」（設計チェックシートを組み込んだ図面承認手順、SPTT を組み込んだサプライヤー支援手順等、第 3 節で詳述）である。「ルーチン」という概念については、藤本隆宏（1997）、野村俊郎（2015）を参照されたい。

(6) ブラジル自動車工業会 (ANFAVEA) の統計では、SUV やピックアップトラック等のトラック系乗用車を「小型商用車」に分類し、セダン、ハッチバックが分類される「乗用車」と合わせて「小型自動車」としているが、SUV やピックアップトラックは客貨両用で乗用目的に使われる実態を考慮して、ANFAVEA 統計の定義する「小型自動車」を、本稿では「乗用車」と呼ぶことがある。

(7) 比較対象のインド市場の動向の詳細は、野村俊郎（2016）を参照されたい。

(8) 本稿では、資本関係、役員派遣等の有無に関わらず、「長期継続的取引」の「有る」サプライヤーを、「系列」サプライヤー、「長期継続的取引」の「無い」サプライヤーを「非系列」と呼んでいる。

(9) Tier については（1）を参照されたい。

(10) インドネシアとアルゼンチンの調達動向の比較の詳細は、野村俊郎（2017）を参照されたい。

(11) 図面の基準値と実際の製品の大きさにはズレがある。このズレのうち許容される範囲内のものを「公差」と呼ぶ。「ズレの最大値と基準値との差」、および「ズレの最小値と基準値との差」が公差であり一定の幅で設定される。

［参考文献］

ADEFA 統計　http://www.adefa.org.ar、ANFAVEA 統計　http://www .anfavea. com.br

TASA 資料（2013）　2013 年に実施したアルゼンチンでの現地調査の際に Toyota Argentina Sociedad Anonima で入手した資料。

TMMIN 資料（2006）（2012）（2014）　2006 年、2012 年、2014 年に実施したインドネシアでの現地調査の際に P.T. Toyota Motor Manufacturing Indonesia で入手した資料。

浅沼萬里（菊谷達弥編）（1997）『日本の企業組織・革新的適応のメカニズム——長期取引関係の構造と機能』東洋経済新報社。

清晌一郎（1990）「曖昧な発注、無限の要求による品質・技術水準の向上——自動車産業における日本的取引関係の構造原理分析序論」中央大学経済研究所

編『自動車産業の国際化と生産システム』中央大学出版部。

フォーイン（2013）『ブラジル メキシコ自動車・部品産業 2014』。

フォーイン（2016）『インド自動車・部品産業 2016』。

藤本隆宏（1997）『生産システムの進化論　トヨタ自動車にみる組織能力と創発プロセス』有斐閣。

藤本隆宏（2003）『能力構築競争　日本の自動車産業はなぜ強いのか』中公新書

野村俊郎（2015）『トヨタの新興国車 IMV』文眞堂。

野村俊郎（2016）「急成長するインド自動車市場〜盤石の覇者スズキと追うトヨタの挑戦〜」鹿児島県立短期大学『商経論叢』第 67 号。

野村俊郎（2017）「ブラジル・アルゼンチン市場の急成長と競争激化〜 Big4 の支配に挑む追うトヨタの能力構築〜」鹿児島県立短期大学『紀要』第 67 号。

野村俊郎・山本肇（2017）『イノベータのジレンマに挑むトヨタ〜新興国で壁を越えられるか〜』文眞堂。

第 10 章

アジアにおける
日系中小サプライヤー間の連携可能性
タイ進出企業を事例に

兼村智也

はじめに

　リーマンショック、そして超円高が続いた 2010 年代前半、日本の自動車産業のアジア進出・生産が拡大した。しかし、その後の現地市場の冷え込み、競合企業の台頭により昨今は厳しい受注環境にある。一部の企業に撤退がみられるなど、かつてのように進出すれば、仕事を確保できる状況ではなくなっている。特に厳しいのは、この時期に進出した中小企業、そのなかでもより規模の小さい企業である。こうした「後発進出企業」には、プレス加工、樹脂成形などといった単一工程の技術を担う専業企業が多い。

　これらの企業が今後、目指すべき事業戦略の一つとしてあるのが工程の拡張であり、前後工程を持つ企業との連携である。日本ではなかなか進まない企業（工程）間連携だが、アジアにおいてはその進展可能性はあるのだろうか、その点について検討する。

1　先行研究と分析視点

（1）SCM 戦略がもつ意義・メリット

　最初に工程の拡張についての意義・メリットについてみてみたい。周知のように膨大な部品点数からなる自動車生産においては素材調達・加工から完成車組立・出荷まで多段階にわたるサプライチェーン（SC）から構成される。個別の工程の生産性向上はもちろんであるが、工程間分業においても「全体最適化」を図る経営、いわゆるサプライチェーンマネジメント（SCM）戦略が必要になっている。SCM 戦略とは、個別工程や個別業務における品質向上・原価削減・納期短縮に向けた改善を積み上げていくという経営方式ではなく、供給総工数・総業務全体として、最終顧客の必要とする品質・価格・納期に最適になるように全体改善を進めていく方式である（スワミダス 2004）。つまり、単一工程における部分適正を連結工程のなかでの全体適正に置き換えることにより、コスト削減、生産リードタイムの短縮が可能になる。

　またコストやリードタイムだけでなく、技術的にもその意義が注目されている。つまり、小型軽量化の流れから始まった部品のユニット化や、超高品質化要求が強まり、単一工程だけでは対応できず「工程間を繋ぐ技術開発」が必要になったのである。この新技術は単一工程だけを担当していては開発することができない。そのため「隣り合う工程」を複合した開発の必要性が生まれることになる（横田 2016）。

（2）工程間連携のメリット

　この工程の拡張を図る主体に目を向けると、いくつかの方法論がある。まず自社単独、すなわち内製での対応があるが、それには技術獲得にかかる時間やコストがかかる。中小企業にとっては困難な問題であろう。

そこで他社がもつ前後の工程との結合が有益となるが、そのやり方にも企業間関係の強さによって連携から提携、そして買収まで様々な形態がある。「連携」とは企業らが特定の目的や利益のために協力して展開する活動を指すもので、共同研究開発・製造・販売・販促などの諸活動を含んだ行動として定義される（尹2010）。契約や資本による統制を伴わない、緩やかな共同事業ともいえる。これに契約書による取り決めがかかると「提携」となり（西村2007）、連携に比して両者の関係は一層強くなる。これらは相手側の経営権まで求めるものではないが、相手側資本を取得する「買収」となれば、その経営権も掌握でき、資本の過半を取得すれば経営を支配することが可能になる。いずれも相手先の経営資源（技術・人材・顧客）を短期間のうちに交換することで、新規立ち上げにかかる時間を削減することができる。ただし、多くの投資負担を伴わない連携や提携に対し、買収は一定の負担が必要になる。また買収後の企業文化の相違による軋轢など中小企業にとって困難な問題も多い。

したがって中小企業にとって最も現実的な方法は連携であり、提携ということになろう。ここではもっとも緩い企業間関係である連携を取り上げ、単一工程しかもたない専業企業同士の連携による工程間結合を「工程間連携」として議論を進める。

（3）　日本における工程間連携の現状とその理由

このように工程間連携は受注・生産上、大きなメリットがあり、従来、自動車産業に多くみられた完成車メーカーや Tier1 といった顧客と中小サプライヤーの長期継続的取引関係はその一つといえよう。したがって、このタイプの連携はこれまでにも多くみられてきたが（竹野2008）、中小（サプライヤー）企業同士となるとそうでもない。「これまでは、工程ごとに発注を行い、工程ごとの品質検査を含む受発注の手続きを発注企業が行ってきましたが、工程をまとめて発注し、部品単位で納品を受けるニーズが出てきています」といった状況にありながら「発注ニーズが多く存在するにもかかわらず、国内にはこの

ニーズに応えるサプライヤー中小企業が少ない[2]」のである。

どの程度に少ないのだろうか。その点について東京商工会議所が都内中小製造業を対象に実施した調査[3]を使ってみると、ここでいう工程間連携に該当する「共同受注」や「共同生産」を「現在取り組む」、また「過去取り組んだ経験がある」と回答した企業はそれぞれ4.2％、3.5％である。これは連携のなかで最も多かった「共同研究」の11.9％を大きく下回る。東京都限定の調査とはいえ、中小製造業における工程間連携の少なさがうかがえる。ちなみに海外との比較でみると、例えば英国では中小（サプライヤー）企業のうちサプライヤーとの協力関係ある企業が12.4％と顧客の12.5％と同程度ある（ヘンドリー1996）。対象とする規模や実施年などが異なるため、単純に比較はできないが、国際的にみても中小サプライヤー間の連携が少ないことがわかる。

なぜ、少ないのだろうか。そもそも日本の中小企業にプレス加工（業）や樹脂成形（業）といった単一工程の専業企業が多いのは、それでも十分な仕事量とそれに付随する付加価値が獲得できたからに他ならない。特に、自動車産業においては多少の増減はありながらも戦後から今日まで拡大基調にあったため単一工程でも、ひたすら「規模の経済」を追求することが可能だったのである。しかし市場の縮小やそれに伴う競争の激化、また顧客からのコスト低減圧力が生じれば、利益が圧迫され、その捻出のために工程間連携はその対応策の一つとなりえたはずである。

それでも日本が少ないのは、企業側に連携を結ばなくても済む、あるいは結ぼうとしない要因があるからに他ならない。その要因として以下の4つが考えられる。一つに、日本の中小企業は前記した個別工程や個別業務における無限の品質向上・原価削減・納期短縮に向けた「カイゼン能力」をもっていることがある。具体的には自動化・省力化を導入・実施したり、そのための装置を自社で開発・製造したりする技術、そして現場でのQC活動などにかかる能力である。周知のように、これらは下請系列的取引関係のなか、時には顧客から厳しい要請、指導を受けながら、また幾度となく厳しい経営環境を乗り超えてきたなかで蓄積され、そこから獲得した能力である（兼村2013）。このような能

力があることにより工程間連携に依存しなくてもコストの吸収、リードタイムの短縮などが可能になったである。特に自動車産業の場合、電気電子など他産業に比べ、より厳しいQCD管理が求められてきたゆえに、この能力は一層高いものになっている。

二つに、「自前主義」へのこだわりである。オーナー経営が多い中小企業には、全て自社対応が基本、専ら自ら所有する資源を活用して事業を行う企業が多い[4]。これには二つの背景があり、一つは中小企業の経営者は顧客を除き、他社からの援助や干渉を受けるのを好まない。だからこそ創業したともいえるが、"一国一城の主"としての意識が強いことである。二つは、自社内の資源で完結することにより自社の技術やノウハウ、場合によっては財務状況の漏洩を防げることがある。元来、中小企業は技術やノウハウなど、コアとなる経営資源を自社で抱え込むことで他社と差別化している。ところが、他社との連携する局面においては、どうしてもその経営資源が外部に漏洩しやすくなる。つまり、虎の子である「強み」を失ってしまう可能性が生じる[5]。また連携となると相手先と利益配分が必要になるが、自前でやれば利益全て自社のものにできるということもある。

さらに、こうした自前主義へのこだわりを助長させる環境要因としてあるのが「企業間の垣根」の高さである。日本の場合、特に顧客とサプライヤーとの関係において、それぞれの企業活動の歴史に40年、50年という時間の積み重ねがあり、長期にわたって培われた「系列」を代表とする取引関係・信頼関係は容易に揺るがない（中沢2012）。また顧客との関係を維持していれば、一定の受注量を確保できる時代が長く続いた。このように顧客とサプライヤーとの「タテの関係」が強く、外部からの参入は困難になるが、そのぶんサプライヤー同士の「ヨコの関係」は非常に弱い。異なる前後の工程を担う企業であっても「モノの流れ」は基本的に発注側の顧客を介してのものになる。また技術・事業領域では直接競合関係になくても利益配分、品質保証上では競合関係にあり、その点は顧客によって管理されている。すなわち隣り合う工程であっても企業間の垣根が高いのである。

　さらに四つとして、前記した相手先への自社技術・ノウハウ漏洩への危惧を払拭するためには、相手先との「信頼関係の形成」が絶対条件になる。この場合の「信頼」とは「取引相手（人、組織）が、自己（人、組織）にとって不利になるような行動をとらないという確信（confidence）」（港 2009）を指す。言うまでもなく、この形成には相互理解、経営者の考え方、企業文化の近似性などが必要になるが、そのすり合わせには時間を要する。中小企業の連携の多くが地域の異業種交流などから派生していることが知られるが（兼村 2016）、これが可能になるのは同じ地域内のため接する頻度も多く、このすり合わせが比較的容易に行いやすいことがある。一方、ここでいう工程間連携の場合、対象となる相手先が前後の工程に限定され、こうした条件を満たすとは限らない。

（4）海外における工程間連携の可能性

　日本で工程間連携が進まない要因として以上の４つが考えられるが、これはあくまで日本での話である。海外、しかもアジアでとなると、このハードルが変わる可能性が大きい。なぜなら発展途上国においては現地法人の経営資源、そこを取り巻く経営環境も日本とは大きく異なるからである。すなわち、工程間連携の可能性が広がることにもつながるが、その点についてみてみたい。

　一つ目のカイゼン能力について、日本と同様の能力をもつことは決して容易なことではない。アジアでも自動機・省力機はその製作はともかく、（日本からの）導入については可能である。しかし導入したとしても、そのオペレーションやトラブルの際のフォローやメンテナンスなどには結局、ヒトの力が必要になる。現場での QC 活動などについても同様である。つまり、これが困難なのはヒトの育成が容易でないことにつながるが、その成否は現地経営の歴史やヒトの定着率、技術移転の難易によっても異なってくることが想定される。

　自前主義へのこだわりも低下することが考えられる。海外進出する中小企業にとって現地法人の位置づけの多くは分工場である。あくまで"出先"であり、自社にとって秘匿性の高い核心的な技術やノウハウは"本丸"の日本本

292

社に残している場合が少なくない。例えば、金型製作などは依然日本で行われ、現地に供給されているといったケースである。したがって、技術やノウハウの漏洩リスクはもともと小さい。これに加え、日本と比べて「まだ何もかもが足りない[6]」環境、日本人駐在者の数も1名、2名といったごく少数に限られるなか、不足する経営資源は現地に依存せざるを得ない、自前主義では限界があることは明らかである。

　その際、頼りになるのが同じ日系の企業となり、そうした点で企業間の垣根が低くなることが考えられる。もともと顧客とサプライヤーの関係について海外では「固定化された取引関係など国内の経営環境とは違い、「隙間が広い」東アジア諸国では、まだまだ新規参入の余地はたくさんある。（中略）日本での取引実績があれば、見積もり（入札）への参加は比較的容易であり、日本での取引実績がゼロでも、日本での新規参入よりも「敷居はとても低い」と皆、口を揃える[7]」や「そもそも従来から長期にわたって継続されてきた取引関係はここでは前提とならず「しがらみ」のない取引開拓が可能になっている[8]」との指摘がある。これは顧客とサプライヤー間だけではなく、サプライヤー間にも同様なことがいえると考えられる。

　最後に、国内では時間を要する信頼関係の形成であるが、海外ではどうか。この点についても例えば「取引に欠かせない「知名度」や「信頼」といった、日本国内では短期間につくるのはとても難しいものが、比較的容易に獲得することができる[9]」という指摘がある。「そしてなによりも大事なのは「アテになる技術だ」。日本で40年、50年やってきたという実績を評価する[10]」との指摘があるなど、この点でもハードルがさがることが考えられる。

（5）分析の視点

　以上にみたように、日本国内で工程間連携を阻んでいた4つの要因がアジアでは低減する可能性がある。本論では、この点について実際の企業事例を通じてみる。もし、この点が明らかになれば、アジアは日本の中小企業にとって国

内では難しい工程間連携、それによるビジネスチャンスを獲得できる場として評価できることになる。

　その際のアジアであるが、ここでは特に近年、多くの中小企業が進出するASEAN、なかでもタイを取り上げることにする。タイはアジアのなかでも日本の中小企業が進出するのに大変魅力的な国となっている。それは前記した「しがらみ」のない取引関係に加え、日本法人の「利益創出拠点の設立」になっていること、そして資本金や売上規模など量的側面での「企業としての成長」をもたらすからである（関 2012）。したがって後発進出企業も多くみられたが、近年、競争の激化に伴う利益の圧迫が生じており、工程間連携が生じる前提条件が整っている。そこで第2節では、この点について確認するとともに、第3節では工程間連携に取り組む事例を通じて4つの要因、すなわちカイゼン能力、自前主義、企業間の垣根、信頼関係の形成についてみていくものとする。

2　タイにおける経営環境の変化

（1）中小企業の進出動向

　タイに進出する日系企業数は 2014 年 2 月時点で 3,924 社である。ASEAN諸国のなかで 2 番目に多いインドネシアが 1,763 社であるから、この規模が如何に大きいかがわかる。

　その推移について 1980 年代の前半から 2014 年まで 5 年ごとに集計した進出件数を図 1 に示した。これをみると最初のピークは 1995 〜 99 年で、この間、電気機械、そして大企業を中心に進出が進んだ。2000 年代に入ると「世界の工場・中国」への進出が加速、タイへの進出が一旦、減少する。さらにリーマンショックのあった 2008 年を含む 2005 〜 09 年はなお減少するが、2010 年代に入るとチャイナ・リスクの顕在化、それに伴うチャイナ・プラスワンの候補先として、日系企業の集積が進むタイへの進出が再び加速することになる。

図1　各期間におけるタイ進出件数の推移（大企業・中小企業別）

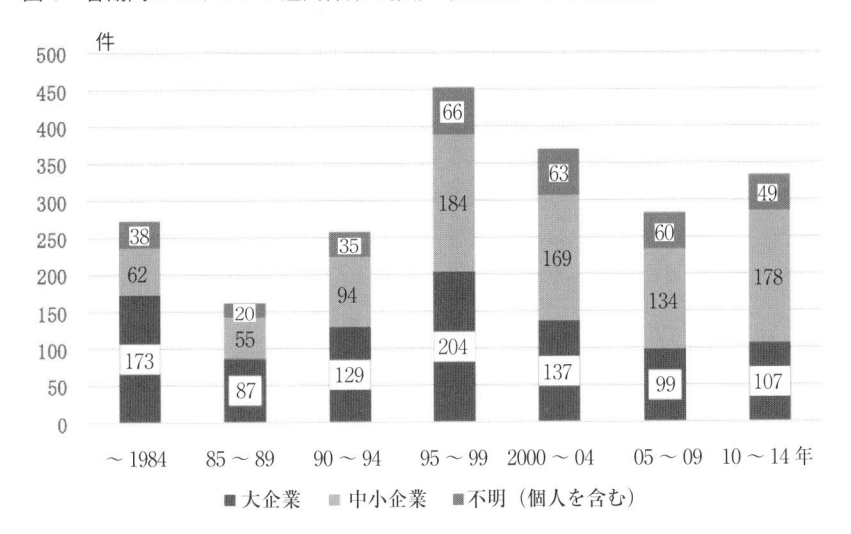

出所：日本貿易振興機構資料より筆者作成。

　その結果、2011 年 11 月に 3,133 社あった現地日系企業数が前記のように 3,924 社まで増加したのである。わずか2年強のあいだに企業数で言えば 791 社、割合で言えば 25.2% の増加である。どの規模で増加が多いのかを日本国内の年商別でみると「年商 1000 億円以上」の大企業は 410 社から 442 社とわずか 32 社の増加に過ぎないが、より規模の小さい企業、なかでも「年商 10 億円以上 100 億円未満」は 1,030 社から 1,519 社へと 489 社も増加している（図2）。すなわち、この間の進出は中小企業、なかでもより規模の小さい企業の進出が多いのである。タイ投資委員会（Board of Investment:BOI）の資料でみても、外資系企業の投資が増大しているが、1 案件当たりの投資額はこの数年減少傾向にある、つまり小規模の投資案件が増えているという（関 2012）。これを裏付ける結果が報告されている。

　この間、どの業種が増加したのかをみると「自動車部分品製造」や「自動車操縦装置製造」と「自動車」がつく業種はともに2位、5位といった上位をキー

図2　国内年商規模別にみるタイ進出企業数（2011年、2014年比較）

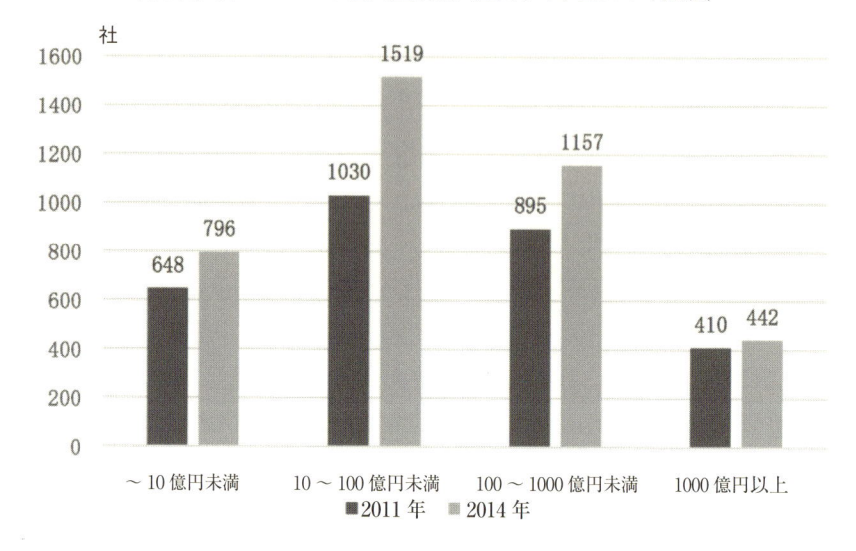

出所：㈱帝国データバンク「第2回 タイ進出企業の実態調査」（2014年2月26日）より筆者作成。

プしている。これに加えて、大きく順位を上げたのは「金属プレス製品製造」で7位から4位の上昇となっている。周知のように同製造の需要先の多くは自動車産業である。

　これらを総合すると、この間、増加したのは自動車部品関連企業であること、企業規模でいえば中小企業で、なかでも比較的規模のより小さい企業であることである。これより考えられるのが、2011〜2014年に進出した多くはまさに単一工程しかもたない専業企業と考えられ、その典型が前記したような金属プレス部品製造業であることがうかがえる。

　自動車部品関連企業が多いことは進出企業の本社所在地からもみてとれる。タイ進出企業が多い都道府県は東京（1,342社）、大阪（527社）の他に愛知県（449社）、神奈川県（223社）、静岡県（172社）、埼玉県（147社）など自動車の製造拠点となっている地域が目立つ。そこで前記のデータを裏付ける具体的な進

出の動向について自動車部品関連企業が多く集まる愛知県を例にみてみる（田村 2016）。

　そもそも、こうした海外進出のトリガーとなったのは 2008 年 9 月に起きたリーマンショックに他ならない。これによる国内自動車生産の大幅な減産のなか、2 次メーカーを中心に内外製の見直しが重視され、外注を取りやめ内製化への転換が始まった。2009 年の 6 月頃から徐々に生産は回復過程に入り、これらのメーカーはリーマン前の 70％まで回復したが、金型、プレス関係のサプライヤーからは外注先の「3 社のうち 2 社は廃業」など厳しい状況にあることが指摘された。

　2010 年になると、円高と取引先の海外調達の強まりから海外進出への着目が強まっていった。トヨタの発注先が中国へとシフトを始めたことのほか、部品コスト 30％減を掲げるなど厳しいコスト圧縮を強いられる状況にあった。こうした日本市場の低迷が続くなか、ASEAN 市場が予想以上に回復（図3）、これが海外進出への大きなインセンティブになり、国内市場と低迷とともに外需への接近が重要な経営課題になっていった。

　2011 年から 2012 年にかけて日本自動車メーカーの生産台数は新興国の現地生産拡大によりリーマン以前の水準に回復するとともに、円高で海外進出への動機高まる。超円高のもと、Tier1 の積極的現調姿勢をとり、Tier2、Tier3 の海外進出が進むことになる。「緊急避難的に海外へ行く」、「とりあえず海外へという動きは枚挙にいとまがない」という新聞報道にあるように、この間に多くの中小企業の進出が進んだのである。

（2）市場環境の変化

　このようにして多くの専業企業の進出が進んだタイであるが、ほぼ時を同じくして進出日系中小企業を取り巻く大きな環境変化が 3 つあった。

　一つは市場の縮小である。この間のタイの自動車生産動向をみると、ちょうど進出企業の現地操業が軌道に乗り始める 2014 年以降、タイの自動車生産台

図3　タイ自動車生産台数の推移

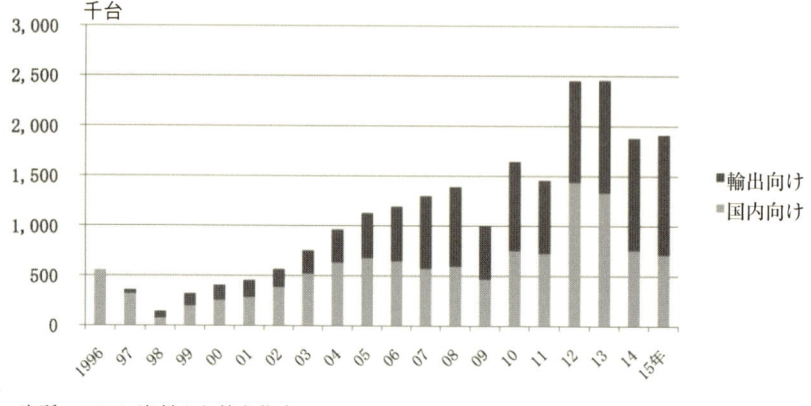

出所：TAIA資料より筆者作成。

数が急減した（図3）。その要因として2011年に起きた大洪水とそれの反動増の影響と、2011年9月から2012年12月にかけて実施された自動車購入者に対する物品税の還付制度による需要の"先食い"がある。[14]これに2013年から始まった円安基調による日系完成車メーカーの国内生産への回帰も加わり、輸出向けは依然堅調なものの国内向けは大きく落ち込むことになる。

　二つは、人件費の高騰である。これまでもタイ各地域の法定最低賃金は漸増してきたが、2012年4月に、例えばバンコク都で1日215バーツから300バーツへと一気に引き上げられ、さらに2013年1月にはバンコク都周辺地域も300バーツまで引き上げられた。[15]市場の縮小後、直近の2017年1月からも全77都県中69都県で300バーツから5〜10バーツ引き上げられている。[16]これは進出する日系企業にとって大きなコスト負担となることは明らかであろう。

　三つは、現地での競争環境の激化である。その一つがタイ資本企業の台頭で、タイ自動車研究所の調査によれば、タイの主要自動車部品企業は711社あり、資本別にはタイ資本100%が354社（全体の49.8%）、タイ資本50%以上が68社（同9.6%）である。すなわち、この両者で約6割の企業が占め、残り4割

の外資系企業を上回っている。次いで711社を自動車部品の部門別にみると、車体部品が最も多く121社あり、このうちタイ資本100％が57社、50％以上が17社を占め、両者で74社と残りの外資系の47社を大きく凌ぐ[17]。言うまでもなく車体部品は、プレス、機械加工、溶接、組立といった技術・工程を必要とする分野であり、これはまさに進出する日系中小企業との競合関係にある分野でもある。そのタイ資本企業も着実に技術力を向上させ実力をつけてきており、日本企業のサプライチェーンの、最終製品製造企業から見て2次サプライヤーの地位を獲得している企業も存在している（関2015）。これに中国やインドなどからの自動車部品の輸入も加わり、現地に進出する日系中小企業を取り巻く競争環境は大変厳しいものになっている。

(3) 現地日系企業の業績

この間の日系中小企業のタイにおける営業利益の推移をみると2011年で約

図4　日系中小企業のタイ法人における営業利益の推移

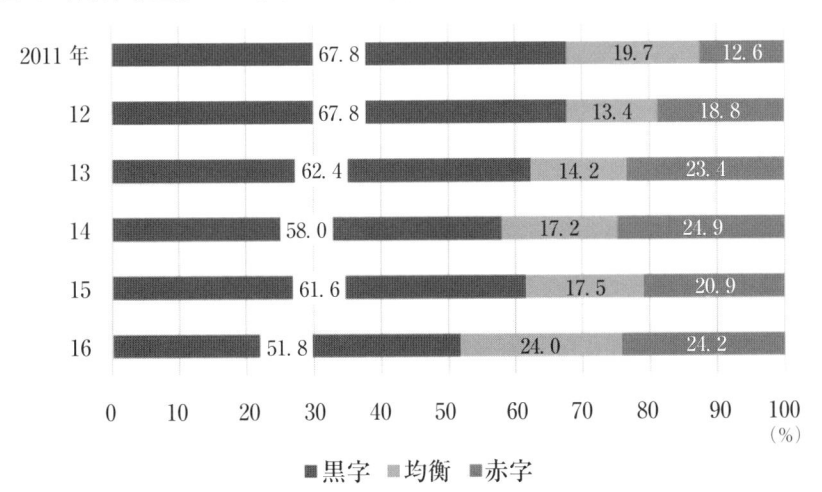

出所：日本貿易振興機構「アジア・オセアニア進出日系企業実態調査」各年版より筆者作成。

7割あった「黒字」企業の割合が、年々減少傾向にあり、2016年では約5割まで低下している。逆に約3割であった「均衡」もしくは「赤字」とする企業の割合が約5割まで増加している（図4）。

　さて、この赤字企業はどんな企業なのか。筆者が現地で実施したヒアリング調査によれば[18]、赤字企業は近年、進出してきた規模の小さい、単一工程しかもたない専業企業という指摘をよく耳にした。実際に2011年以降に設立された後発進出企業（回答企業数161社）のうち46.0％が赤字企業という調査結果もある[19]。前記のデータからこの間に設立されたのは、より規模の小さい専業の中小企業が多いということ状況と合わせると、赤字の多くはそうした企業であることが考えられる。

　以上みたようにタイに進出した中小企業、とりわけ2010年以降に進出した後発進出企業、その多くを占める単一工程しかもたない専業企業の経営状況が厳しいことがわかった。そこで、こうした企業が現況を打破するために取り組む工程間連携の事例についてみてみる。

3　企業事例[20]

　A社は1997年、長野県岡谷市に設立されたプレスメーカーである。同地域の製造業としてはやや遅い創業といえるが、もともと創業者は付近の製造業者で営業を担当していたこともあり、創業時は商社であった。ところが翌1998年、倒産した企業のプレス部門を引き取ることになり、製造業に業種転換したのである。

　当初、手掛けたのは弱電や携帯電話向けの部品である。特に後者については2000年代に入り、その爆発的普及に伴いA社の事業も拡大した。一方、A社創業者は当初からトヨタ系への参入に強い意欲をもっていた。営業職として勤務した前職時代、その管理方法の凄さを目の当たりにし、いつの日か、自身の会社にもその方法を導入したいと祈願していたからである。そのため、創業と

同時に営業を始め、足掛け8年の2005年、念願のトヨタ系Tier1からの量産受注に成功した。その後、他の自動車系メーカーからの受注も増え、現在、自動車関係の売上は全体の60%となっている。従業員は50名、売上は2015年で10億円程度である。

　そのA社がタイへ進出することになったのは2013年、そしてプレス専業としての進出であることからまさに後発進出企業にあたる。進出の目的は、日本国内にはないトヨタの新型IMV市場の受注獲得であった。したがってタイでの生産は輸出向けが中心で、そのためタイでの生産減少の直接の影響は受けずに済んだのだが、この影響により受注を失った企業との競争も考えられ、今後は不透明な状況にあった。その矢先、B社から工場見学の依頼が舞い込んだ。B社とは国内での取引は創業当初はあったが、その後、他社との取引が拡大していくなかで徐々に減少、近年ではほとんどなかった。

　このB社は1929年に設立された山梨県境川市の成形メーカーである。当初は水道メータの修理から始まって、その後、メータ・ギア部品など金属加工を手掛け、さらにドイツ製部品に樹脂が利用されているのをみるにつけ、成形分野に進出するに至っている。その後、需要先を広げ、レーザープリンタのトナー撹拌装置、カーテンレールのダンパー部品、ウオシュレットのノズルなど需要先を広げ、自動車分野にも参入、Tier2としてスピーカーコーン、ヘッドランプ、燃料、コンビネーションスイッチ、吸気関係など多くの成形部品を手掛けている。国内の従業員は250名である。

　B社の海外進出への取り組みは早く、1990年のマレーシア進出から始まり、タイ、米国、中国、ベトナム、シンガポール、そして近年ではインドへと展開し、現在、海外拠点数は7か国、14拠点にのぼる。グループ全体の従業員は6,300名で売上の半分以上は既に海外となっている。タイへの進出は2番目に古い1991年、当初は弱電向けが中心で、アユタヤ周辺に3工場を有していた。ところが2011年、大洪水が発生、2工場を閉鎖、危機管理の点から2013年、ラーヨン（イースタン・シーボード）に工場を移転・新設した（従業員800名）。アユタヤに残した1工場は電気分野、ラーヨンは自動車分野と棲み分けを図り、

後者の売上の８割が自動車になっている。ヘッド、ヒューズ、ワイパー、オイルフィルター、トランスミッション関連部品など、そのアイテム数は3,000にのぼっている。

このように進出以来、25年が経過し、需要先を変遷させながら拡大を図ってきたＢ社だが、それまでＢ社で必要なプレス品は顧客からの指定購買であり、コスト削減の余地は自社の成形工程に求めるしかなかった。一方で、ローカル企業の台頭、中国製輸入が拡大によりコスト的に厳しくなるなかで、従来のように成形工程だけでは太刀打ちできない。折しも、成形・プレス部品の複合化・一体化が進んでおり、プレス工程を自社に取り込むことがコストのみならず、技術的にも必要と判断した。その際、当初は内製も考えたが、より手間のかからないプレスメーカーの技術活用を選択、日系プレスメーカー３、４社を対象に調査し、そのなかでＡ社を選択したのだった。

Ｂ社の当初の申し出はプレス部品の供給にかかる資本提携であった。しかし両社の企業規模の違いなどから、結局、連携という形態に落ち着いた。したがって両社のあいだには契約などによる取り決めはなく、表面的には「通常」の取引となっている。しかし、この連携を契機に、これまで1500㎡程度と手狭であったＡ社工場（アマタ・シティ）がＢ社の工場敷地内に移転、６千㎡に拡張した。これについても、Ｂ社はＡ社に自社工場の提供を提案したが〝自分の城〟にこだわり、敷地内への移転・賃貸にとどまった。

以上のようにＡ社、Ｂ社は別会社といえ、同一敷地内での生産のため、梱包費・運搬費はともにゼロとなり、この点だけでも他社との取引にくらべてコスト上、優位になる。さらに取引コストの減少も加わり、見積もり・コンペになってもＡ社が価格競争力を持ち、他社に発注されることはない。また顧客側にも、従来はプレス品、成形品を別々に発注していたのを一本化することを可能にし、取引先の管理コストの削減をもたらしている。プレスや成形に必要な金型については日本からの輸入であり、この点での技術漏洩の懸念も抑えられている。Ｂ社からみれば、これまで必要なプレス品は顧客からの指定先から購入するだけであった。そのため、コスト削減の対象は自社の成形品の範囲だけであった

が、プレス品まで範囲を広げることで、その対象先が広がる。またプレスのパートナーを持ったことで営業の幅が広がるとともに、そのセールストークとして使うことが可能になった。

こうしたメリットはA社についてもいえ、お互いの営業が相乗効果を生んでいる。A社が受注するのはタイ国内分だけにとどまらない。前記したようにB社は7か国に拠点をもっており、タイは米国拠点向け、インド拠点向け部品の輸出拠点にもなっている。したがってA社は、B社の販路を使って第3国に輸出するというメリットを享受している。

加えて、タイで連携が始まった後、日本でもB社からの受注が増え始めた。B社側も国内の仕事もA社に集中させようとする話になっており、タイを起点に日本での企業間関係も強くなっている。

おわりに

前記したように、日本で中小企業間の工程間連携が進展しにくいのは、中小企業にコスト削減等を可能にするカイゼン能力、また自前主義へのこだわりがあり、そして「ヨコの関係」を阻む企業間の垣根があり、さらに信頼関係の形成が困難であるためと指摘した。一方、アジアではこれらが日本と異なる状況にあることが考えられ、工程間連携が進展しやすい環境が整っている可能性がある。こうした仮説をもとに、本論では実際に工程間連携に取り組んでいる企業を通じて、その可能性を検証することを目的とした。

前節の事例でみると、カイゼン能力について、A社は進出してからまだ間もなく、こうした能力の獲得については途上だが、B社は25年の現地での経験をもっている。従業員800名規模のなかから人材も育ち、すでに同社社長はタイ人、オペレーションもタイ人中心になっている。VA（Value Analysis：価値分析）やVE（Value Engineering：価値工学）も日常行われており、これらの点から日本で進まない工程間連携が海外で進むのは現地のカイゼン能力の不

足のためとはいえない。

　自前主義へのこだわりについては、海外ではそれがなく、また金型も日本から持ち込まれていることなど秘匿すべき技術やノウハウなども少ない。Ｂ社も積極的にＡ社の技術を取り込み、進出間もないＡ社もＢ社の工場敷地といった物的面での利用のみならず、現地でのビジネス経験や市場情報、そして販路を活用している。

　もちろん、こうした取り組みがスムーズに進むのは、顧客とサプライヤーとの間だけでなく、中小企業（サプライヤー）間の垣根も低くなっているからである。保有技術や工程こそ違えど、日系中小企業が現地で直面する課題は近しく、駐在日本人の数も限られ、全てへのフォローも難しい海外では相互互助の機能が働くというコメントが両社から聞かれた。

　最後の信頼関係の形成について、この事例でいえば社長同士の面識はあるものの国内での取引はほとんどない。したがって日本の企業間関係がそのまま移転したわけでもない。それにも係わらず、連携に必要な信頼関係が形成されるのは「日系」という看板がその形成に向けてのハードルを低くしたと考えられる。アジアにおいては、日本では考えられない〝日の丸企業連合〟が形成されやすい環境にあるのである。

　以上によりアジアの場合、自前主義へのこだわりはなく、企業間の垣根も低く、信頼関係の形成が比較的容易である。すなわちカイゼン能力があっても、工程間連携が進みやすい環境が整っていることが明らかになった。限られた事例からの検証であるが、ここで明らかになったことは他社にもあてはまり、その点、一般性をもっているといえる。

　これはアジアにおいて、工程間連携のメリットを活かして、ビジネスチャンスの「拡大」が図れることを意味する。この場合の「拡大」とは先行研究で指摘される受注獲得といった単なる量的側面での「企業としての成長」だけではなく、国内に留まっていたのでは成し得ない「経営革新」を図るといった質的側面を含んでいる。具体的には、タイでの関係強化が日本に派生したり、また相手先の販路を通じたグローバルな展開が可能になったりしていることがあ

る。このようにアジアへの進出は日本と異なる環境のなかで、「経営革新」を図る機会となっているのである。

　また後発進出企業に多い単一工程しかもたない専業企業でもアジアにおいてビジネスチャンスが残されていることが確認された。その理由は早くから進出している日系企業でも、現地企業の台頭や経営に問題を抱えるなど厳しい状況にあり、後発進出企業と同様に、競争戦略の見直しを迫られているからである。A社と連携するB社は成形業を営むが、同業種についてはタイでも飽和状態にあり、単独業種での生き残りは厳しい状況にある。したがって連携や買収を受け入れるのに、後発進出企業と同様の、むしろそれ以上かも知れない環境要因がカウンターパート側にもあったことが指摘できる。これは進出の遅れた、単一工程しかもたないがゆえに、現地の（成熟）市場のなかで厳しい経営環境におかれる後発進出企業でも、それら企業との関係を構築することによって活路を見いだせることを示唆している。むしろ遅れて進出したからこそ得られるチャンスともいえ、筆者はこれを「後発進出企業の利益」と呼ぶことにしたい。

　本論を通じて、アジアは中小企業にとって自社の「経営革新」のための機会を見出す場となっていることが確認された。今回は企業（工程）間連携というキーワードをもとに、その可能性を検証したが、他にも新規事業展開や人材活用の面でユニークな「経営革新」が考えられる。今後、機会をみつけて、そうした取り組み可能性についても検証していきたい。

［注］
(1) 中小企業庁取引課（平成25年6月）「サプライヤー中小企業の競争力を高める　実践者が語る中小企業連携ナビ Ver1.0」p.1 より転載。
(2) 同上。
(3) 東京商工会議所ものづくり推進委員会（平成24年11月）「中小ものづくり企業の企業間連携に関する実態調査報告書」。
(4) 中小企業庁編『平成17年版　中小企業白書』ぎょうせい。
(5) 磯村崇「アライアンスで活路を拓く!?　中小企業の生き残り戦略に潜む注

意点」2014 年 6 月 16 日。

http://shacyoyutai.com/blog/alliance/　2016 年 11 月 28 日閲覧。

(6)　中沢（2012）。

(7)　同上。

(8)　関（2012）。

(9)　中沢（2012）。

(10)　同上。

(11)　㈱帝国データバンク「特別企画：第 2 回 タイ進出企業の実態調査」2014 年
　　2 月 26 日。

(12)　同上。

(13)　同上。

(14)　みずほ総合研究所（2013）「みずほインサイト：低迷が続くタイの自動車生産」
　　2013 年 11 月 20 日。

(15)　Personnel Consultant「タイの最低賃金表」

http://www.personnelconsultant.co.th/thai-life/salary　2017 年 12 月 20 日閲覧。

(16)　日本語総合情報サイト@タイランド newsclips.be　2016 年 10 月 19 日

http://www.newsclip.be/article/2016/10/19/30888.html　2017 年 12 月 20 日 閲
　　覧。

(17)　小林英夫（2012）「タイにおける自動車・同部品産業」西村英俊編『アセア
　　ンの自動車・同部品産業と地域統合の進展』ERIA（東アジア・アセアン経済
　　研究センター）、原典『FOUR IN アジア自動車調査月報』55 号、2011 年 7 月、
　　p.21。

(18)　2016 年 3 月 21 日〜3 月 25 日。

(19)　日本貿易振興機構（ジェトロ）「2016 年度 アジア・オセアニア進出日系企
　　業実態調査」2016 年 12 月 21 日。

(20)　2016 年 3 月 21 日、A 社・B 社のタイ法人でヒアリング調査実施。

［参考文献］

兼村智也（2013）『生産技術と取引関係の国際移転──中国における自動車用金型
　　を例に』つげ書房新社。

兼村智也（2016）「ものづくり中小企業の事業連携の動向」日刊工業新聞社『プレ
　　ス技術』Vol.55、No.1。

クリス・ヘンドリー著、桑名義晴・佐藤憲正監訳（1996）『国際ビジネスと HRS：
　　新生欧州における挑戦課題』黎明出版。

関智宏（2012）「日系中小企業の進出：タイビジネスの魅力と課題」藤岡資正・チャイポン・ポンパニッチ・関智宏編著『タイビジネスと日本企業』同友館。

関智宏（2015）「ものづくり中小企業のタイ進出の実態と課題」大野泉編著『町工場からアジアのグローバル企業へ　中小企業の海外進出戦略と支援策』中央経済社。

P.M. スワミダス編、黒田充・門田安弘・森戸晋監訳（2004）『生産管理大辞典』朝倉書店。

竹野忠弘（2008）「東海地域企業の工程間分業との連携による事業展開」名古屋市立大学経済学会『オイコノミカ』第44巻第3・4号。

田村豊（2016）「成長をどのように維持させるのか——リーマンショック以降の愛知の自動車部品メーカーの動向を振り返る」清晌一郎編著『日本自動車産業グローバル化の新段階と自動車部品・関連中小企業——1次・2次・3次サプライヤー調査結果と地域別部品関連産業の実態』社会評論社。

中沢孝夫（2012）『グローバル化と中小企業』筑摩書房。

西村泰洋（2007）『成功する企業提携』NTT出版。

港徹雄（2009）「パワーと信頼を軸とした企業間分業システムの進化過程」『三田学会雑誌』101巻第4号、2009年1月、港徹雄　pp.69-97。

横田悦二郎（2016）「事業連携から考える中堅・中小企業のサバイバル戦略」日刊工業新聞社『プレス技術』Vol.55、No.1。

尹卿烈（2010）「中小企業における連携戦略の状況と成果に関する研究」『福島大学地域創造』第22号。

第11章

中小部品サプライヤーの
海外進出支援プラットフォーム
T通商テクノパーク（インドネシア）のケース

遠山恭司

はじめに

　わが国を代表する自動車産業のうち、自動車メーカーと大手1次サプライヤーのグローバル展開は2000年代以降にますます拡大の一途をたどっている。日本ブランドによる自動車の海外生産台数は2007年に国内生産を上回り、2015年には海外生産が国内のそれのほぼ2倍の生産量にまで増大した。それは、世界の自動車市場の約3割を日本ブランドが占めているほどのプレゼンスであり、生産と販売活動ばかりでなく、研究開発や性能試験といった川上部門の一部までが海外拠点で行われるほどのグローバル展開の結果でもある（清編2011、2016）。もちろん、このことは、自動車メーカーと大手の部品メーカーによるものであることは自明である。

　ただ、広く知られているように、2万点以上もの部品からなる自動車の生産には、プレスや切削などの機械加工、鍛造・鋳造などの素形材、金型・治工具などの生産と供給を担う2次・3次の階層に位置する中小部品サプライヤーの存在がかかせない。このような自動車サプライヤーシステムの「下層」部を構成する中小規模の部品メーカーは、経営資源の不足が一般化しており、取引先である大手1次サプライヤーのグローバル展開にともなって海外へ進出するのは容易なことではない（清2013）。

　新興国市場の勃興・成長や日本国内での生産拡大見通しの低さ、為替事情な

ど、中小部品サプライヤーにとっても海外市場へ打って出る選択肢は魅力的であり、取引先の現地調達貢献への期待や国の中小企業政策にも合致する部分がある。そこで、本稿では、中小部品サプライヤーが海外進出を検討、調査、意思決定、現地法人設立、生産の立ち上げにいたるまでの過程で、何が制約や問題となっているのかを事例から明らかにする。つぎに、それらの問題や制約を緩和するしくみとして、海外進出前の計画段階から相談にのり、現地法人設立から生産開始とその後の現地経営の効率化と安定操業を支援する海外での貸工場型各種サービスを海外進出支援プラットフォームと位置づけ、その機能と役割、効果について計数面についても検討する。取り上げる事例は、2010 年代から中小製造業の進出先として注目されている ASEAN 向け直接投資とし、タイに次いで中小部品サプライヤーの進出拠点として注目を集めているインドネシアに焦点を絞る。

1　中小製造業の海外直接投資と事業環境の変化

（1）データからみた直接投資

　人口縮小と超高齢社会に突入した日本の経済環境のもとで、中小製造業、なかでも中小自動車部品サプライヤーの存立環境は厳しさを増している（清 1999、清編 2016）。他方で海外、とりわけ新興国市場における自動車販売台数は今後も伸びていくことが予想され、自動車メーカーや１次サプライヤーの海外生産もそれにあわせて拡大していくと思われる。当然ながら、そこに２次以下の中小部品サプライヤーのビジネスチャンスが存在する。近年では海外進出した中小企業の方が、進出していない企業に比べて国内雇用の維持・拡大能力に優れているといったデータも示されるなど、中小企業のグローバル展開に期待するむきも強まっている（中小企業白書 2014 年版）。

　日本政策金融公庫総合研究所の調査（4,607 社対象）によれば、海外直接

投資（現地法人の設立、または既存の外国企業への出資（いずれも出資比率 10％以上））をしている中小企業の割合は 7.0％にすぎない（丹下 2015）。そのうち製造業が 11.3％、非製造業が 3.5％で、中小製造業の方が事業活動をグローバル化させている。あるいは、われわれの共同研究による中小部品企業を対象としたアンケート調査結果によれば（遠山・清ほか 2014）、中小自動車部品企業 929 社のうち海外拠点を保有する企業は 71 件、比率にして 7.6％であった。

　これらを総合的に勘案すると、2010 年代中ごろの時点において全国の中小製造業のうち海外直接投資を行っているのは、おおむね 1 ～ 2 割程度にすぎないのではないかと思われる。このことは、輸出や技術提携に比べて中小企業にとって海外直接投資はハードルが高く、経営資源、とくに人材面や資金面の不足によるところが大きい。加えて、ビジネス環境や慣習、インフラ、法体系や政府規制など日本とあまりにも状況の異なる海外事情に関する情報の不足や不安・リスクといった要素も経営者を尻込みさせるだろう。

　では、中小企業の直接投資先となっているのは、どの国・地域であろうか。中小製造業のみの海外直接投資先データは簡易にみあたらないため、「海外事業活動基本調査」の中小企業データを使った中小企業白書 2016 年版の数値（表 1）を参照してみよう。投資時期別による海外現地法人の国・地域別構成の推移によれば、2000 年代中ごろまで中小企業の現地法人は 6 割強が中国に集中していた。それが 2000 年代後半以降は中国の相次ぐ人件費の高騰を嫌ってか、2 割程度に過ぎなかった ASEAN 地域の構成比が徐々に上昇し、2012 年には中国のそれを上回った。2013 年の数値では ASEAN が全体の 42.8％を占め、中

表 1　投資時期別・規模別に見た海外現地法人の国・地域構成の推移（中小企業）
　　　単位：%

	2000	2003	2005	2008	2010	2013
中国（香港を含む）	44.7	66.5	62.6	45.6	45.9	27.3
ASEAN	17.8	14.2	18.7	27.4	25.5	42.8

　資料：経済産業省「平成 26 年海外事業活動基本調査」再編加工。
　出所：中小企業白書 2016 年版より作成。

国は27.3%に後退している[(5)]。

われわれの共同研究で実施した中小部品サプライヤー・アンケートの結果からも、2000年代後半以降のASEAN進出が顕著な傾向を示す結果となっている（遠山・清ほか2014）。1次サプライヤー向けに実施したアンケート調査によれば（清2015、遠山2016）、大手サプライヤーは1970年代から1990年代まで一貫してASEAN投資が中国進出件数を上回っており、2000年代以降になって中国とASEANが数的に拮抗している。日本ブランドが販売市場で圧倒的なシェアを握るASEANにおいて、1次サプライヤーの現地での仕入れ先・調達先としての中小部品サプライヤーの進出が期待され、それに対応している構図がここから浮かび上がってくる。安い人件費を利用した日本や第三国への輸出というよりは、現地での需要やビジネスチャンスの拡大、市場の成長性に期待した中小部品サプライヤーの海外進出という傾向が一般的である[(6)]。

(2) 甘かった現地コストから深層現調化への大転換

リーマンショックと世界不況の直前に行われた自動車メーカー・1次サプライヤーによる高機能部品のグローバル展開・調達に関する調査では、2次サプライヤーをはじめとした中小サプライヤーへの課題を次のようにまとめている（中小企業金融公庫総合研究所2007）。すなわち、日系2次サプライヤーは品質は高いがコストも高く、「着実に技術力を身につけつつある地場サプライヤー」との競争を考えなければならなくなるだろうと指摘している。

ところが、同じ機関による翌年度公表の調査結果では、1次サプライヤーへのアンケートとインタビューにもとづいて、現地日系2次サプライヤーからの調達コストに満足していない様子が示されていた（中小企業金融公庫総合研究所2008）。本調査では、大手サプライヤーは現地調達率の向上と安定した品質水準、納期・供給を追求しており、現地日系2次サプライヤーに比較的有利な価格で取引している実態を明らかにした。世界不況前で、かつ、2010年代からの日系中小サプライヤーの海外進出ブーム以前だったこともあり、輸送費や関税を

含めた日本からの輸出価格を基準として、現地生産の取引価格がそれ以下であれば日本の取引価格よりも高くとも、受注が可能だった。とはいえ、同報告書の総括では、その状態が長く続くことはありえず、中小サプライヤーの進出の加速、地場企業を含めた競争の激化、1次サプライヤーの生産コスト低減要請の強化が予想されるとした。その結果、現地の中小部品サプライヤーは甘い現地コストを許容されて利益を出せる環境から、現地でのコスト削減の努力と工夫がますます求められると結論し、まさに正鵠を射る指摘であった。

ところで、世界不況と金融危機で先進国の自動車市場が低迷するなか、新興国では経済発展と国民所得の向上により自動車市場は拡大の一途をたどった。そうしたなかで、日産は主力の小型モデルのマーチをタイ工場に生産移管し（2009年）、日本へ輸入する大胆な生産体制の転換を行った。同時期にトヨタはインドで低価格車エティオスの生産・販売を、また、ホンダは新興国向けモデルとしてブリオを2012年にタイとインドで生産・販売した。2015年にはトヨタの新興国戦略モデルIMVの全面刷新が行われ、10か国・地域で生産し190か国・地域で販売する計画となっている。

このような自動車メーカーの新興国モデルの投入や生産移管が進行するなかで、欧米メーカーのASEAN進出・参入が次第に明らかになり、2000年代前半にみられた甘いコスト構造での部品の現地調達がもはや許容される余地はなくなった。設計から素材、工法、工程などあらゆる観点から見直しを行って原価低減を図り、2次サプライヤーを含めて高コストな現地日系サプライヤーからの調達や日本輸入から、真の意味での現地における原価低減が求められるようになった。それを端的に表現しているのが、日本の最大手部品サプライヤーD社のいう「深層現調化（深層レベルでの現地調達）」といえよう（清2013）。

深層現調化では、見かけ上の現地調達からの大転換を指している[7]。つまり、日本から輸入・調達した高コスト体質な素材・設備・金型・治具や日本人による指導で生産した部品から、現地の顧客仕様の範囲に収まる品質と、現地ローカルあるいはそれに匹敵しうる価格で安定供給が可能なサプライヤーからの調達にできるだけ切り替えていくことを意味する。D社では、長期的なパートナー

として技術的難易度の高い部品を製造する現地の2次サプライヤーに対して、ノウハウ開示や技術支援などを行ってコストを6割程度にまで引き下げてもらう姿勢が示されている（清2013）。中難易度の部品については、発注量をまとめて域内共有仕入れ先として、その分量からコストを半減できるサプライヤー（日系・ローカル問わず）から選択的に調達していきたいという[8]。

　このような1次サプライヤーの深層現調化は、国内2次・3次サプライヤーといった中小部品サプライヤー群の「輸出市場を一層狭め、生産の絶対的縮小に結びつ」きかねない（清2013）。さらに、2010年代初頭の円高をはじめとする国内事業環境の厳しさもあいまって、中小部品サプライヤー経営者が海外進出に「浮き足立つ」ほどの気運が醸成された（田村2016）。ここでいう直接投資の対象先は、中国、タイ、インドネシア、ベトナムなど、東アジア諸国がほとんどであり、欧米やインド、南米はほとんどみられない。中小企業の資源制約と自動車ビジネスの成長性からみれば、首肯されるところである。そこで、本稿では2010年代のアジア自動車ビジネス環境の大きな変化に着目して、ここではインドネシアを進出対象として検討した中小部品サプライヤーに焦点を絞って考察を進めていく。

2　中小企業の海外進出プロセス ── 出る選択・出ない選択

　ここでは、中小部品サプライヤーが海外直接投資を行うにいたるプロセスをやや詳細にみていくことで、中小企業の海外進出の障害や困難を描き出していく。実業界でも学術界でも、昨今は中小企業の海外進出を歓迎する、あるいは「是とする」雰囲気や期待にあふれており、国や自治体をはじめとして支援施策メニューも充実の度合いを増している。とはいえ、海外事業の展開を意思決定するまでの過程や法人設立をする段階、さらには現地での生産・営業活動を立ち上げて、軌道に乗せるまでの段階のそれぞれに、中小企業にとっては困難やリスクが存在する。さらに、海外進出を検討したとしても、結果として断念する

ケースの方が圧倒的に多いものと思われる。これらを分けて検討する必要もあるし、また、海外事業の失敗が本社そのものの経営の存立を危うくしかねない現実も冷徹に直視しなければならない。

　一般的な海外直接投資、すなわち海外現地法人を単独で設立するまでにかかる時間は、経営者によるパイロット視察や調査で6か月から1年をかけることも多いため、実際には必要性を認識してから現地生産の立ち上げにいたるまで、ほぼ2年程度というのが相場かと思われる。社内の意思決定後に進出計画を作成しつつ、具体的な現地での事業可能性調査（F/S：フィージビリティスタディ）を数回行い、社内プロジェクトチーム発足、コンサルタント契約、知的財産権確保手続きなどを経て進出計画を完成させ、現地法人設立準備に入る。その後、4〜5か月をかけて現地法人設立に必要な法的な手続きや許認可の取得、登記、口座開設、資本金払い込みなどを経て、現地法人が設立される。続いて工場の建設に要する設計と工事、生産に必要となる材料や備品の購入、機械・設備の設営、人材の採用・研修などを終えて、ようやく19か月後に生産立ち上げとなる。

　これを参考として、海外進出の必要性を認識している中小部品サプライヤーが実際にどのように計画を検討しどの程度の期間を要したのか、どのような事情や諸問題がその計画に影響したのかをケースの記述を通じて考察する。そこで、進出したケースと進出しなかったケースの両方をみてみよう。

（1）海外進出したケース

Mプレス（岡山県）　プレス部品メーカー　従業員数300名

　Mプレスは駆動系部品のプレス加工、パイプ加工、溶接・組立を行う下位自動車メーカーの内製補完型の1次サプライヤーである。企業規模としては中小部品メーカーとはいえ、1次サプライヤーであることから、主要取引先である自動車メーカーのインドネシアでの現地生産体制強化の一翼を担ってほしいと期待されていた（要請ではない）。これまでマレーシア、台湾、インドネシ

図1　中小メーカーの海外ビジネスと実際の新興国ビジネスにおける
　　　コスト意識ギャップ

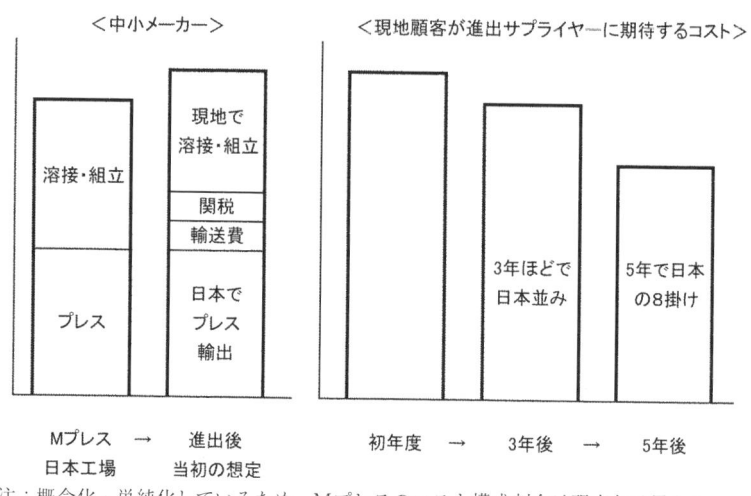

注：概念化・単純化しているため、Mプレスのコスト構成割合は現実とは異なる。
出所：関東学院大学（2014）より筆者作成。

アへの技術援助の経験があったが、海外への工場進出の経験はなかったため、商社のサポートを得ることとし、そのつながりでコンサルティング企業R社も支援業務に関与することとなった。よって、Mプレスの場合、進出先は当初からインドネシアと定め、2011年から外部の支援を得ながら検討が始まった[12]。

　インドネシアでの初期調査は比較的スムースに事を運ぶことができ、Mプレス側としてもかなり楽観的に進出計画をとらえていた様子だったという。具体的には、現地では安い人件費を活用して組立工程だけを行い、日本から構成部品を輸出すればよいという考えであった（図1）。そこでは、日本のコストで加工した部品をインドネシアへ輸出し、輸送費や関税をきちんと認めてもらった価格水準で「現地調達」に貢献すればいいのではないか、という認識であった。ところが、新興国とはいえ、すでに自動車メーカーの市場獲得競争の厳しさはそのような悠長なビジネスを許容する時代はとうに過ぎ去っているとして、商

社やコンサル企業は M プレスへ意識改革を促すこととなった。

　すなわち、M プレスの認識はリーマンショック以前なら通じただろうが、2010 年代の新興国自動車ビジネスにおいては、「日系自動車カーメーカーは、現地の調達コストは進出時から 2 〜 3 年以内に日本と同等レベルに、5 年以内には日本の 8 掛けぐらいのコストを実現しないと満足しない」といわれる。前述した国内有数のサプライヤー D 社の深層現調化では、現地コストは日本の半減が目指されている。しかし、日本の自動車ビジネスの世界しか知らずにきた M プレスは、当初このことをなかなか受け入れることができず、理解されなかったとコンサル企業 R 社は述懐している。また、主要取引先はサプライヤーの現地進出に期待はするが、発注を確約することは基本的にないのが通例であり、不確定要素を含んだ現地経営を余儀なくされることも M プレスに理解してもらった。

　結果、同社の事業計画では、事前調査と外部からのアドバイスをともに、インドネシア事業を収益の柱に育てることを目標に、「小さく産んで大きく育てる」方針で、商社と協力関係にある現地法人のレンタル工場に進出することとした。[13] 取引先も主力顧客以外の開拓・拡販を当初から目指し、現地ではプレス、溶接、組立の一貫生産により設備の高い稼働率を確保することでコスト削減を図る計画を策定した。[14]

　その結果、2012 年 8 月に現地法人設立、2013 年 3 月トライ生産開始と順調に推移した。つまり、検討から現地法人設立まで約 1 年、日系企業転出後の貸工場入居となり工場建設期間が不要のため、設立から生産立ち上げ直前まで約 7 か月であった。

(2) 海外進出していないケース

T 製作所（埼玉県）　刃物・工具の再研磨　従業員数約 30 名

　T 製作所は外資自動車部品大手メーカーなど多数の取引先をもつ切削刃物・工具の再研磨事業を中心とする小規模企業である。再研磨ビジネスのほか、顧

317

客の要望に応じた特注工具の製造も行っている。設立から約50年となる同社の二代目経営者は、リーマンショックと世界不況後の事業を展望したとき、顧客企業の海外生産シフトや中小製造企業の淘汰・廃業などを考えると、海外ビジネスへの展開も避けられないと考えるようになった。地元の異業種交流会が企画したインドネシア視察参加（2011年）を機に、埼玉県が支援を委託しているコンサル企業R社を交えてインドネシア進出を検討するにいたった。

インドネシアは日系大手1次サプライヤーが多く進出し、中小サプライヤーの進出も見込める点で、自動車産業集積として先行するタイに比べてビジネスチャンスがあると考えられた。現地日系サプライヤーは社内で刃物・工具の再研磨をしているところもあるが、それ自体は付加価値を生まないため、現地で外注するニーズはある。しかし、現地の業者の加工技術・技能はいまだ高い水準にはおよばず、場合によっては中間業者を経て日本へ送って再研磨を依頼せざるを得ないことも発生している。

これまで1,500種類にわたるさまざまな刃物・工具を再研磨してきた同社では、職人的技能とその伝承・継承に依存してきたため、作業標準といったものは存在しなかった。そこで、コンサル企業らは、素材、段取り、工程設計、作業方法、品質確認などを標準化・データ化し、基本的なタイプの再研磨作業を50種類に整理できると提案した。これをICTでクラウド管理し、海外工場の作業員がタブレットを使って作業標準どおりの業務を行うことで、業務管理や従業員育成も効率化でき、熟練技能に依存することで発生するノウハウの流出・有力社員の退職などのリスクを回避できるなど、具体的な進出プランの検討を重ねてきた。

また、今回の視察をコーディネートしたコンサル企業R社が支援するプレスメーカーは、2012年にインドネシア進出を決めており、その工場の一部を間借りしてT製作所が事業を始められる可能性も多大にあった。[15]

しかしながら、展望のあるビジネスプランを構想しえたにも関わらず、限られた経営資源のもとで小規模企業の同社が海外進出を決断するのは容易ではなく[16]、2016年時点の現在においても、海外事業には乗り出せていない。リーマ

ンショック直後から危機感を覚え、現地視察を行い、事業の構想を検討するまで8年を経てもなお、経営者の逡巡は続いている。

　以上のケースのように、海外進出の必要性に迫られる中小部品サプライヤーはそれなりの数に相当すると思われるが、実際に海外進出にいたるのは1～2割にすぎないのが実情である。しかし、その必要性を認識したことのある中小企業の割合は、グローバル化の進んだ自動車部品業界では非常に高い水準にあるというのが筆者の実感である。海外進出を阻害する大きな要因として現地での人材問題が大きいことがケース分析からも読み取れるが、同時に何度にもわたる現地での事業可能性調査（F/S）で、受注しうる部品の量の確保が極めて重要な判断材料となる。

　顧客からの進出「要請」による海外展開という言葉をよく聞くが、要請された側は「要請」と受け取っているが、そこには発注の確約も要請文書も存在しないのが通常である。海外事業にともなうリスクや不確実性から、自動車メーカーですら1次サプライヤーに対して同様の行為を行うことはなく、明文化されない「あうん」の呼吸としか表現しようのない状態での決断を求められる。したがって、資金調達や人材確保以前の問題として、顧客からの受注可能性のある部品・資材の発注量そのものの現実的な見通し、現地で生産する場合の原価計算、利益創出と投資回収の中長期計画の妥当性を十二分に吟味することが不可欠である。

　そのような不安定で不確実極まりない海外事業の経営判断は、中小部品サプライヤーでは経営者自身以外にその担い手はなく、国内の本業がしっかりしていてこそ、数度にわたる現地視察や調査、候補地周りができよう。社内で海外進出の合意が得られて意思決定したらしたで、その後に踏まねばならない諸手続も山のように待ち構えている。こうした海外進出にともなう障害や困難ゆえに、全体に占める中小企業の海外直接投資実施割合が低いのは故なしとしないのである。

3　中小部品サプライヤー向け海外進出支援プラットフォーム：Ｔ通商テクノパーク

　ASEAN では、東京都の大田区産業振興協会が区内中小企業の進出用にタイの工業団地経営資本と提携して貸工場を 2006 年に開設したのを嚆矢として、近年ではベトナムで各地の自治体が同様の展開をみせている[17]。

　自動車部品をはじめとした ASEAN 地域のグローバルビジネスは、域内関税の優遇、他国・地域との FTA をめぐる国際分業や相互補完機能の活用が有効で、中小部品サプライヤーにおいてもそれは例外ではない。自動車部品や 2 輪車用部品のサプライヤー向け海外進出・現地経営の支援サービス事業は、大手自動車メーカーグループの T 通商[18]によってインドと ASEAN で展開されている（表2）。

　設立年順にみれば、1998 年にインドのバンガロール、2002 年にタイのイースタンシーボード、2011 年にインドネシアのカラワン地区、2014 年にインドのチュンナイで「テクノパーク」を開設している。最初に立ち上げたインドのテクノパークは自動車部品 1 次サプライヤー向け工業団地の経営で、工業団地

表2　Ｔ通商の日系企業海外現地経営サポート拠点（テクノパーク）の概要

		インド（バンガロール）	インド（チュンナイ）	タイ	インドネシア
設立年		1998 年	2014 年	2002 年	2011 年
顧客企業数		10	8	24	12
主な顧客企業の属性		自動車部品 1 次サプライヤー 2 次サプライヤー	2 輪車部品 1 次サプライヤー	自動車部品 2 次サプライヤー	自動車部品 2 輪車部品 2 次サプライヤー
提供するサービス	小規模工業団地経営	○	×	×	×
	土地・工場・事務所賃貸	○	×	×	○
	財務・経理	×	○	○	○
	人事・総務	×	○	○	○
	通勤バス	○	○	○	○
	給食	○	○	○	○

　出所：Ｔ通商テクノパーク事業室資料より作成。

経営方式としては唯一のものである。それ以外は、顧客も1次ではなく2次サプライヤーを主な対象として、インドネシアでは貸工場タイプ、タイとインド・チュンナイでは管理・付帯サービスの提供のみに徹しており、それぞれ対象となる顧客ニーズや地域性・産業特性、開設時期によって形態を異にしている。タイのテクノパークでのインタビューでは、中小部品サプライヤー向け事業としては、インドネシアの貸工場および管理受託サービスの体系が進化したモデルとのことである。[19] 2016年度に開業するカンボジアでは、インドネシア方式に加えて加工請負と人材教育・派遣事業が追加され、検討中のメキシコでもインドネシア方式を基準とするものと思われる。

　以下では、中小部品サプライヤーの海外進出先として注目されるASEANのT通商テクノパーク（インドネシア）を中心に、その事業の目的や意義、役割と効果について検討する。

（1）テクノパーク（インドネシア）の概要

　産業基盤の層の薄い新興諸国、ASEANでは、日本の自動車メーカーも1次サプライヤーも日本からの素材、設備、部品、金型・治具の輸入に依存することが少なくなかった。とくに精密鍛造部品や金型・治具については、日本では膨大な2次・3次サプライヤーの存在がその供給と技術・技能の点で大いに貢献しているが、新興諸国にその産業基盤はほとんどない。ゆえに現地に進出した自動車メーカーや1次サプライヤーは原価高や調達難に直面しており、高い技術・品質能力をもつ2次・3次サプライヤーによる現地生産・供給が期待されてきた。一方の中小部品サプライヤー側には、受注の不確実性とボリュームの少なさ、資金や人材・海外事業ノウハウの不足、見極めのタイミングの難しさなど、容易ならざる事情にあることは前述したとおりである。

　このような自動車メーカー・1次サプライヤー側の新興国における日本型サプライヤーシステムの強みと成果を最大限に発揮しづらい環境と、中小部品サプライヤーにおける海外事業のハードルの高さ・障害の多さは古くて新しい問

題であり続けている。そこで、自動車業界をはじめ世界のビジネスに明るく、海外現地情報や営業力、人脈、交渉力をもつ自動車メーカー系総合商社が、2次・3次サプライヤーの新興国進出支援ビジネスをその解決策としてはじめたのがテクノパーク事業である[20]。それは、日本型自動車サプライヤーシステムの川上・川中部門の一部を新興諸国にスムースに移転して問題解決（深層現調化）を図り、また、その国の基盤的産業の発展にも寄与するものでもある。ゆえに、テクノパークの立地は自動車メーカーから距離がそう遠くないこと、ビジネス面や業種間などの相乗効果の見込めそうなこと、駐在員の生活しやすさ、ワーカーの確保と通勤面などが考慮され、選定されているという。

　Ｔ通商によるインドネシアのテクノパークに入居する形で現地進出した企業は、われわれの調査時点（2013年）では7社を数え、うち2社は合弁形式によるものであった（表3）。企業事例1は資本金や従業員数の規模からして中小部品サプライヤーの域を超えているが、タイ拠点の生産能力を超えた受注にスピード対応するためにテクノパークを利用した。それ以外の事例企業はいずれ

表3　Ｔ通商テクノパーク（インドネシア）入居企業の例

事例	資本金	従業員数（人）	主な業務・製品	入居理由	他の海外拠点
1	22億300万円	2,206	エンジン・駆動系部品（粉末冶金）	タイ拠点のキャパオーバーに迅速対応	米国、中国、タイ
2	3億5,000万円	156	金属1次2次3次製品の加工・販売	大手サプライヤー出身の幹部より紹介	*タイ、香港、上海
3	9,520万円	140	特殊鋼製品・同加工品・金型	両社経営者が懇意で合弁にて進出	米国
4	1,000万円	150	パーツフォーマー用金型・プレス金型	投資総額見込みから自工場方式から変更	なし
5	6,500万円	120	自動車用ゴム部品製造	大手サプライヤー調達部門から紹介	なし
6	4,390万円	118	エンジン・ブレーキ等の部品	タイテクノパークからの輸出を現地化	タイ
7	3,200万円	60	冷間鍛造部品	大手サプライヤー調達部門から紹介	なし

注：資本金、従業員数、主な業務・製品は日本本社・グループのもの。事例2の海外拠点(*)は販売拠点。
出所：各社資料およびインタビューより作成。

も従業員数200人以下の中小メーカーで、素形材部品の企業が多い。テクノパークを利用する経緯については、その多くが国内取引先である1次サプライヤーによる紹介といったケースやタイでも利用していたケースなどによる。[21] はじめて海外に出た企業は3社で、合弁形式の事例4、単独進出の事例5、事例7がそれにあたる。

　入居にあたってはT通商による審査があるわけではなく、おおむね日本で進出前相談からスタートし、現地での事業を構想していくなかで1ユニット2,500㎡を使える状況の中小部品サプライヤーが入居を決める、という流れが一般的である。また、T自動車系の1次サプライヤーが組織する協力会に加盟している中小部品サプライヤーの場合、そのこと自体が経営安定性を示す一定の目安となるともいわれる。[22] ただし、すでに入居している会社と業種・部品や納入先が重なるような場合は、先住企業の利益を考慮してお引き取り願う方針となっている。

（2）提供サービスの特徴と利用側のメリット

進出リードタイムの迅速化・短縮化

　テクノパークでは、中小部品サプライヤーに対して進出前の相談から事業可能性調査（F/S）、視察手配などからはじまり（日本国内）、海外進出を意思決定した後の現地での工場手配（タイ・インドネシア）、事業所の立ち上げ、現地法人の設立、総務・経理・人事関連サービスを提供している。中小メーカーにとって未知で不案内な諸手続や管理・手配業務をテクノパークがワンストップで担うことで、進出中小部品サプライヤーは最重要任務である生産活動に専念することができる（表4）。同時に、中小部品サプライヤーは慣れない海外事業の初期投資を節約でき、ランニングコストの軽減や現地での生産立ち上げリードタイムの短縮化などが享受しうる（図2）。

　そもそも標準化されたレンタル工場への進出を想定していれば、複数の工業団地の視察や現地でのコンサルティング・会計・税務事務所などとの個別の

323

表4　中小企業の海外直接投資・現地法人設立・生産開始までの作業プロセス

主な作業プロセス	作業時期（目安）
1. 海外進出計画案作成	意思決定までワンストップによる期間短縮が可能
2. 国内調査	
3. 現地派遣	
4. 社内意思決定	
5. 進出計画作成	
6. 社内プロジェクトチーム発足	
7. コンサルタント契約	
8. 知的財産権保全手続き	
9. 現地法人設立日程	起点（0月）
申請書類作成	1～3月 ワンストップによる期間短縮が可能
投資庁、税関などへの手続き	
会社登記手続き	
会社設立	
銀行口座開設	
資本金払い込み	
10. 会社運営手続き、規程の作成	
11. 工場仕様の変更（レンタルユニット内）	
（1）工場改造仕様打ち合わせ	2～3月
（2）工場改造	4～6月
（3）マスターリスト、設備輸送・搬入	6～9月
12. 原材料手配	
（1）現地調達材料類の品質確認	7～10月
（2）現地調達備品購入準備	8～12月
13. 人材採用	
就業規則作成	5～7月
教育・研修	8～12月

注：1～10までT通商（日本・現地）にてサポートした場合の作業期間。
出所：日本貿易振興機構公表資料「海外進出計画を作成する・計画表サンプル」をもとに
　　　T通商資料による進出支援フローを参考に改変・作成。

折衝が不要で、また、すでに入居している日系企業経営者から現地の最新情報の入手が可能である。ワンストップでものごとが把握でき、計画案作成から現地法人設立までの期間もかなり短縮することが可能となる。テクノパークへの進出は、かなりの精度の高さでスケジューリングと管理が可能という点で、はじめて海外に出る中小部品サプライヤーにとってはストレスレスといえよう。
　実際、立ち上げスケジュールを最優先した事例企業1は、資金も人材にも海

図2 テクノパークを利用した場合の進出期間削減効果

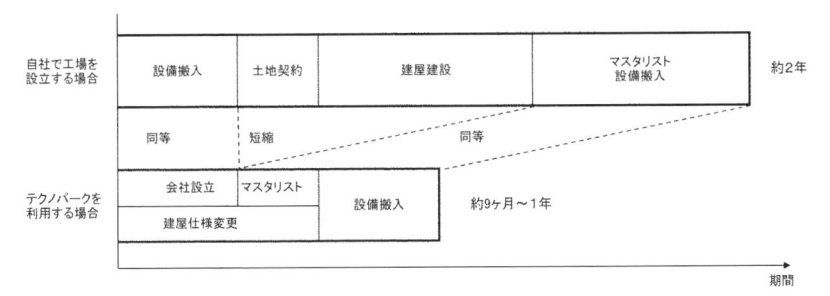

注：T通商による一般的な進出事例として算出しており、顧客企業の進出内容によって効果は変動する。
出所：T通商公表資料による。

外事業で不足ではないが、タイ工場の生産能力を増やすために現地で土地の購入・工場建設をしていると間に合わない事情があった。そこで、短期間の立ち上げ可能なテクノパーク（インドネシア）に進出することを選択した。中小部品サプライヤーも同様のメリットを享受しつつ、経営資源の不足を補える理由から10か月から1年で生産の立ち上げを果たしている（事例3・4合弁、事例5、事例6）。

費用節減効果

次に、テクノパークを利用した場合とそうでない場合の20年間にわたる総必要資金の違いをみてみよう（図3）。

自社で土地を購入して（0.9百万ドル）、建屋面積3,300㎡の工場を建設し（2.7百万ドル）、それらの資金を利率3％の借入金でまかなって、操業後、総務・経理業務を行う人件費に3.8百万ドル、20年で総額9百万ドルと想定される[23]。ただし、ここには機械・設備や電気工事などの費用、生産のために雇用する人件費を含んでいない。

テクノパークを利用した場合、貸工場のため土地や建物への投資は不要でそ

325

図3　テクノパークを利用した場合の進出コスト削減効果（進出準備から操業開始後20年間の必要資金）

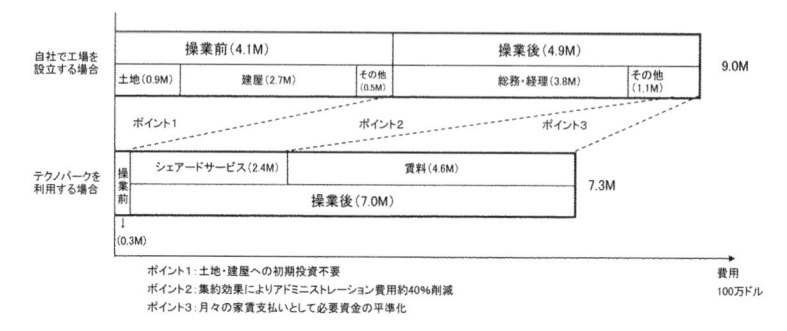

注：自社設立費用の算出は、建屋広さ3,300㎡、土地面積5,500㎡（建坪率60％）、建屋・土地資金の借入対応（3％）20年で返済、建屋償却期間20年定額とし、設備投資・電気工事・生産に関わる人件費を含まない。
出所：Ｔ通商公表資料による。

のための資金調達も不要となる。総務・経理業務はテクノパークのサービスを他の入居企業と共同で利用できる（シェアードサービス：2.4百万ドル）ため、この経費を40％削減できるという。20年間の賃料は合計で4.6百万ドルかかるので、総額は7.3百万ドルとなり、自社で土地・工場を手当てする場合に比べて全体で19％の費用節減が可能となる。1ドルを105円で換算すると、約1億8,000万円に相当する費用の削減が可能となり、中小企業にとっては非常に大きな負担減を見込むことができる。

　実際、事例3・4による合弁企業は、当初、自工場を建設することを想定して総投資額を算出したところ、テクノパークを利用する方がベターと判断して入居にいたっている。[24]

　アドミニストレーション・サービス

　財務・経理と人事・総務といったアドミニストレーション（以下、アドミニ）・サービスは、ものづくりの技術に自信はあっても人材に不足する中小部品サプライヤーにとって有益との声が高い（事例3・4合弁、事例5、事例7）。その手

配・準備に割く時間がなくなり、生産活動の準備と立ち上げに専念でき、早期にQCDを安定化させ、経営を軌道に乗せることが容易となりうることがその理由である。新興国でアドミニ関連の人材を募集・採用するのに手間やコストがかかるのは大きな負担であり、そもそも人材も多いとはいえない。それをテクノパークが採用した現地人スタッフが、入居企業の業務を一括して請け負う仕組みである。ゆえに、進出中小部品サプライヤーがこうした人材を雇用する必要がなく、現地アドミニ関連の日本人スタッフも早期に引き上げることができ、間接コストを大幅に削減できる。

　経理・財務業務では伝票精査・計上から支払代行、原価計算・配分、銀行借入サービスを行い、また、税務では各種税金の算出から納付代行、税調対応までカバーしている。また、月次・年度末の決算や会計監査業務のサポート、しばしば予告なしで変更される法規制情報などの提供も行っている。

　人事・総務関係では、ローカルスタッフ・ワーカーの採用支援や契約業務、労務問題対応、給与計算、社会保険加入手続き、給食サービス、社員の通勤バスの運行など、ほぼすべての領域をカバーしている。工業団地の周辺地域ではワーカーの採用もままならないことが比較的早く起きる昨今、地方に足を運べばまだまだ労働力を集めることは可能だが、これまた中小部品サプライヤーが一社単独でやれるものではない。[25]

　インドネシアとタイでは、テクノパークそのものが40～50名の従業員を抱えており、そのうちの半数以上が経理・財務関係の業務にあたっている。[26]

付帯サービスによる経営の安定化・効率化

　このほかにマネジメント関連サービスと業務支援サービスがある。

　まず、マネジメント関係では、入居企業経営者らが定期的に情報交換を行う会議を企画・運営して日々の現場や労務の情報を交換する場を設けたり、周辺国への視察の提案、現地人管理職らの連絡会開催をサポートしたりしている。そこでは、国内最大手自動車メーカーの経営・調達情報がグループであるT通商ゆえにもたらされ、現地経営の営業活動や戦略に利用されている。こうし

た活動のなかからテクノパーク側は、顧客企業のニーズをいち早く把握して改善に必要な情報を収集・提供に努め、経営の安定化と発展の促進に配慮している[27]。また、各社の主力製品をショールームに展示して、調達先の開拓に励む現地1次サプライヤーに入居企業の紹介を行っている[28]。

　一方、製造活動の周辺に付帯する各種のサービスも提供している。たとえば、商社ならではの強みを活かした原材料の調達や物流センターからのJIT・ミルクラン納入の手配・運送、完成品の在庫管理と輸出業務などがそれにあたる。同様に、現地ビジネスでの損害保険や従業員用各種保険、建設回りの保険の取り扱いも提供している。これらを取り扱う現地企業はT通商の関連会社がほとんどで、T通商としては家賃・アドミニ関連で収益を上げる仕組みは重視せず、こうした付帯サービスも併せて請け負うことで、総合的な観点から利益を生み出せればよいという方針のようである。

　実際、われわれの調査に同行した大手部品サプライヤー幹部は、これらの説明と現地視察を踏まえて、「テクノパークそのものは社会貢献型事業だ」との感想を述べている[29]。それもそのはずで、テクノパークの性格上、現地企業の経営が好調続きで規模の拡張という段階になるとそこを卒業（退去）して、別の場所に単独で工場を設立して事業の拡大を行うのが通例である。ゆえに、テクノパークはつねに「よちよち歩きの（企業の）お世話をさせていただくサイクル」が続くため、テナント料や各種受託サービス価格をそうそう引き上げて利益創出を図るわけにもいかない。ゆえに、日本の大手商社は新興諸国各地で大型工業団地の造成・販売・管理を日系メーカー対象に展開しているが、こうした中小企業向けテクノパーク型のサービス事業に積極的には手を出さない。

　以上みてきたように、中小部品サプライヤーの海外進出について、①進出リードタイムの迅速化・短縮化、②費用節減効果、③アドミニストレーション・サービス、④付帯サービスによる経営の安定化・効率化といった4つの点からテクノパークの機能と役割、その効果を明らかにした。これは、顧客である中小部品サプライヤーに、得意としているものづくりに経営資源を集中させ、管理間

接部門における資源制約面でのハードルをいかに引き下げ、早期・安定した現地経営をスタートさせられるかに配慮した貸工場モデルといえる。また、現地での中小部品サプライヤーの生産活動は、日系1次サプライヤーの深層現調化の実現と深耕を真にサポートし、日本型サプライヤーシステムの基盤産業部分を一部移転することを意味している。つまり、テクノパークは中小部品サプライヤーにとって海外進出支援プラットフォームであると同時に、日本型「下層」サプライヤーシステムの海外移管装置となり、深層現調化の補助・促進機能の役割を果たしている。

おわりに

　先進国市場と新興国市場の異なる性質のマーケットにおいて、激しいグローバル競争が展開されている自動車産業で、日本企業は大きな岐路に直面している。前者では自動運転を筆頭とした高度情報化されたシステムや環境保全、安全性に対する技術的な対応が、後者ではより低価格で高品質なものづくりへの対応が強度に求められている。下層サプライヤーシステムの中小部品メーカーの有力な一部の企業群は、国内はもとより、とりわけ新興国市場における深層現調化への対応・貢献や寄与を取引先から期待されている時代に突入したといえる。

　中小部品サプライヤーが海外直接投資を行う場合、計画、事業可能性調査（F/S）の段階から生産ボリュームと収益の確固とした見通し立案と資金調達、人選、現地の経営管理ノウハウの実現可能性を評価・判断しなければならない。「要請」はあっても「受注の確約のない」リスクを引き受けて、本社本業の存続・発展と現地経営の両立を目指した、高度な経営判断と手腕が中小部品企業経営者に求められている。おそらく、海外での事業可能性調査（F/S）段階を踏まえて海外進出しない決断を下した経営者は多いと思われ、各種調査やこれまでの筆者の調査インタビューでもそうした声は少なくない。ゆえに、下層サプラ

イヤーシステムの海外移管は自動車メーカーや１次サプライヤーが期待するほどには進展せず、そのような環境下で海外現地における深層現調化に彼らは挑戦しているといえる。

　このような状況を小さくとも進展させるしくみのひとつが、今回取り上げたＴ通商のテクノパーク事業である。計画段階から対応し、資金、人材、ノウハウ、情報が不完全で不足する中小部品サプライヤーの不安や負担を軽減し、レンタル工場とアドミニストレーション・サービスを提供している。中小部品サプライヤーは現地でのものづくりと営業に注力でき、生産立ち上げまでの時間と費用の両面において大きな節約効果を享受できる。本事例は自動車産業に特化している点で特徴的ではあるが、中小企業の海外進出を支援するプラットフォームとして特筆されるケースである。これにより１次サプライヤーは新興諸国で調達に苦労している精密部品や金型・治具などの深層現調化を実現して、現地でのQCD効果を高め、日系ブランド自動車の商品競争力強化に貢献しうる。

　もちろん、単独での進出をはじめ、日系中小企業や現地ローカル企業との合弁事業などで、グリーンフィールド型の独自工場をもって海外事業に取り組む中小部品サプライヤーなど、海外進出の形態は一様ではない。本稿では、中小部品サプライヤーの海外進出プロセスにともなう諸問題の中核的な部分に迫り、その問題解決のひとつのあり方としてテクノパーク事業を考察したにすぎない。テクノパーク事業の効果や可能性について、運営側にも実際の利用企業や潜在顧客となりうる中小部品サプライヤーの側にも、検証すべき点が多く残されており、今後の課題としたい。

［付記］
　　本稿は、関東学院大学『経済系』第270集に収録された拙稿「中小自動車部品サプライヤーの海外展開と進出支援プラットフォームの役割」を加筆・修正したものである。なお、本研究は、科学研究費補助金基盤研究Ａ（研究代表者：清晌一郎、課題番号23252009）の成果の一部である。調査にご協力いただいた企業関係者、共同研究者の皆様に感謝申し上げる。文責は、すべ

て筆者個人にある。

[注]

(1) 中小製造業の海外事業支援プラットフォームの原型としては、中国広東省・深圳市にある深圳テクノセンター（日技城工業園、1992 年操業開始）が知られる。同センターの意義と役割、成果は無視し得ないものの、本稿の対象とする産業、時代性、対象地域などの観点から、ここでは立ち入らない。同センターの詳細については、関編（2009）を参照されたい。

(2) 商工中金の調査（2015 年 1 月実施）では、製造業の海外進出実績ありが 19.8％、非製造業のそれが 7.0％であった。輸送用機器に限れば、26.5％とかなり高い水準の結果が出ている。商工中金調査部（2015）参照。

(3) あるいは、清晌一郎教授を代表とするわれわれの共同研究において、西岡（2015）は、高収益の中小部品サプライヤーほど海外進出している割合が高い事実を指摘している。

(4) ASEAN とは、マレーシア、タイ、フィリピン、インドネシア、ベトナム、カンボジア、シンガポール、ラオス、ミャンマー、ブルネイの 10 か国のことをいう。なお、最新の ASEAN 諸国におけるグローバル経済と自動車産業に関する総論的研究としては、西村・小林編（2016）を参照。

(5) もちろん、累積による投資件数や投資額からみれば、中国への直接投資が圧倒的に多い。

(6) ASEAN に比べると、中国への進出は対日輸出を意識した回答が多いことが、われわれの共同研究では示されている（遠山 2016）。

(7) ここでは議論の限定のため、D 社の調達に関する深層現調化を述べていくが、D 社そのものが素材や金型、治具、設備などのローカル調達と技術指導スタッフの現地化（日本人スタッフからの切り替え）を行った生産活動と原価低減活動も、深層現調化という。われわれのタイ・インドネシア現地調査による（2013 年 3 月・9 月）。

(8) この目標値（日本に比べて 4 割～5 割のコストダウン）は、同社のタイ現地法人においても同様の説明が行われた。ただ、この目標値の達成は現地の対応だけでは不可能で、日本で行っている設計段階からの本質的な見直しを含めての展開が不可欠とし、完全達成にはいたっていないという。D 社の深層現調化という言葉は、タイ法人において 2000 年代はじめころから使われており、とりわけリーマンショック後にグループ全体にも広がったといわれる。ただ、当事者の D 社タイ法人は、それ以前から現地でのコスト削減活動を名

前や形を変えてずっと継続的に取り組んできたことなので、「ある時に中身がゴロっと変わったわけではない」と断っている。われわれのタイ現地調査による（2013 年 9 月）。

(9)　藤川（2014）は、中小企業の海外直接投資に関して、次の 4 つの段階ごとに分けて支援策が展開されるべきだと指摘をしている。①海外直接投資の必要性を認識していない段階、②必要性を認識して検討している段階、③実施直後の段階、④実施して数年経過した段階。

(10)　丹下（2015）によれば、2010 年代こそ F/S を進出前に実施する企業の割合が 7 割強に達しているが、それ以前は 5 割強にすぎず、最近まで F/S を実施せずに海外進出する中小企業が半数近くにのぼっていたと指摘している。

(11)　同様の観点から海外進出中小企業のケース分析を行った先行研究としては、米倉（1993）が貴重な成果として参考になる。

(12)　M プレスに関する海外進出検討の経緯は、筆者が作成に一部関わり、清晌一郎教授に提供いただいた報告書、関東学院大学（2014：非公開）による。同事業には、本文にあるコンサルティング会社 R 社も参画している。

(13)　生産の拡張余地を意識したスペース（約 2,000 ㎡）で、ここには以前、別の日系メーカーがテナントとして入居・操業していたが、拡張のため移転した。

(14)　その結果、主力以外の日系大手自動車メーカーからの受注獲得という成果が、すぐにあらわれた。

(15)　T 製作所に関する海外進出検討の経緯は、関東学院大学（2014：非公開）による。

(16)　国をあげての中小企業海外進出支援の気運もあり、取引銀行をはじめ、銀行は海外進出事業への融資に前向きだったという。よって、実際の問題は、現地の経営と技術指導といった人材面である。

(17)　近畿経済産業局・大阪府・大阪市などの連携事業（2013 年）、神奈川県（2015 年）、浜松市（2016 年）などによる。ただし、ここでの貸工場の広さはおおむね数百㎡を 1 ユニットとし、ここでとりあげる T 通商の 1 ユニット 2,500 ㎡クラスに比べると小規模である。

(18)　T 通商は国内最大手自動車メーカーグループに所属し、金属、グローバル部品・ロジスティクス、自動車、機械・エネルギー・プラントプロジェクト、化学品・エレクトロニクス、食料・生活産業本部の 6 つの営業本部からなる総合商社である。

(19)　タイとインドネシアにおけるテクノパークおよび入居企業への調査は、われわれの共同研究の一環として 2013 年 3 月と 9 月に行ったものである。

(20)　テクノパークのインド事業は、やや事情を異にしており、時期の早さや現

地事情の不透明さもあり、主に1次サプライヤー向けを対象とした工業団地経営となっており、ここでは考察の対象としない。

(21) 結果として、国内最大手T自動車の1次サプライヤー向けに部品生産を行う中小サプライヤーばかりがテクノパークに入居する結果となっていた（インドネシア）。とはいえ、T自動車関連以外の中小部品サプライヤーの入居ももちろん可能である。

(22) あくまでも目安であり、とりわけ重要視されているわけではない。

(23) テクノパーク（インドネシア）の基本仕様は1ユニット2,300㎡が29あり、そのうち4ユニット分利用が1件、3ユニット利用が3件利用され、それ以外は1ユニット1社を想定した割り当てとなっている（2016年1月時点の資料による）。

(24) 海外進出にはタイミングも重要で、ここで入居・進出を決めなければ、その後、土地の確保が現地では難しくなり、さらに総投資額が膨らむ事態だったと同社関係者は述懐している。

(25) タイでもインドネシアでも、地方の高校にまで範囲を広げてテクノパークがリクルート活動を行っている。

(26) 現地では、日本人スタッフ2～3名が常駐し、加えて日本からの出張・短期派遣やT通商現地法人スタッフ若干名が全体の管理と各種のサポートにあたっている。

(27) たとえば、最大手自動車メーカーの新興国戦略車両の部品調達やサプライヤー進出に際して、同社とT通商は、共同でインドネシア政府に対してBOI手続きの迅速化を要請したといわれる。

(28) 現地では入居企業の既存・潜在的な顧客との懇親会やゴルフコンペなども企画され、人脈形成やネットワークづくりの支援も行っている。また、そうしたつながりや付き合いが、現地での経営やビジネスに役立つといったケースは、テクノパークに限らず、そこかしこでよく聞かれた。

(29) T通商現地幹部・社員がそう発言したのではない。ただ、その発言を聞いて、「はっきり言っちゃった……」との感想を漏らしていた。

［参考文献］

大野泉編（2015）『町工場からアジアのグローバル企業へ：中小企業の海外進出戦略と支援策』中央経済社。

関東学院大学（2014）「中小企業海外進出支援事業報告」関東学院大学『地域との協働による優良中小企業の経営戦略と政策課題に関する調査研究 2013年度』

（「私立大学戦略的研究基盤形成支援事業」）所収（非公開）。

清晌一郎（1999）「国際的再編時代を迎えた自動車・部品産業での厳しい中小企業経営」『企業環境研究年報』第4号、pp.13-19。

清晌一郎編（2011）『自動車産業における生産・開発の現地化』社会評論社。

清晌一郎（2013）「中国・インドの低価格購買に対応する『深層現調化』の実態」日本中小企業学会『日本産業の再構築と中小企業　日本中小企業学会論集』第32号、同友館、pp.16-28。

清晌一郎（2014）「日本自動車部品産業のグローバル化の新段階と産業基盤空洞化の実態 —— 1次サプライヤーアンケート調査の結果について」『早稲田大学自動車部品産業研究所紀要』第13号、pp.3-36。

清晌一郎編（2016）『日本自動車産業グローバル化の新段階と自動車部品・関連中小企業——1次・2次・3次サプライヤー調査の結果と地域別部品関連産業の実態』社会評論社。

関満博編（2009）『深圳テクノセンター』新評論。

商工中金調査部（2015）「中小企業の海外進出に関する意識調査」『中小企業設備投資動向調査　付帯調査（2015年1月実施）』。

田村豊（2016）「成長をどのように維持させるのか　リーマンショック以降の愛知県の自動車部品メーカーの動向を振り返る」清晌一郎編（2016）『日本自動車産業グローバル化の新段階と自動車部品・関連中小企業』社会評論社所収、pp.248-284。

丹下英明（2011）「自動車産業の構造変化と部品メーカーの対応 ——新興国低価格車市場の出現によるサプライチェーン変化に中小モノづくり企業はどう対応すべきか」『日本政策金融公庫論集』第13号、pp.43-58。

丹下英明（2015）「中小企業の海外進出にみる変化 ——直接投資を中心に」『日本政策金融公庫論集』第29号、pp.1-18。

中小企業金融公庫総合研究所（2007）「自動車産業における高機能部品のグローバル調達～タイ・インド・中国に立地する完成車メーカー、大手部品メーカーを対象としたケーススタディ～」『中小公庫レポート』No. 2007 − 4。

中小企業金融公庫総合研究所（2008）「中小自動車部品サプライヤーによるグローバル供給体制の構築～アジア市場を中心としたケーススタディ～」『中小公庫レポート』No. 2008 − 4。

中小企業庁（2014）『中小企業白書2014年版』。

中小企業庁（2016）『中小企業白書2016年版』。

遠山恭司・清晌一郎・自動車サプライヤーシステム研究会（2014）「完成車組立工場地区別における中小自動車部品サプライヤーの特性 ——全国900社アンケー

ト調査結果から」『立教経済学研究』第 68 巻第 2 号、pp.95-121。

遠山恭司（2016）「自動車部品サプライヤーの全体像把握に関する基礎データ
　　──リーマン・ショック後，グローバル化時代の部品産業の動向」『中央大学経
　　済研究所年報』第 48 号、pp.251-270。

西岡正・自動車サプライヤーシステム研究会（2015）「高収益中小自動車部品サプ
　　ライヤーの経営特性 ──中小サプライヤー全国アンケート調査分析」『商大論
　　集（兵庫県立大学)』第 67 巻第 1 号、pp.1-26。

西村英俊・小林英夫編（2016）『ASEAN の自動車産業』勁草書房。

藤川健（2014）「中小企業における海外直接投資の課題」佐竹隆幸編『現代中小企
　　業の海外事業展開　グローバル戦略と地域経済の活性化』ミネルヴァ書房所収、
　　pp.97-114。

藤川昇悟（2015）「日本の自動車部品貿易と企業のグローバル立地」『阪南論集 社
　　会科学編』第 51 巻第 1 号、pp.101-125。

米倉穣（1993）「中小企業の海外投資と現地経営に関するケース・スタディ（1）
　　──サンライズ工業㈱のマレーシア進出戦略」『中国短期大学紀要』第 24 号、
　　pp.239-248。

第12章

生産組織の日本的特徴と
その移転可能性

国際比較による日本的生産方式を支える組織編成の検討

田村 豊

はじめに

　日本企業の海外進出が進むのと合わせて、日本企業の生産方式は世界に広がり、“リーン生産” = Lean Production System：LPS と呼ばれ今日に至っている。日本の自動車産業企業の海外進出が広がった 1980 年代以降、リーン生産は日系企業だけでなく、欧米、アジアなどの企業へも導入されてきている。例えば JIT（ジャストインシステム）、アンドン、ポカヨケ、カイゼンなどが日本的管理手法、管理手段として代表的な存在であり、これまでの調査を行なった企業でも、そのほとんどがこれら管理手法のいずれかを導入している。

　ところがこうした日本的な管理手法の運用にとって何が重要なのか、海外の企業には必ずしも明らかになっているとは言いがたい。そのため、日本企業を模倣し日本的な管理手段は入れたものの、継続的にはその運用ができないケースも多い。また、日系企業でさえさまざまな理由から、日本での管理手法の海外現地への移転が難しい状況も生じている。

　なぜ、日本的な管理手法の移転は難しく、同じ管理手法を導入しても予期した成果が上がらないのだろうか。本論では、その背景に日本企業の生産職場での分業構造、その他で築かれた情報形成や情報伝達方法に他国と日本ではちがいがあるのではないかと想定している。こうした仮説に立ち、本論では、リーン生産にとって中心的な役割を担っていると考えられる生産職場のエンジニア

の活動に注目し、生産準備、量産開始とそれ以降の過程における彼らの役割を明らかにする。調査はこの間実施したヨーロッパ、アセアン地域での日系自動車部品メーカー、完成車メーカーでの調査（2010 年〜 2015 年）によっている。

　こうした問題設定と問題視角の背景には、日本企業の高い QCD 管理を支える要因とは何か、今後とも日本で、そして海外においても、日本的な管理を維持するとしたら何がポイントとなるのか、これらの点を明らかにしたいという意識がある。そのためにも、今後の日本企業のグローバル化に対応するエンジニアの役割を企業組織の側面から洗い出し、日本企業が維持してきた組織編成の姿を確認することが、これからの日本企業の検討にとって欠かせない課題となると考えたからである。今日、アセアン地域では日系企業が定着過程を迎えようとしている。アセアン地域での日本企業の動向をヨーロッパの企業と比較することで、拡大する新興地域での新たなエンジニアの役割を示すことも本論の課題である。

1　検討視角の設定と先行研究・検討方法

（1）先行研究

　本論が注目する「生産職場での分業と連携」との関係から、先行研究を振り返っておこう。まず、「生産職場での分業」を説明すると、この論点は小池和男のいわゆる「知的熟練論」を検討する過程から生じてきた。すなわち、中岡哲郎は日本の量産工場でのライン作業の念頭に置き、小池の主張する知的熟練論について次のように指摘する。

　「小池の議論は、技術員と現場のオペレーターなど(直接的作業遂行者——田村)とのディスコミュニケーションの性格を分析的に見究め、それを分業のあり方の問題として克服する可能性をさぐるという方向へ進まない。代わりに登場するのは万能の『知的熟練』である」(中岡・浅生・田村・藤田 2005、p.8)。

　この中岡の視角は、日本の量産工場でのオペレーターの行動を個人の視点からだけでなく、組織のプロセス、管理プロセスの経路に現れている分業の視点からも検討することを強調する。「分業」という観点を取り込むことで、個人の役割が組織編制における一連の連携的存在として位置づけられ、個人の役割を組織の管理・運用と関連させ、組織的に理解することが可能になる（なお、先の中岡の引用にある「技術員」については野村1993、pp.123-125を参照）。

　周知のように小池の「知的熟練」に関する所説は、日本企業の競争力の基本要素としての人材育成や組織編制の特質の一端を明らかにしていると高く評価されている（青木・ドーア編1995など）。小池は意識的に日本の作業者を「多能工」として捉え、作業内容が備えている技能形成側面を「熟練」として位置づけた。小池は日本の労働生産性の高さを「多能工」に象徴される個人能力の多様な利用と能力拡大の結果として説明し、日本の作業者は生産対象、生産量などの変化とトラブルなどの「変化と異常」にも対応できると、日本企業でのオペレーターの技能の高さと対応力の優秀性を日本企業の生産性の高さを裏付ける要因としている（小池1991）。

　小池の「知的熟練論」については、野村正實による一連の小池への批判が注目されてきた。野村の小池への批判はいくつかあるが、まず①「知的熟練」の事実の確認、②「知的熟練論」の構成要素である「ふだんの作業」と「ふだんと異なった作業」の区分、③「知的熟練論」の日本企業の編成原理における位置づけ、などに疑義があるとしている（例えば、野村2001、2003など）。こうした野村の批判は小池の事実の確認においてだけでなく、日本企業での作業編成の特質を検討する論点を提示するものであり示唆に富む。

　中岡の視角の意図をより明確にするために、小池も「知的熟練論」を組織的側面から考察し、生産職場での生産技術と製造技術、作業遂行者側のコミュニケーション、職場の分業を無視しているわけではなく、小池も生産技術と製造技術の両者の関係と作業遂行者の三者関係を調査している（小池2008）。だが小池の検討の方法と視点は、中岡の指摘にあるように、個人に帰属する熟練を検討する志向が強いためか、生産技術の仕事、製造技術の仕事の内容を明らか

にするが、エンジニアそれぞれの経験、キャリアの検討に主眼が置かれている（小池 2008、第 4 章）。そのため日本企業の生産職場の管理を個人と組織の両側面から系統的に捉える点では十分ではなく、いわば熟練的分業論という特徴が強い。そこで中岡の指摘を取り入れ、組織的視点から小池熟練論を組織構造の側面から位置づけ直し、補完する検討視が必要になろう。

　以上の中岡の分業論、小池の知的熟練論と熟練的分業論の区別を踏まえ、日本企業の競争力との関係から議論をしようとする場合、藤本隆宏の「転写」の視点は問題の整理をする上で示唆に富んでいる（Fujimoto, 1999, pp.87-89）。それは藤本の「転写」論が、小池熟練論と中岡の分業論とを結びつけ、ものづくり全体の視点から両者を位置づけていくことを可能とするからである。

　すなわち、藤本は「生産とは工程から製品への設計情報の転写のこと」と位置づけ、企業の「もの造りの組織能力」を「製品情報を、いかに上手に創造し、それをいかに上手に素材に転写するかに関する、その企業の固有の能力のこと」と定義する（藤本 2003、p.33）。藤本は日本企業のもの造りの能力の重要なポイントが、設計の早期の段階で、もの造りの下流に位置する製造部門の情報を集めるチャンネルを確保し、早期・迅速かつ統合的な問題解決ができることと指摘する（藤本 2003、第 4 章）。藤本の議論の特徴は、製品情報の生産過程への転写と転写能力を軸にして、企業の組織能力を総体として評価するその分析視角と方法にあると考えられる。こうした藤本の視点を取り入れることで、小池の知的熟練論、中岡の分業論を企業全体の組織的側面、同時に製品設計から製造へと至る一連の能力構築の転写のためのエレメントとして位置づけることで（藤本 2003、2004）、知的熟練論と分業の検討の意義を再認識させてくれる。

　本論では、量産開始前後の、生産職場が行なう生産準備と標準作業の設定・修正と量産開始後のフィードバック機能、これら過程でのエンジニアの役割に注目している。なぜなら生産準備と量産開始の過程は、製品設計情報が生産工程を通じて実体としての製品へと転写される過程であり、量産過程ではもの造りに必要な情報が量産現場の実際の状況により修正される過程である。これらの転写と情報修正を担当するのがエンジニアだからであり、また、これら一連

の情報転写と修正でのエンジニアらの行動が、日本企業のもの造りに独特の組織分業と連携によって運営されると想定しているからである。

　後で詳しく述べるように、標準作業の計画と量産開始後での修正過程を見ると、エンジニアとオペレーターがともにそれぞれの役割を担っている。しかし標準作業の設定、また量産段階での標準作業の実施過程でのオペレーターの役割とエンジニアの役割は、組織編成的も含め各国、各企業で色合いが異なっており、とりわけ日本製造企業に独自の側面があると考えられる。そこで本論では、工場の生産職場でのオペレーターとエンジニアの関係を〝組織的視点〟から明らかにすることに重点をおき、組織における人と組織構造＝「職場の分業と連携」という視点から検討を行なっている。

（2）検討方法──生産職場の分業・連携と標準作業の管理

　先にも触れたように、本論は標準作業の管理過程に注目し、日本企業と海外企業の生産職場の比較を行なった。標準作業を比較対象とした理由は、第一に、近代的な量産工場であるならばどこでも標準作業は作業管理の基礎として利用されている。標準作業管理を比較することで各地域、各工場の共通性と差異を析出できることが期待できるからである。第二に、標準作業が日本のもの造りの特質の一端を強く示している過程であるからである。すなわち、標準作業の計画→遂行、評価、教育の各担当者は分担されているのか。分担されているとしたら、誰がどのように担当しているかを明らかにする。これらを分析することにより生産職場でのエンジニアの担当領域と直接作業者であるオペレーター側の担当領域、両者の関わり合いが明確になり、小池の知的熟練と中岡の分業の状況の概要をつかめる可能性がある。第三に、藤本の「転写」論を踏まえ、生産領域での製品設計情報の生産過程への転写と、設計情報からもの造り情報への転換と設計情報自体の修正がどのように行なわれるのか、検討の糸口をつかめる可能性もあると考えられるからである。

　表1に示した調査票を見よう。表のヨコ軸は標準作業の管理プロセスを示し

表1　調査票と比較する管理項目

	計画	テスト	作業	評価	教育
オペレーター					
チームリーダー					
スーパーバイザー					
製造エンジニア					
生産エンジニア					

▽＝決定者、◎＝主要担当者、○＝参加者

ている。すなわち、標準作業の作成、遂行、カイゼン＝修正に必要なプロセスであり、これに対して、タテ軸は職場の職務階層を示している。これらの職階は、量産を指向する生産職場では、一般に共通して用いられる階層である。標準作業の管理との関係で見れば、標準作業管理のプロセスがどの職務階層を利用して生産と労働情報を収集し文字情報へと転換され、標準作業の管理帳票が作成されるのかが示されることになる。調査ではエンジニアへのヒアリングをおこない、オペレーターとの作業分担についても確認した。

　調査は、自動車産業を対象として選び、スウェーデンの2工場（一つは伝統的スウェーデン工場、もう一社はスウェーデンの工場を買収した日系工場）、ドイツ工場1工場、それとアセアンの3社の日系工場を取り上げ、各工場での"分業タイプ"を検討することにした。表では標準作業の計画から遂行（表中では「作業」と表記）、評価＝フィードバックの過程での各責任の比重を▽＝決定者、◎＝主要担当者、○＝参加者の区分で示した。

　今回の調査で注目されるエンジニアの役割については、生産に関わるコンセプトの立案、工場レイアウトの設定、生産プロセスの設定に携わる「生産エンジニア」と、生産の実際の遂行過程である製造現場の各生産工程で生じる様々なトラブルの解決や作業合理化など、具体的にどのように効率的にものをつくるかに取り組む「製造エンジニア」に区分し、その職務分担関係を検討している[1]。

2　調査結果 ── 各工場における標準作業の管理プロセスの状況

（1）概観

　表2の（A）から（F）の各表は各工場での調査をまとめている。まず、ヨーロッパでは（A）スウェーデンの商用車の完成車工場（ヒアリングは 2010 年 2 月以下同じ）、（B）スウェーデンの日系輸送用機械製造完成車工場（2010 年 2 月、2014 年 9 月）、（C）ドイツ商用車の完成車工場（2013 年 3 月）、ついでアセアン地域の（D）ベトナムのショックアブソーバー製造の日系部品工場（2014 年 3 月）、（E）タイの内装関連部品日系部品工場（2013 年 3 月）、（F）インドネシアで金型製造を行う日系部品工場（2013 年 3 月）を調べた。調査したすべての工場で、程度の差こそあるが、ポカヨケ、アンドン、カイゼンなどのリーン生産の管理手法の導入が行われている。

　スウェーデン工場（A）（B）、ドイツ工場（C）では、それまでの作業組織と作業慣行をベースに置きながらその上でリーン生産の導入が行われている。それに対してアセアンの日系工場である（D）から（F）では、日本の現地スタッフがリーン生産の導入から定着に直接関与して導入がはかられている。なお、スウェーデンの日系（B）工場は、スウェーデン工場を日本資本が買収した工場であり、リーン生産導入の変化が強く示されている。

（2）各工場の状況

　調査結果の特徴をまとめていこう。各工場での仕事の割り振り＝分業の状況は▽◎○の分布によってほぼ理解できよう。

スウェーデン

　スウェーデンの（A）工場ではオペレーターとチームリーダーのヨコの欄に

343

表2　各工場での標準作業の分業状況

ヨーロッパ地域

(A) スウェーデン完成車工場（トラック）

	計画	テスト	作業	評価	教育
オペレーター	○	○	◎	○	○
チームリーダー（チーフ）	◎	◎	◎	○	◎
スーパーバイザー			▽	▽	▽
製造エンジニア	○			○	○
生産エンジニア					

・チームを基礎においた作業。
・チームリーダーが標準作業を設計し修正も集団で行なう。
・チーム内で仕事の分担、教育を行なう。
・エンジニアはチームリーダーをサポートする。
・エンジニアとチームは適宜相談、意見交換を行ない、相互にサポート関係を築いている。

(B) スウェーデン日系工場（輸送用機械）

	計画	テスト	作業	評価	教育
オペレーター	○	○	◎	○	○
チームリーダー（チーフ）	◎	◎	◎	◎	◎
スーパーバイザー				▽	▽
製造エンジニア	◎	◎		◎	◎
生産エンジニア					

・2007年以降ラインを導入し、チームを再編。2013年ＳＰＳ導入。
・リーダーはチーム作業遂行。作業詳細、品質のフィードバックを行なう。
・チームはカイゼン提案を行なう。
・生産エンジニアが70％チームリーダーら異動。作業設備、作業方法についてもチームを援助。チームリーダー、アシスタントリーダーで教育を行なう。

(C) ドイツ完成車工場（トラック）

	計画	テスト	作業	評価	教育
オペレーター			◎	○	○
チームリーダー（チーフ）		◎	○	○	○
スーパーバイザー	▽○				▽
製造エンジニア	▽○	▽○		◎	
生産エンジニア	▽○	▽○		◎	

・チームは組み付け活動に集中。
・リーダーはチーム作業遂行を補助、作業情報のフィードバックを行なう。
・カイゼンはチームからセグメントリーダーを選び行なう。
・"現場の技術者"は"プロセスランナー"と呼ばれる。

表中のマークは▽＝決定者、◎＝主要担当者、○＝参加者、を示す。

アセアン地域

（D）ベトナム・日系部品工場（アブソーバー）

	計画	テスト	作業	評価	教育
オペレーター			◎		
チームリーダー			◎		
スーパーバイザー					
製造エンジニア	◎			◎	
生産エンジニア	◎			◎	

・カイゼンの知恵はオペレーター側が出す。
・カイゼンをオペレーターは直接には行わない。
・オペレーター上がりの班長などがカイゼンを行う。
・班長クラスは台車などを制作している。
・資金がかかるような、設備カイゼンは技術スタッフが行う。
・管理体制としては、多能工化へとは進んでいない。

（E）タイ・日系部品工場（内装関連部品）

	計画	テスト	作業	評価	教育
オペレーター			◎		
チームリーダー（チーフ）			○		
スーパーバイザー					
製造エンジニア				◎	
生産エンジニア	◎				

・生産技術は日本へ集中。ジグも日本中心。
・マザー工場方式は限界。グローバルモデルを形成し、ローカル環境に適応する。
・オペレーターのスキルアップは進んでいない。
・作業遂行はチームリーダーが管理し製品切り替えに対応。
・セル方式を導入し、デザイン多様化に対応する。

（F）インドネシア・日系部品工場（金型製造）

	計画	テスト	作業	評価	教育
オペレーター			◎		
チームリーダー（チーフ）					
スーパーバイザー					
製造エンジニア	◎	◎		◎	
生産エンジニア					

・生産技術は大卒のローカル・エンジニア。現場経験なし。
・組織のタテ構造を利用し管理する（通説とは反対）
・オペレーターには５ｓ、カイゼンを徹底させる。
・治具は客先支給で品質水準を維持。
・企業の保持しているシステムはグローバルだが、ヒトでばらつく。

◎が集まっており、標準作業の計画→作業遂行→評価＝フィードバックへと至る一連のプロセスをチームが担当している。（A）工場では伝統的にチーム作業を生産効率に優位に利用する志向が強く、エンジニアはチームに標準作業の概要は示すが、標準作業の実際の計測を含め設定、作り込み、その実施はチームに任せられている。

それに対して、同じスウェーデンでもリーン生産を導入している日系工場（B）では、2006年スウェーデン資本であった地元企業を日本の企業が子会社化したことで、それ以後、生産職場の状況が変化してきた。子会社化を機に徐々に生産方法の見直が進められ、2012年にライン生産が導入され、作業方法もそれまでのスウェーデンでの作業慣行のメリットも考慮しつつ、リーンの管理手法であるアンドン、ポカヨケなども導入されてきた。調査結果を見ると◎の分布がエンジニアを含めてタテの職層に沿って広がっており、オペレーター側とエンジニア側の双方で管理が行われている傾向が示されている。ヒアリングによれば、標準作業の設定は、エンジニアが基本的な作業時間を設定し、チームの合議と合意によって実際の作業時間を設定する。作業の遂行はチームリーダーがチーム内での仕事を割り当て遂行を管理する。（B）工場では評価＝フィードバックはチーム側、エンジニア側それぞれが担当しており、スーパーバイザーが決定者となっており、エンジニアとチームの折り合いをつけるようになっていることがうかがえる。子会社化される以前は（A）工場と類似した作業グループ主体の生産も機能していたので、リーン導入により変化した点として、標準作業の設定、管理のプロセスがチーム階層とエンジニア階層の2つの階層により管理される体制になったということが指摘できよう。

ドイツ

調査を行ったドイツ工場は伝統的な商用車組立工場であり、▽と◎の配置がヨコとタテのそれぞれに分布している。ドイツの分布はマーク数の多さでスウェーデン（B）工場と類似した分布を示しているが、ドイツの特徴は「計画」欄に出ている。すなわちチーム側とエンジニア側の分布を見ると「計画」と「テ

スト」の欄にはチーム側のマークはなく、エンジニア階層の▽の印が多数存在している。エンジニアの「計画」と「テスト」に関与している比重が極めて高い。計画から作業設計はエンジニアが担当し、作業遂行→評価について作業担当するチームが行なっており、チーム側の計画面についての関与は低いことをうかがわせる。また、表の◎と▽の分布が計画、テストともにエンジニアに権限が集中している。

　なお、表には示さなかったが、ドイツ工場におけるエンジニア職種の名称は多岐にわたっており、「モジュール」、「プロセス」、「品質」などのエンジニアが配されており、細かな職務区分になっていた。こうした区分はほぼ生産工程の流れと機能に沿ったものであり、エンジニアの配置については、管理権限と階層についてエンジニアの担当を広くとる日本とは大きく異なっていた。

アセアン

　アセアンの３つの工場について見てみると、いくつかの共通点が見られる。まずベトナム、タイ、インドネシアに共通して、オペレーター、チームリーダーにおける役割を示す分担マーク数がヨーロッパに比べて著しく少ない。また、マークされている欄が、ほぼ「作業」の欄に集中しており、標準作業の遂行が彼らの仕事となっていることがわかる。またオペレーターとチームリーダーの両者の役割でのちがいはあまり明確ではなく、オペレーターとチームリーダーの◎と○が「作業」の欄で重なりあっている。つまり、チーム内での階層的分業関係が、アセアンの日系企業でさえも、組織的に形成されているとはいえないことをうかがわせる。ヒアリングでも、チームリーダーらの仕事としては「オペレーターらの作業遅れの補助をする」、作業上でうまくいかなかったことがあれば、「エンジニアに報告をする」などが主要なものとなっており、作業カイゼンを作業チームが行なうケースは１次部品メーカーを除いてはなかった。ほとんどの場合、カイゼンを目的として特別のチームが結成され、見込みのあるチームリーダーをメンバーに入れ、育成する目的などをもってエンジニアが改善点を提示し活動を行なう場合が多かった。

一方、エンジニアの役割を見ると、彼らの活動がほぼ「計画」「テスト」「評価」に集中している。日系企業でのエンジニアの役割は、標準作業の作業設計と評価という、作業設計と作業遂行者の作業管理という側面が強く示された。また、エンジニア階層での「生産技術」と「製造技術」の役割分業がタイ、ベトナムの工場では確認でき、両者の協力と管理関係が徐々に形成されていることをうかがわせる。だが、実際のエンジニアの活動で必要となる重要な判断は多くの場合、日本人エンジニア、または日本人管理者により最終的にはチェックされるしくみができており、エンジニアの活動状況は日本人依存の側面が否めない（田村 2011）。

(3) 調査からの示唆

以上の状況を踏まえ、各国の特徴をまとめておこう。まず、スウェーデンでは、作業者側チームが標準作業は自らのチームで作業を計測し、標準作業を設定している（A）工場と、リーン生産が導入されてチームとエンジニアとが標準作業の作成に関わるようになった（B）工場の例が示された。スウェーデンの伝統的なタイプは（A）工場であり、リーンが導入された場合、エンジニア側の関与が大きくなることが（B）工場の事例によく示されていよう。ドイツの（C）工場では、生産と製造領域に近いエンジニア（プロセスプランナー）が標準作業を設定し、オペレーターらの行動は標準作業の遂行にほぼ集中させていた。これは作業設計が生産準備の段階でエンジニアにより集中的に行なわれていることをよく示している。同時に、エンジニアの職種を細分化しエンジニアそれぞれの担当範囲を狭く取り、エンジニアの権限を複合的に作用させることで、標準作業が多方面からチェックされることが可能になっているとも考えられる。作業遂行者側の標準作業への関与は「テスト」以降であることからも、遂行者側の標準作業への関与は小さくなっている。

アセアンの日系企業では、（D）（E）（F）の3工場とも、生産技術と作業者側との組織連携の構築は遅れており、また企業ごとでの分担のバラツキが大き

かった。だが、共通して、チームリーダー、オペレーター側の標準作業への関与は全面的にきわめて小さい。エンジニアと作業遂行者側の両者の連携をどこまで進めるかは、生産量と人件費の動向などにより変化する。自動化を主とした生産システムで進めるかどうかも、人件費の低さなどのメリットを考慮して自動化は進めず、人手を利用するシステムにするかどうかなどは、工程の生産量、製品内容などそれぞれの状況に合わせて決定されている。作業遂行者側のマークが「作業」欄に集中している点に、日系企業の状況がよく示されている。

（4）日本との比較

　リーン生産がモデルとする日本方式の標準作業管理の特徴を示せば、まず製造技術は標準作業の骨格をチームリーダーらと生産準備期に作成する。その際、作業上難しいと判断される作業については、作業要領書なども準備し、量産開始となる。量産開始後、作業者らは作成された標準作業を行なう。そして量産開始後、作業で生じたトラブルや不具合などはチームリーダーらにより、定期的に製造技術へと報告され、新たな標準作業表が作成されていく。日本では作業内容についてはチームリーダーとオペレーターらの報告を元にして、彼らにも作業内容への再考権限を与え、製造エンジニア側と作業者側が協力関係を構築していく方向に立っている。したがって、スウェーデンの（B）工場の事例がもっとも類似していると考えられる。さらに、こうした作業管理情報が、日本企業では文書作成を伴い、作業内容の状況、修正理由、修正点が文書に記載され、それぞれの階層での会議で検討されることが大きな特徴である。つまり情報の「文書化」が徹底されており、かつ各管理階層で報告された文書の修正が組織的に確認されていく。こうした日本企業の管理上の特徴を踏まえ、本論では文書情報の流れを確認することを重視している[2]。

　分析結果として、また上述した日本との比較を含め、理論的な整理の上でも検討を要するのが、生産職場での生産情報に関するエンジニアの役割と作業遂行者側との関係である。注目したいのは、調査が示したように、生産職場での

分業と連携にはそれぞれの工場でちがいがある。ではそのちがいが、もの造り情報の内容の精度や内容修正にどのような差異をもたらすのだろうか。とりわけ日本企業での分業と連携が、どのような特徴を示しているのか、以下で検討を行なおう。

3　検討——分化・連携するエンジニアの役割

　以上の調査結果を踏まえて、まずリーン生産の導入によるエンジニアの活動について注目し、検討をはじめよう。

（1）リーン生産の導入で変化する生産エンジニアの活動領域——製造領域への分化と連携

　工場調査から明らかになった点は、リーン生産では標準作業管理におけるエンジニア階層の管理機能が高まり、作業遂行者側の作業計画の役割をエンジニア側へと移行させている。この点はスウェーデンにおける（A）工場と（B）工場の比較から明らかであり、スウェーデンのチーム作業が維持していた作業設計機能が、（B）工場ではリーン生産の導入に伴い、エンジニアへと移行しエンジニアの標準作業管理のポイントが増加したこと示されていよう。こうしたエンジニアの標準管理での管理機能の比重の高いことは、アセアン日系企業の事例でもほぼ同様に観察できる。従来日本工場が重視してきたチーム側の標準作業の管理と改善の機能は、アセアン日系企業では十分に展開しているとは言えない。そのため、エンジニアの標準作業管理での役割を拡張させ、従来の日本的なエンジニアとチームの関係を変化させてきている。

　リーン導入にともなうエンジニアの標準作業に対する管理機能の高まりは現実には多様な側面をもつ。例えばスウェーデンの事例（B）では、リーン生産方式を導入し、エンジニアを標準作業管理に関与させ、生産エンジニアの従来

の主たる活動領域であった生産技術から製造技術的領域へと、エンジニアの活動領域を拡張することで、生産職場の作業チームへのエンジニアのサポート機能を強化した。これは従来のチーム作業へのエンジニアの管理機能の拡大という側面があり、それまでチームが維持してきた作業設計と作業遂行過程での裁量の幅と内容についての部分的制限ともなる（田村 2013、2016）。

　これに対して、アジアの日系企業では人材の流動性が高く作業組織の安定度が低い。チームリーダーらの育成も遅れている。そのため日系企業では、エンジニアの活動を生産現場に接近させ、製品切り替えへの対応を迅速に行ない、作業の効率化を進め、誤品混入、組み付けなどでのトラブル解決などにも迅速に対応することは大きなメリットとなる。リーン生産の導入により、エンジニアの活動領域を製造現場に接近させることは、生産上での変化への対応を図るという点では有効性が高く、人的資源の育成が遅れている条件下では製造技術へのエンジニアの活動拡張は効果的である。

　ところが現実には、リーンの導入に伴う生産職場での分業上での役割変更は、順調には進んでいない。それはリーン生産を受け入れる社会的組織的条件によって、リーンについての評価は異なってこざるを得ないからである。なぜなら伝統的欧米型の管理の点から見れば、製造技術領域はエンジニアと作業者側とが、作業設計とその遂行管理をめぐって相互に規制し合う、組織的には〝隙間〟となってきた領域である。リーンはその隙間を組織戦略的に埋める機能を備えているが、リーン生産に適合した生産現場に密着して活動する製造技術エンジニアは十分には育っていない。

（2）　生産技術・製造技術・作業遂行の連携機能によるフィードバック経路の構築

　では、調査した生産職場での生産技術―製造技術―作業遂行という３階層型での分業と連携の問題を、日本企業のもの造り全体との関係から位置づけてみたい。ここで考えなければならいないのが、本論で検討してきた「生産職場の

分業」とそれぞれの担当部署間での「連携」が、設計から生産へと進む過程においてどのような役割を果たし、どのような有効性を発揮しているのか、という点である。

　図1は、複数の日本企業でのヒアリングを元に、製品情報から実際の製品が生産される量産開始以降までの流れを、生産準備と量産開始に分けて概観を示している。まず、製品設計部門は、生産する製品の「試作図面」を作成し、製品の仕様、加工公差などを確認していく。ついで試作図面はもの造りの情報となるために量産試作をへて「量産図面」へと転換されていく。「量産図面」では製品の仕様、加工公差などの確認を行なっていく。「量産図面」としては「アッシー図」「部品図」などがあり、量産対象となる製品個々の情報が作成される。これら図面へと落とされる際、重要な点は工法やそれぞれの加工上での公差が実際に製造される工場の技術環境・条件と加工水準に合わせ、数値的確定がなされる点であり、こうした実際の工場での加工状況は生産技術部との調整を必

図1　もの造り情報と生産・製造技術の役割

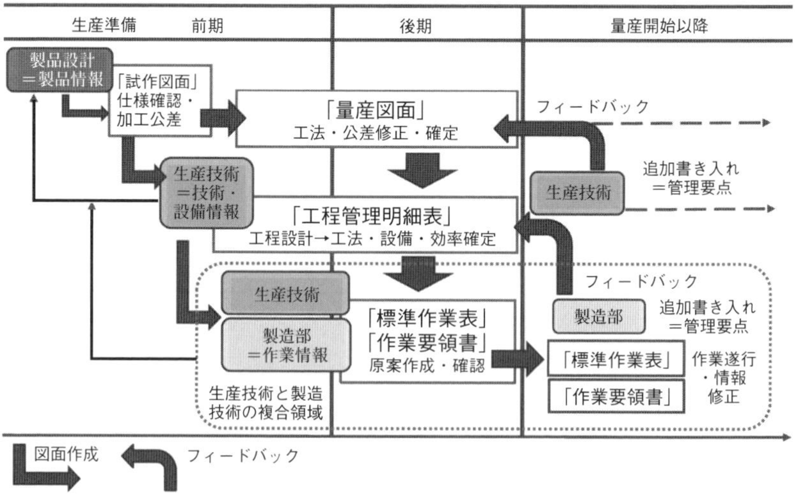

出所：筆者作成。

要とする。そこで「試作図面」を作成する以前の段階においても、製品設計と生産技術は加工条件などでの情報交換を行なう。また必要に応じて量産開始以降、製造工程を担当する製造部のメンバーも「試作図面」の検討を行ない、「どう作るか」を考慮して「量産図面」が作成されていく。したがって川下の製造情報はフロント・ローディング機能によって製品設計の早期に予め集約され、生産準備後期、量産開始以降生じるフィードバック機能により合成され、設計情報の精度を向上させ、かつ品質、作業性の向上の改善などにも広く利用されている（図中実線の矢印）。

　こうした生産技術、製造部などからの情報集約をすませて「量産図面」は、生産技術部へと回され、もの造りのプロセスである生産工程の内容を表示する「工程管理明細表」（または「工程管理表」などと呼ばれる）が作成され、生産遂行、実施のための具体的情報へと転換する。「工程管理明細表」には生産工程で使用される工法、機械設備、各製造工程での作業効率の計測数値、工程での生産を進める上での管理項目などが盛り込まれる。また技術情報と合せて投入される人員数と、作業製品、部品などの配置、タクトタイムなどを設定し、品質的観点からも検討を行ない「工程管理明細表」は作成されていく。製品設計から物体的なもの造り情報への転換は生産技術の「工程管理明細表」の作成により行なわれるということである。

　だが生産工程で行なわれる作業の詳細内容は、「工程管理明細表」ではその概要しかわからない。そのため生産技術は、実際の製造を担当する製造部からの情報を得て、工程図面の作成が進めながら、作業者の組み付けや作業手順を盛り込んだ「標準作業表」の原案の作成に入る。表１中の点線で囲んだ領域である。この領域は機械整備、ラインのつくりを前提にして、オペレーターの作業の詳細を確定していく過程であり、生産準備として後半に位置し、また生産技術と作業担当者側の情報が複合する“製造技術”の知識が不可欠な領域である。新製品の投入を行なう場合にはFMEA工程（Failure Mode and Effects Analysis：故障モード、影響解析工程）が設置され、作りやすさ、工数などを確定し、各工程での問題点を生産技術と製造部で洗い出し、既存ラインの修正

が行なわれる。こうした修正の結果を受け「工程管理明細表」の内容も修正され、順次必要に応じて「標準作業表」の内容も修正を受ける。したがって、生産技術と製造技術、さらに実際の作業遂行者とのオーバーラップ機能の総体的成果として「工程管理明細表」と「標準作業表」を位置づけることが妥当である。ヒアリングでは「生産準備が後半になると製造の部隊が工程設計に入り込む。これは日本的だと言えるだろう」と指摘されている（2014 年 9 月、2016 年 9 月 H 社）。

（3）組織的フィードバックによる経験の継承

　リーン生産の導入が分業関係に変化を与え、生産技術を製造技術の領域へと拡張・分化させると考えた場合、この変化とはどのような意味をもつのだろうか。この問題を考えるために、先に示した図 1 の量産開始以降の部分に示された"フィードバック"の機能に注目しよう。

　図 1 に示したように、生産準備をへて量産が開始されると、図面に盛り込まれた製品情報は生産工程に設置された機械設備と作業者の作業を利用して具体的な製品となる。しかし量産が開始されると、機械設備の条件や作業者側の習熟度などにより、生産準備段階で想定していた加工精度や生産効率が上げられない場合がある。例えばバリ取りの程度や公差の中心点の取り方で精度にバラツキが出てしまうケースである。

　こうした量産開始以降で生じたトラブルや想定とのズレについては、実際の生産活動を担当する製造部が解決＝改善に取り組み、問題をつぶしていく。重要な点はこうした問題点の洗い出しが、日本企業では一連の組織的な対処によって処理される点がまず一つのポイントである。日本企業では改善活動自体が組織的かつ定期的に課題をもって取り組まれ、トラブルの内容によって、班長―組長―課長といった組織的階層を経て解決がなされていく。そしてもう一つのポイントは、そうした生産過程で生じた管理上の課題が図のフィードバックの矢印で示したように、上流に位置する情報に追加され、書き入れされてい

くことである。

　例えば、量産開始以降生じたバリ取りや加工上でトラブルが生じやすい箇所などが確認された場合、標準作業の見直がなされ、必要に応じて対応手順なども修正される。こうした作業上での対応が求められた事柄は管理項目にまとめられて、生産技術の責任で「工程管理明細表」に量産実施のための管理項目（加工のバラツキに対する手順、不具合の内容と対処など）として追加記入される。さらに「工程管理明細表」の起点となっている製品情報である「量産図面」についても管理課題が生じた場合、生産技術として要請し「管理項目」が記入される。ただし「量産図面」は製品図面であることから、図面の管理責任は製品設計側にあり、記入の承諾、書き入れの責任は設計側が負う。

（4）「書き入れ」による生産過程からの情報追加と修正

　こうした「書き入れ」行動を情報のやりとりの点から見ると、まず、設計段階から量産準備までの間に設定された既存の文字情報としての製品設計情報、工程設計情報、作業情報がまとめられ「量産図面」、「工程管理明細表」、「標準作業表」が作成されている。これら既存の情報に対して、量産開始後、生産技術と製造技術、作業者側が、量産過程での現場の実際の情報を追加し＝「書き入れ」ている。「書き入れ」される情報は、生産準備までに形成された既存の文字情報に対して、量産実施過程で生じ、かつ個別の製品とそれに対応して個々の工場、個々の工程で生じた結果を反映したものである。書き入れられる修正情報の内容とその表現も、その工場、その製品について固有の項目という性格が強いと考えられる。したがってそれらは量産実施過程での生産工程で生じた事実に基づく個別性の高い経験情報であり、また、先の既存情報に追加された新規の量産現場の情報である。

　量産という場合、ある製品を一定の数量を安定して生産する必要があり、したがってトラブル対応だけでなく、量産実施上で必要となる管理項目などの記入にも、その企業が備えている管理ノウハウが示されることになる。生産技術

では次期の工程設計、また海外展開を進める際にも、日本で利用された既存の「工程管理明細表」を現地へと持参し、進出先での工程設計の参考にされることになる。そのため既存情報への「書き入れ」は、海外移転における情報伝達の基礎ともなる情報であり、海外移転プロセスの不可欠な一環を形成している。

以上から、図1に示されている製品設計情報から量産化へ至る経路と量産開始以降での、フィードバック機能とその処理手順の全体を見るならば、次のようにまとめられよう。すなわち、上流から流される生産活動の起点としての製品設計情報は、下流に位置する製造現場によって、実際の生産過程でのさまざまな量産実施上必要な管理情報の追加がなされることで、製品情報は現場の知恵と経験が追加されて、製品上に再現されることになる。

量産を前提とした設計情報から製品への転換過程において、設計情報の修正機能を組織として獲得していることを意味している。今日、設計と生産のコンカレントでの進行、フロント・ローディングを重視した設計開発体制の構築が進められているが、両者とも下流からのフィードバック機能が不可欠な要素である。なぜなら両者とも下流に位置する生産工程で生じた問題、課題を上流に位置する製品設計へと効率的に吸い上げていく手法であり、そのためには製品設計情報—生産情報—次期製品設計開発での相互の情報ループの形成が必要となる。

量産開始後、生産技術—製造技術—作業遂行者間での分業・連携によって行なわれる「書き入れ」は情報ループの成果であり、先に指摘したように、製造「現場」からの設計情報に対する情報修正と追加である。したがって「書き入れ」は、生産組織が独自に生み出す情報修正機能と位置づけることができよう。

以上のように製品情報を生産実施情報へと転換させ、量産実施過程での生産情報をフィードバックさせる組織装置としての生産技術—製造技術—作業遂行での3者間の分業・連携は、量産体制運営を初期段階から効率的に運営させる組織基盤であり、こうした分業・連携は注目すべき日本的な成果といえよう。

（5）　製造技術がもつブリッジ機能とその優位性

　上述してきた「生産技術」と「製造技術」、および製造を担当する「作業遂行」との分業と相互連携は、日本企業の培ってきた生産工程管理の成果であり、こうした〈生産技術―製造技術―作業遂行（チームリーダー＋オペレーター）〉の３階層機能が、日本的作業管理構造の骨格をなすと考えられる。日本企業の３階層モデルは、欧米の〈生産技術―作業遂行〉の２階層型モデルと比較すると、その編成原理が異なっている。まず、欧米型２階層モデルでは分業を生産技術と作業遂行に分けられており、作業遂行側は、生産技術の設定した工程＝機械設備の下でエンジニアによって与えられた作業を遂行するだけであり、作業遂行者側では、基本的には作業情報の設定・修正には関与しないし、できない。

　これに対して３階層モデルの日本型では、製造技術が生産技術と作業遂行の間に位置してブリッジ機能を負う。製造技術の役割は実際の作業内容について熟知し、標準作業の設定と作業遂行者側が標準変更をする場合には、点検を行なう。さらに保全、作業設備の入れかえ、治具の設定など、作業の効率性を向上させる役割を担う。生産工程は機械設備と人間労働の結合によって生産性が変化する。そのため機械設備と人間労働の統合をどのように進めるのか、ムダどりや作業遂行の効率化など、量産開始以降においても検討することが、生産性向上にとって不可欠である。

　したがって製造技術が担うブリッジ機能とは、製品情報を生産過程へと情報を転写することにとどまらず、実際の量産実施という条件下での現実の生産において、製品情報が実践的労働を介して、製品に転写される実践的過程を組織的にサポートする役割も果たしている。そのため製造技術の機能上でのメリットは、実際の作業における作業性の評価や標準作業の管理などにとどまるものではない。製造技術は実際の作業の状況を踏まえ、新たな作業構想や作業設計へのヒントをえることが可能であり、それは新たな工程設計の開発においても

高い優位性を発揮すると考えられる。

（6）SPS、セル方式と製造技術

　製造技術の力が発揮された事例でいえば、例えば、今日 SPS（Set Parts Supply）と呼ばれる部品供給方式やセル方式のアセアン地域への導入が進んでいる。こうした生産方式は労働集約度を向上させることが一つの特徴であり、そのための工程開発には、生産設備と作業性の視点からの検討が不可欠である。なぜなら、現地の作業者の教育水準や、作業への不満やトラブルなどは現地の状況によって変化するため、作業設計を製造技術の視点から検討することの重要性は高まらざるをえない。生産システム全体の特徴として SPS、セル方式では、工程編成と部品供給の両側面からメインラインでの作業内容を簡素化させ、生産効率の向上が期待できる。それは SPS、セル方式ともに利用する機械設備が従来のラインと比較して簡便であり、かつ SPS 方式では、部品を組付け箇所ごとキットとしてオペレーターの手元へ流すことで効率的作業が可能である。またセル方式ではラインを製品ごとに完結させ製品の切り替えに対応できるからである。そのため SPS、セル方式とも、賃金コストが変動しやすいアセアン及び新興国地域では、今後妥当な生産方式として有効な選択肢となってこよう。

　〈生産技術─製造技術─作業遂行〉間での分業と連携という点から見ると、SPS とセルは生産技術と製造技術の両面からの密接な連携によって、はじめて生産効率の向上を期待できる点にその特性を見いだせよう。製造技術を重視する日本的組織編成の下では、技術的条件と労働の稼働性との適合性を組織条件にも獲得しやすく、SPS とセルは日本的生産分業と連携によって、その設計と運営が最適となる好例であると考えられる。

（7）　"製造技術" はキャリアか機能か

　以上のフィードバック機能によってループ化した生産情報の流れは、〈生産技術─製造技術─作業遂行〉の３つの機能分業と連携によって組織的に形成されると言うことができる。こうした３機能の役割を分業の観点からモデル化したものが図２である。図はヒアリングを元にエンジニアのスキルとキャリアの関係を概観している。図のタテ軸はスキル・経験、知識の高さを示し、ヨコ軸は勤続年数である。

　例えば日本企業は、生産エンジニアとオペレーターとの混成領域を長期にわたり社内の内部昇進方式を利用して形成している。その結果、チームリーダーやベテランのオペレーターになると、生産準備、トラブル対応、改善提案、機械の保全、メンテナンスなどの場面で生産エンジニアとともに問題解決に参画することができるようになる。また生産技術の側では、直接生産部門である製造部に生産技術エンジニアを "社内留学" させることで、短期間ではあるが製造の現場の経験を積ませることも行なっている。このような人的な連携も土台となって、生産エンジニア側、オペレーター側で培われた両者の経験や相互

図２　エンジニアとオペレーターとの混成領域

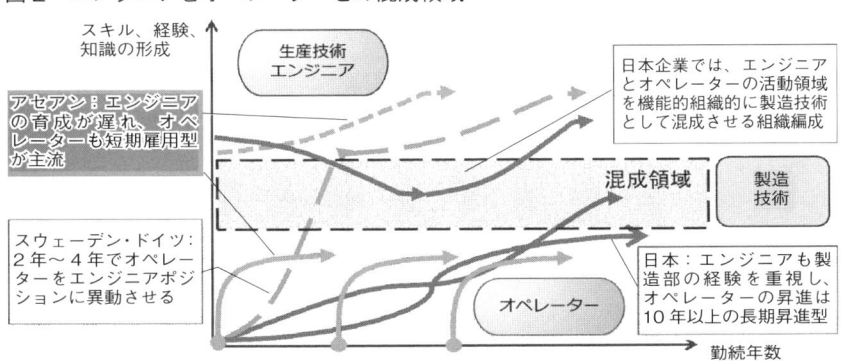

出所：筆者作成。

の知識が“混成される領域”が形成される。図ではその領域を「混成領域」＝「製造技術」として示している。この領域は、生産工程、製造状況を技術、作業、さらに両者の相互性の観点から検証・評価し、フィードバック情報をくみ出す重要な領域である。

スウェーデン、ドイツ、アセアンの工場でのヒアリングによれば、スウェーデンとドイツではエンジニアポジションの異動期間がほぼ２年から４年と短く、かつ社外からの人材の投入も多くみられた。したがって長期にわたる内部異動方式は主流ではない。本論との関係で興味深かったのはスウェーデン、ドイツともオペレーターから異動するエンジニア層が存在していることである（ヒアリングしたスウェーデンの６人の内３人のエンジニアがこのケースに該当）。だが日本と異なる点はオペレーターの在職年数は２年から最長４年のため、オペレーターとしての現場経験は比較的短期であった点である。また、エンジニアへの異動は本人の希望を元にして選抜されるということであり、スウェーデン、ドイツとも、エンジニアへの職種転換を組織的に進めるしくみがあるわけではない。したがって、図の「混成領域」「製造技術」の領域を、企業側が組織的に形成させ、組織の機能としているかは判然としない。ただ、ドイツやスウェーデンでも、製造側の経験を吸収する機能を確保したいためか、エンジニアの役割にプロセスエンジニア（工程エンジニア）という役割を持たせ、作業集団へのサポート、カイゼンなどを行なわせるなど、一定の組織的対応をしているように見受けられた。現実には製造技術領域からのフィードバックは、その職に配されたエンジニアの個人的な力量に任されている可能性が高い（そのため、前出、表２中の“製造エンジニア”の列にマークを記入するエンジニアが多かったが、実際には、“製造エンジニア”というポジションは組織名称としては存在していない）。

アセアン地域では、エンジニア職とチーム作業者側と混合させる日本的な編成方式は、エンジニアが大卒であり、社会的に比較的に高い地位と権威をもった職であるという社会的認識と、オペレーター側の教育水準の状況から、両者の混成は十分には進んでいない。学卒エンジニア自身、製造現場チームでの作

業経験、工場での実際の作業経験を軽視しているとことも見受けられ、企業ごとで「混成」状況は大きく異なっていた。キャリアで製造技術を育成することは、多くの点で問題を抱えていると言わざるをえない。

4　重要性となる技術選択と必要な組織対応

　これまで述べてきたように、日本の工場は、製品情報を実際の物的存在へと転換させるための独自の組織が構築されてきた。"独自"とは、分業構造を組織に変化させ、欧米型分業の基本構造である"構想と実行の分離"を繋ぎ合わせる機能である製造技術を組織的に配置している点に顕著に示されている。そのために必要な人材を育てていける組織造りを日本企業は継続的に維持してきた。日本企業の組織編成は、ヒアリングしたヨーロッパなどの企業と比較すれば、この製造技術の機能を組織的に維持するために、長期勤続に依拠してオペレーターやエンジニア人材の育成を組織に進めてきたと言えよう。

　だが、アセアンでのヒアリングでは、日系企業でもさえ日本国内では機能している作業遂行者側からのエンジニア領域への参画機能を諦めざるをえない状況が生じている。つまり日本ではチーム機能として、チームリーダーとオペレーターらが積極的おこなっていた標準作業の設定や改善などでの彼らの積極的参加を事実上弱め、生産エンジニアがカイゼン活動でも主となって作業設計、作業改善を行なっている。他方、生産エンジニアを製造領域へと接近させ、製造側の経験を吸収する組織的機能も十分とは言えない。エンジニア側、オペレーター側の双方から、日本方式は再編または修正を余儀なくされる状況が生まれている（田村2011）。ライカーらは、リーン生産のもっとも特徴的な機能としてカイゼンをあげている（ライカー2004）。カイゼンは作業者側のチームとエンジニアの共同の行動を必要とし、もの造り情報の修正とフィードバックの重要な組織基盤となる、日本企業の競争力の中核をなす「現場力」そのものである。だが、海外の日系企業の状況を踏まえると、カイゼン組織とその進め方に

は多様性があり（野村 2015、pp.102-103）、オペレーター中心のカイゼン方式は修正を迫られている状況が生じている。

　問題は今後の技術選択にかかっている。どのような技術選択がなされ、どのような技術体系が主軸となっていくのだろうか。例えばドイツの industri4.0 では、IT を利用して無人化された自動生産体系を導入することで、オペレーター側の利用を極力抑制する生産システムの導入も試みられている。技術選択の如何により、求められる管理体系、エンジニアとオペレーターの育成・配置の方法も修正を受けるため再編していく必要が生じよう。今後どのような技術と組織が求められるのか、企業における技術選択が重要になってくると考えられる。

まとめにかえて──日本企業の分業と連携をどのように支えるか

　以上、日本企業の生産職場を対象にして、海外との比較を行なった。先行研究で触れたように、小池の知的熟練論と中岡の分業論、さらに藤本の転写の議論は日本企業のもの造りの特徴をそれぞれ色濃く反映した立論となっている。本論では、日本モデルの海外版ともいうべきリーン生産の導入の事例などを参考にして、日本企業での技術者へのインタビューも踏まえ次の点を示した。

　まず、日本の生産組織では生産技術と製造技術の２つの管理担当領域が形成され、それぞれの役割を分担しながら生産工程の技術と労働の両側面から補足し合っている。生産技術と製造技術の役割は機能的に分岐・連携し、製造技術は作業者側領域へと接近した位置にある。日本型の生産職場の構造を全体として見れば、生産技術と製造技術の２つの機能と実際の生産を担当する作業遂行側がオーバーラップしながら３階層での生産組織を構成している。そしてこの３層組織が分業・連携して実際の工程、作業遂行を通じて生産情報の収集、分析を行い、生産情報を設計情報へとフィードバックする役割を果たしている。設計情報と生産情報との関係で見ると、両者はループし次期の製品開発と量産

実施のために修正情報を形成している。こうした3階層構造とその組織編成は、基本的には2階層構造となっている欧米などを含めた海外企業では達成できない、優秀なもの造りを可能とさせる組織基盤を形成している。藤本の転写論との関係で見れば、こうした3層構造の管理構造が転写の精度の高さ、転写情報の修正を担保するための組織基盤となっていると考えられよう。

　本論で強調した生産技術、製造技術の役割を日本企業の海外進出との関係で見てみると、現在、多くの問題にぶつかっている。それは日本企業がこれまで培ってきた管理の要としての、3層＝生産技術－製造技術－作業遂行の分業と連携をどのように海外においても継続するのか、という問題である。現実には進出先でのエンジニアの確保と育成は間に合わず、オペレーターの定着もままならない。そのため日系企業の大手1次サプライヤーでは、日本のもの造りの現地への定着を求め社内に職業学校を開設したケースもある。

　問題は今後どのような生産組織を築くか、このビジョンにかかっているのではないだろうか。それによりこれまでの生産技術と製造技術との連携性を諦めるのか、または新たな連携のあり方を導入するのか、選択が行なわれよう。例えばドイツのindustri4.0で示された考え方は明らかに、生産エンジニアの管理を強めるばかりか、生産システム上からヒトが影響する要素を徹底的に縮小させる選択である。それは、つまり日本的な製造現場の作業組織の力を利用して状況に合わせ機械と人のバランスを最適化させながら問題解決を図っていく日本の管理方法とは異なった方向にある。果たして、こうした選択を日本企業は行えるのだろうか。

　現状を見るならば、海外の日本企業でも、今後現地の労働コストの上昇などによりムダどり、カラクリ導入などの工程編成の切り換えが絶えず必要となり、現地の状況に応じた生産コンセプト、新たな生産システムの導入・構築が求められざるをえない。それにともない技術環境を担当するエンジニアの役割は拡大するにちがいない。例えば昨今導入されたホンダのタイ工場での流動型のセル方式ラインは、オペレーターの仕事をやりやすくする点で改善を進めると同時に高い生産性を追求している。こうした新規の生産システムの導入には

生産技術とオペレーターの活動を適切に評価する製造技術の複合した視点が必要不可欠である。今後、経営環境、現地の状況の変化に合わせてどのような生産のあり方が求められ、かつどのように適切に生産活動を進めるのか、とりわけ本論で強調した3層分業の機能をどう維持するのか。いずれにせよエンジニアの育成は大きな課題となるが、現状ではエンジニアの育成は進出のスピードに合っているとはいえない。

　ヒアリングの中で生産技術のエンジニアのひとりが、さまざまな環境下でエンジニアの仕事の条件は変化する。そのため「エンジニアの仕事は OJT が中心となっている」と述べていた。小池は日本のオペレーターの仕事の特徴を OJT に見たが、オペレーターの仕事は機械化の進展、また IT 技術の導入により標準化が進めやすい。だが、エンジニアの育成には多くの経験を積むことが求められ、複雑な条件での判断を迫られるため、実は標準化が難しく、エンジニアの仕事こそ「熟練」的要素が高い。

　日本的な組織的分業と連携を継続できるかどうか、それは本論で述べた生産職場での分業の編成、連携の方法、エンジニアの仕事の内容やエンジニアの育成の問題とも重なっている。今後、日本企業が海外展開と現調化を進めるのならば、日本企業の構築してきた管理体制を海外においてもどのように展開させるのか。海外への技術移転への対処、企業におけるグローバル人材育成とも問題は深く結びついている。今後とも日本企業の競争力の根幹にある条件は何かを見定めながら、理論的整理と調査、検討を行なう必要があろう。

［謝辞］

　　本調査の一部には科学研究助成金（基盤研究 C（2012 年度～ 2014 年度）「工場エンジニアのコンピタンス、組織行動に関する日・独・スウェーデンの比較研究」（研究課題番号　24530502）代表者田村豊）が利用されており、また、多くの企業の方々から企業訪問の機会をいただいてきました。ここに感謝の意を表します。

　　なお、本稿は、関東学院大学経済学会紀要『経済系』第 270 号（清晌一郎

教授退職記念号、2017年1月）に収録されました。本書への転載を快く承認くださった『経済系』編集委員会にも感謝申し上げます。

［注］

(1)　「製造エンジニア」については「現場の生産全体の改善を行なう『IE』に近い概念」という藤本の「製造技術」についての定義を踏襲している（藤本2001、p.129）。また金田は製造技術の創始を大野耐一に求めており（金田1991）、和田の見解と一致している（和田2009、pp.310-315）。

(2)「文書化」を日本的管理の重要な要因として指摘したのは小池の行なった愛知での調査である。小池は日本の情報が文書形式でもって管理されていることを強調している（愛知県1987を参照）。こうした小池の指摘は、小池のそれ以降の熟練論との関係では明確ではないが、熟練論は個人情報の開示である文書化に対しては積極的とは言えず、また小池も「文書化」はマニュアル化の方向として否定的見解を示している（小池2008、p.112）。

(3)　検討に際して重視した３階層の生産組織という点で、もっとも悩ましいのが製造技術の役割をどのように位置づけるかという点である。ヒアリングでは各工場での製造技術に関連する部署は明確ではなく、「製造技術」の名称をとっている企業は少数であった。例えばトヨタの「技術員室」は、製造技術の一部として機能しているとされ、その存在はトヨタ生産システムの機能の一つの象徴をなすものであろう（野村1993、pp.123-125）。海外の工場でもエンジニアの役割名称もIEだけでなく、さまざまであった。過去のキャリアを尋ねてみると生産職場でのオペレーターからエンジニア職へと異動したケースなどもスウェーデンでは多々あり製造の工程をよく理解しているエンジニアは存在している。北原（2017）が、日本企業には海外移転しにくい職種として「生産技術」をあげている背景には、上述した工場でのエンジニアが担う仕事の複雑さと内容が複合的であることが関係していると考えられる。

(4)　清晌一郎はトヨタを分析しトヨタシステムの特質を「制御労働の内実を深く分析し、……自動機械体系への現実的プロセスを解明した点にある」（清、1999、p.79）と指摘し、生産システムを安定的に稼働させるためには設備管理をバックアップするヒューマンシステムの構築が不可欠であり、制御システムの構築には膨大な知識が必要となる。そのため日本企業が海外に進出しようとした場合、日本国内で稼働している制御システムはコスト的に大きすぎるため移転には困難が伴うことを指摘している。日本の３階層の管理モデルを念頭におくと、今日この指摘の含意を検討することが必要である。

［参考文献］

愛知県（1987）『知的熟練の形成：愛知県の企業・職業能力開発に関する事例研究調査報告書』愛知県労働部。

金田秀治（1991）『ポスト・トヨタ方式』パル出版。

北原敬之（2017）「日本企業の海外拠点における現地化と業務移転の困難をめぐる諸問題」、関東学院大学『経済系』、第270集、2017年1月。

小池和男（1991）『仕事の経済学』東洋経済新報社。

小池和男（1995）「技能形成の方式と報酬の方式」、青木昌彦・ドナルド・ドーア編（1995）『国際・学際研究 システムとしての日本企業』NTT出版。

小池和男（2008）『海外日本企業の人材形成』東洋経済新報社。

清晌一郎（1999）「日本的生産システムの歴史的位相と基本要素の確立──トヨタ生産方式の意義について」、三井逸友編著『日本的生産システムの評価と展望──国際化と技術と労働・分業構造』ミネルヴァ書房。

田村豊（2011）「海外進出の生産マネジメントへのインパクト──日本型管理分業への着目とその評価」第3章。清晌一郎 編著『自動車産業における生産・開発の現地化』社会評論社。

田村豊（2013）「リーン生産の管理組織に関する国際比較の試み──スウェーデンと日本と比較する」2013年9月、日本経営学会報告WEB公開論文、2013年3月。

田村豊（2015）「リーン生産の導入は何を変化させているのか？──エンジニアに見る日本的人材育成の特質」日本労務学会第45回全国大会、日本労務学会編論文集、2015年8月。

田村豊（2016）「スウェーデン企業の生産戦略とリーン生産の広がり── Lyftet の結成と展開」北ヨーロッパ学会誌第12巻『北ヨーロッパ研究』、2016年7月。

中岡哲郎、浅生卯一、田村豊、藤田栄史（2005）「職場の分業と「変化と異常への対応」」『名古屋市立大学人文社会学部研究紀要』第18巻、2005年3月。

野村俊郎（2015）『トヨタの新興国車IMV ──そのイノベーション戦略と組織』文眞堂。

野村正實（1993）『トヨティズム──日本的生産システムの成熟と変容』ミネルヴァ書房。

野村正實（2001）『知的熟練論批判──小池和男における理論と実証』ミネルヴァ書房。

野村正實（2003）『日本の労働研究──その負の遺産』ミネルヴァ書房。

藤本隆宏（2001）『生産マネジメント入門Ⅰ』日本経済新聞社。

藤本隆宏（2003）『能力構築競争』中央公論新社。

藤本隆宏（2004）『日本のもの造り哲学』日本経済新聞社。

ライカー・J・K（2004）『トヨタ・ウェイ』日経 BP 社。

和田一夫（2009）『ものづくりの寓話』名古屋大学出版会。

Fujimoto Takahiro（1999）*The Evolution of a Manufacturing System at Toyota*, Oxford.

第13章

深層現調化に見る
「ヒトとサプライヤーの育成」
タイにおける日本型組織編成原理の発現

中川洋一郎

はじめに──深層現調化という名の「ヒトとサプライヤーの育成」

　深層現調化とは、日本の大手自動車部品メーカーであるD社が、社内用語として使用し始めたローカルメーカーへの発注拡大戦略である。すなわちそれは、「日本人のコストをタイ人に置き換える[(1)]」という意味での現地ローカルメーカーの積極的な活用を目指すものであり、そのためのノウハウ、実際の企業活動であると考えることができる。

　深層現調化について、豊富な実態調査に基づいて、包括的な議論を提起しているのが、清晌一郎（2013）である。同論文によると、自動車メーカーが、現地に進出した日系1次部品メーカーの部品を調達すれば、現調率は上がるが、1次メーカーがいつまでも日本から材料・設備・部品を取り寄せていては、「日本コスト」のままで、完成品のコストは低減しない。この問題を解決するためには、材料・設備・部品を現地ローカルメーカーから調達する以外にない。すなわち、海外進出日系メーカーの購買において、2次・3次サプライヤーからの部品・材料・設備などの調達を現地のローカルメーカーからの調達に切り替えていく取り組みが深層現調化である。

　日系企業がコスト低減という死活的な課題に直面したときに、それを解決するために採用した「ローカルメーカーへの調達拡大」という経営方針こそが、深層現調化であった。この場合、求められるのは何よりも、仕入れ先サプライ

ヤーの育成をその活動の根幹に据えることであり、このように新しい状況に直面した時に、日系メーカーは現地企業を指導・育成し、これを通じて現調率を上げようとする。この「地場企業の育成」こそ、日系メーカーが採用する行動様式を典型的に表している。同じことはもう一つの経営資源である人材の確保についても同様である。日本企業は、現地化の推進に際して、単に人を雇い入れるのではなく、現地の人材を根気よく教育し、育成することを通じて問題を解決しようとする。

　筆者は、新しい状況に対して、ヒトとサプライヤーの育成によって対応しようとするのが「日本型」であると考えており、「深層現調化」を追求する諸活動にこそ、その伝統的・典型的な取り組みを見ることができる。本稿は、タイにおける数多くの実態調査報告を踏まえ、これに筆者自身が参加した調査結果をも加え、日本型システムと欧米型システムとを対比させたうえで、「ヒトとサプライヤーの育成」における日本型システムの特質を明らかにすることを目的としている。

1　1997年アジア通貨危機後の日系自動車産業の途上国展開

　日本の自動車生産は、1980年代以降、急速に海外生産を拡大してきた。それに伴って、自動車メーカーだけでなく、数多くの部品メーカーも海外生産を開始している。世界の自動車産業でもグローバリゼーションが進んでいるが、欧米企業は世界的規模で規格化された企業経営方式を採用し、これが世界中に拡散・定着してきた。しかし、海外で生産を開始した日系の製造業は、グローバル化の中で、同じような規格化された生産方式・経営方式を採用しているのであろうか。答えは「否」であって、実態調査に基づいた今日までの多くの研究が示すところでは、海外進出した日系メーカーは、多かれ少なかれ、「日本的経営」「日本的生産方式」を実践している。この点について、すでに実態調査に基づいた多くの先行研究があり、枚挙に暇はない。

　もちろん、海外で実践されている「日本的経営」「日本的生産方式」は、厳密に見ると、日本で実践されている「日本的経営」「日本的生産方式」とは、違っている。現地での環境に適応するために、多少なりとも、日本での生産方式・経営形態を変えざるをえないからである。「日本と海外での日本的経営・日本的生産方式は、どこがどう違うのか」という設問は、日本的生産方式の本質を考えるうえで大きな意義を持ってきた。これまでの多くの先行研究も、この点を巡って多様な論点を蓄積してきた。

　しかし、本稿では、逆に、「日本であろうが、海外であろうが、日系メーカーが実践する経営の共通の特徴は何か」「日系メーカーと欧米メーカーとの間で決定的な違いがあるとすれば、それは何か」という視角から問題を論じたい。創設してから時間が経過して定常状態に至って安定期に入った企業は、日系メーカーであれ、欧米系メーカーであれ、組織として職制が確立しているので、「静止画像」として検討する限り、往々にして、本質的な違いを明確にできない場合がある。しかし、新しい事態に対処するときには、つまり、新たに海外進出をした場合、進出先国における分業構造を新たに組織化しようとするときには、その組織の特性が出現する可能性がある。すなわち本稿では、日本企業が、国内、海外を問わず実践しようとしている「ヒトとサプライヤー育成」の、共通の特徴に着目し、日本メーカーと欧米メーカーとの間の決定的な違いを明らかにしたい。

（1）現地の地場メーカーからの調達拡大の困難性

　1980年代後半から90年代初めにかけて、日本の自動車産業は構造不況に陥ったが、その原因として、海外生産・プラットフォーム・モデルの拡大によって、売上高変動費比率が持続的に上昇したことが挙げられる。かくて、日本の自動車産業は、1990年に日本における生産台数のピークを迎えるが、損益分岐点操業度は1989年をピークにそれ以降悪化傾向に陥った。それまでの過剰な設備投資のために、自動車産業全体が重厚長大産業化したこと、また、かかる自

動化設備による固定費増加を招いたのである。その結果、日本自動車産業は、90年代半ばに大きく構造を転換させた。プラットフォーム共通化・部品共通化を進めることで、部品コストの低減によって危機を克服しようとしたのである（早稲田大1995、p.150、土屋ほか2006、p.8）。

1997年危機を境に採用した日系メーカーによる危機対応の軸のひとつが、タイを輸出基地に変貌させることであった。日系メーカーは仕入れ先対応を大きく転換させて、地場メーカーの育成へと大きく舵を切った。かくて、1997年の危機対応として、日系自動車メーカーは現地のローカルメーカーからの調達を拡大しようとしたが、純ローカルメーカーからの調達増大には大きな困難があった。大石芳裕によると、日系自動車メーカーであるA社の部品調達先の取引額別の分布では、日系サプライヤーが75％を占めているのに対して、「純ローカル」の現地企業はわずかに2％であった。調達額を増やそうと思っても、品質・納期・価格などの点で、不可能であったからである。しかも、とりわけ問題だったのが、現地に進出した日系部品メーカーの現地調達の促進であった。車体用のフレームを生産しているある部品メーカーは、原材料をすべて日本の新日鐵から調達していたが、それは、日本から調達しなければ品質基準を満たせなかったからである（大石1999、p.68-69）。

自動車メーカーだけでなく、部品、原材料、さらに設備のサプライヤーなど、先進国自動車産業の諸企業が途上国に進出すると、当然、QCD（品質・コスト・納期）において優れた製品をつくることによって競争力を維持することに腐心する。しかし、日本からの部品・原材料・設備などの部材の輸入に大きく依存している状況下では、部品（ひいては最終製品）の価格は容易に低下しない。とりわけ、現地で原材料費（場合によってはコストの7割を占める）を低減しないかぎり、真のコスト削減は成就しない。かくて、サプライヤー構造のTier1だけの現地化では、現調化は不十分であるので、Tier2以下の地元の企業に発注して、QCDの点で、遜色ない部品を調達することが、現地生産の重要な課題となっている。タイでは、通貨危機以降、現地調達の制限が緩和される傾向があるにもかかわらず、海外メーカーは、むしろ、コスト低減を目的と

第Ⅲ部　サプライヤーのグローバル経営とサプライヤーシステムの変貌

372

して、現調率を上昇させていた（土屋ほか 2006、p.110）。例えば、トヨタ・モーター・タイランドは、2000 年以降、自動車部品の現調率 100% を 2003 年に目指す方針を決定した。これにより日系部品メーカーのタイ進出を促した。これ以降、部品メーカーは「日本では損をしないように。儲けは外国でかせぐ」という体制へと転換した（川邉 2006、p.101-102）。

（2）2000 年代初頭におけるタイ部品メーカーの QCD の遅れ

タイ系の自動車部品メーカーにおける開発能力を調査した黒川基裕（2008）によると、2008 年時点での現状では、タイの部品メーカーは、QCD レベル向上を目的とした改善・VA/VE の経験が不足しているために、自動車メーカーの製品開発に参画するに足るだけの技術力を持っていなかった。すなわち、①日本の部品メーカーと同じような「地道な」方策を採らない。②すぐに利益を生まない投資をしない（華人企業）。③安直に CAD・CAM などの設備を投入するという欠陥を抱えていた（黒川 2008、p.115、120）。

タイ系の 1 次部品メーカーにおける上記のような欠陥に対して、日本人エンジニアたちは、「QA（品質保証）からまず始めて、クレームを処理した上で、QCD の確立を目指すべき」であるとアドバイスしていた（高橋与志・黒川基裕 2007、p.74-75）。つまり、タイ地場メーカーが 2 次・3 次メーカーとして生き残るには、エンジニアリングの能力もさることながら、QCD 向上へとまず力を注ぐのが適正である。まず、QCD 向上には、エンジニアリング能力向上に比べて、投資（物的・人的）が相対的に少額ですむので効率が良いうえに、さらに、QCD 向上を継続的に実施できる能力が工程設計などのエンジニアリング修得の前提条件となっているからである。タイにおける日系メーカーの考えでは、タイの 2 次・3 次メーカーは QCD をアップしない限り生き残りは不可能であり、逆に、QCD の改善能力を確認できれば、さらに高度なエンジニアリング能力修得への期待を持つことができる（高橋 2003、p.4）。

2　ヒトとサプライヤーの育成

（1）日系メーカー社内の人材育成

　われわれが調査した在タイの日系大手部品メーカーでも、「こちらでローカルの方が設計して、デザインしたものをこちらの人間が評価して、こちらの機能で作りにつなげていくことで初めてトータルといったものが下がる[2]」というように、設備の設計から金型製作まで現地化することによってコスト低減を目指していた。日系メーカーでは、当然のように社内の人材育成を心がけている。「ヒトを育てる」ことは「コストとは思っていない。［社内の人材育成は］当然［のこと］だと［思う］。絶対に費用より効果の方が大きいから。絶対それは間違いない[3]」と、人材育成に確固たる信念を持っている。

技能系従業員の育成

　アジア通貨危機以前の 1995 年の段階で、日系メーカーは、すでに教育の重点をエンジニアから、現場の技能者に移していた。日本労働研究機構（1995）によると、マネージャークラスから、現場の技能者・ワーカーに重点を移しつつあった。アジア通貨危機の後、タイに進出した日系メーカーは、タイ国内向けではなく、世界市場を目指した生産へと切り替えたが、それゆえ、現場のQCD が決定的になったので、その実現のためには、現場における技能者のレベルアップが不可欠となった。日系メーカーはそのための現地従業員の教育・訓練・研修に力を注ぐようになっていた。

　1997 年の金融危機以降、日系メーカーにとって、タイが輸出基地となったので、国際競争力を持つ必要が一層高まった。技能系従業員の「生産管理能力の養成」が決定的に重要になった。「近年タイ国の日系自動車産業では、これまでと異なるより体系的な教育訓練制度を採用し始めている。技能系従業員については、コスト削減という海外進出の事由から生産管理能力の養成が必死で

あり、比較的人数が多いことからも体系化を進める際にテストケースとなることが多い」というように、人材育成の力点を現場の「物づくり力」を強化する方向に置いていたのである（高橋2003、p.16-17）。

　教育プログラムが系統的に導入された。タイ日系電機メーカーにおける事例を研究した阿部誠によると、体系的教育訓練が導入されたのは、A社が2002年、B社が2004年であり、能力開発に大きな力となった（阿部2004、p.19-20）。一方、自動車産業では、ホンダ・タイランドにおいて、2002年の時点で、日本人駐在員が38名であったが、製造部長1人を除いて、37名全員が指導・育成のためのスタッフであった（古賀・有村2002、p.86）。このことは、日系メーカーがいかに現地従業員を育てることを重視しているかを示している。

　高橋与志は、かかる現地日系メーカーの教育訓練体系において、(1) 教育訓練、(2) 社内検定、(3) Career Develop Plan（CDP）という、3要素を確認している（高橋2003、p.18）。「教育・訓練→社内検定→Career Develop Plan（CDP）」と一連の流れの中で教育訓練が実施されており、教育訓練が内部昇進と結びついていることが特筆される。人材を外部からのみ調達するシステムでは、職能育成のための教育を社内で実施することはない。もちろん、職務遂行に必要な業務を現場の従業員に覚えさせ、最低限の規律を守らせる教育と訓練は行われるが、それは職能育成訓練ではない。当然、業務を覚えさせ、規律を守らせる訓練を経ても、それで昇進するわけでない。しかし、逆に、社内で教育して、その会社にふさわしい技能を身につけてもらうという、職能育成訓練では、CDPと結合するのが効果的であるし、従業員のやる気を引き出すことに成功するであろう。

　高橋与志が挙げているB社（ミラー・ランプ製造の自動車部品メーカー）の事例であるが、B社の日本の親会社では目標管理フィードバックシートが活用されている。そこでは、目標→教育→評価→処遇→目標という、一連の訓練・評価の仕組みが設定されていて、個人別の細やかな対応が実践されているので、タイにおいても、「日本のやり方をできる限り適用する」ことを心がけている（高橋2003、p.22）。古井仁は、研修を業務プロセスに活かす仕組みがあるなしが重

要であり、「経営現地化は、技術移転、権限移譲にプラス効果が期待される研修の成果を実際の業務プロセスに活かせる仕組みを職場内に備えていない段階で進めると、目立った業績向上は得られない」という仮説を提示している（古井 2010、p.150）。社内における教育訓練を活かす仕組みとは、個々の従業員についてのきめ細かい評価の実施と、それ相応の内部昇進を可能としていることを周知させること、さらに、実際の内部昇進を実現することであろう。[4]

現場における職能の育成

　古井仁が2008・09年に実施したヒアリング調査において、1次の日系部品メーカー A 社が、非常に積極的に現地人従業員の教育・訓練・研修を実施していることが報告されている。技能習得、一般管理などの4コースを置き、対象者（新入社員から GL ～ MGR まで）ごとのコースを提供してきた。さらに教育・研修を強化するために、タイに数か所ある工場の従業員研修を専門に担当する《トレーニング・アカデミー》を 2005 年に設立し、2009 年までに、12,000 人以上の受講者の実績があった。このアカデミーでは、拠点内研修指導者の育成、すなわち、タイ人トレーナーの育成を目的にした研修コースが設置されている。かかる A 社のタイにおける《トレーニング・アカデミー》とそれを中核とする従業員研修制度には、日本型の人材養成の仕組みの特性が顕著に表れている。この制度では、まず、目標となる能力が設定される。特に管理者研修に特色がある。(1) 設定された目標への上昇型（必要な技能を設定して、その目標に向けて従業員を育てていく）、(2) 自己啓発型（自分で考えて、問題を解決できる能力を養う）、(3) リーダーシップ養成型（古井 2010、p.166-167）。

　同社における能力給は、OJT 訓練計画に従って訓練して、その成果を給与に反映させるという仕組みである。現業から総務にいたる全職種を対象にして職種ごとの職務遂行能力を 12 のランクに区分し、OJT 計画を策定する。研修対象者はランクに応じた訓練を受けて、定期的に能力評価を受ける（古井 2010、p.173）。同社の訓練の仕組みは、研修対象者の現状の能力を評価すること、同社内で必要な職務（ひとつではない）を想定して、その職務にふさわしい職

能を身につけさせるべく訓練すること、定期的にその訓練実績を評価することと要約できる。これは、「あらかじめヒトを確定し、そのヒトに対して訓練を施すことで、企業内の職務を当てはめる」という行為である。この仕組みは、すぐれて日本型であり、同社による従業員育成には、日本型の特徴が明瞭に出ている。

人事考課

　宮本謙介（2005）によるTB社のヒアリング報告が、日本型の典型的な事例として、興味深い。正規生産職労働者を対象にして、年に2回の人事考課が実施される。評価方法は、（1）チャレンジ得点、（2）能力得点、（3）姿勢得点に3区分されて、それらの総得点で昇進・昇格が決まる。チャレンジ得点では本人に3項目のチャレンジ課題（目標・取り組み・結果）を提出させ、それを上司が評価する。能力得点では21項目におけるチェック表に基づいて上司が評価する。姿勢得点では勤務態度などがチェック項目となっている。同社で、現場生産系はG1からG6のグレード区分され、さらに8段階（号棒）の職階に細分されている。①細かくグレードに分ける、②考課によって基準をクリアーしたら上に行かせる、③（入ったら）学歴と無関係という特徴を持っている（宮本2005、p.13）。

　われわれが調査した日系大手部品メーカーでも、作業者レベルで人事考課が行われており、その評価は208項目にも上っている。「うちの人事評価システムで、結構最初から苦労したところがございまして、……しっかりとした職員の下で、日本でもやってないようなことまでやって、アセスメントもやりながらチームリーダーにするプロセスがございます。反対の現場作業者においても、第7課で働く作業者の前の作業者と後ろの作業者がきっちり客観的に評価するようなQCDMSというシステムがあります。208項目にわたる評価項目があり、それをABCランクで全て評価します。それでより優れた人を班長前のセットアップを修得させながら、そのあと評価項目に内容が変わってきまして、チームリーダー、スーパーバイトというふうに」[5]実施されていた。すなわち、チー

ムリーダーが、部下の作業者を 208 項目で点検して、評価する。最下級の監督者であっても、「決められたことを守らせる」という、作業者に規律を遵守させることに加えて、部下を成長させる、すなわち、「育てる」ことが求められていることが、日本型昇進制度として興味深い。

　もちろん、タイのような途上国に適用する仕組みは、日本とはかなり違っていて、日本型そのものではない。しかし、「絶対にプロセス評価をする」という最も重要な性格は維持されている。われわれが調査した事例にもあるように、「どちらかというとただ OJT だけではなく、マネジメント教育をして将来マネージャーとして育てようではないか、そしてもう少し踏み込んだ技術、専門教育みたいなのをやるようになってきて、本社に研修に行かせようなど、そういうふうに変わりつつあります。よく言われるように成果主義の報酬制度は出てきます。ただ、D 社の場合はプロセスの評価も必ずやりますので、結果だけがいいというふうには絶対しません[6]」。これは、「訓練→評価→昇進→（再度）訓練→（繰り返す）」というスパイラル型の育成の仕組みが確立していて、この仕組みでは、何よりもプロセスが重視されている。しかも、将来のマネージャー職にまで進むことを展望して、日本人幹部たちは、意欲的な現地従業員が原価管理にまで進むことを期待している。

　上記のように、日本のメーカーでは、ヒトを育てることで、ヒトの現状を変えて向上させることで対応しようとしていた。日系現地メーカーのかかる取り組みこそ、深層現調化に他ならない。この深層現調化にこそ、日本型の組織編成原理の特徴が表れている。

　組織編成原理という側面から見ると、「あらかじめ機能（職務あるいは仕事）を決定してから、広く最適の人を選択して、その機能に割り当てる」という欧米型の組織に対して、「あらかじめ人を決定してから、その人物を育てて、職務を割り当てる」というように、日本型は正反対の原則をもっている。

（2）　サプライヤーの育成

　新しい状況に直面した時に、日系メーカーはどのような対応策を採るのか。
1997 年以降に先鋭化したのは、タイを国際的な供給基地に変貌させるという、
新しい課題であった。タイという、部品産業が未発達の地で部品を調達しよう
とするが、QCD が低レベルであり、地場の部品メーカーが質量とも不足して
いた。だから、国際レベルでの QCD を供給できる部品メーカーを育て上げよ
うとする。つまり、かかる新しい状況に向き合った際に、日系メーカーは、ヒ
トとサプライヤーを育てることで対応しようとしていた。ヒトの場合、職能を
育成して、かかる将来の職務をヒトに当て嵌めようとする。サプライヤーの場
合も同様であり、「職能」（つまり、QCD で水準にある部品を供給できる能力）
を育成して、将来の部品供給を可能にさせようとする。新しい職務が生じた際
に、現有のサプライヤーに対して、それを遂行できるだけの職能を育て上げよ
うとするのだから、「日本型」の対応形態である。

積極的なサプライヤー育成政策への転換
　1997 年の通貨危機、その直後の 1998 年、日系自動車メーカー各社はタイで
生産された車の品質を輸出に耐えるように向上させる必要に迫られた。ある日
系部品メーカーは、調達先の現地サプライヤーに対する対応形態を大きく転換
させた。それまで、調達先の自助努力に期待していたやり方から、「現場に入
り込んで、共に汗を流し、共に改善を進める方式に変更し、……これまで実施
してきた意識付け、動機付け、信頼関係、5S……、工程改善などから一歩進んで、
高度加工技術指導、自主改善活動定着、仕入れ先相互研鑽」という段階にまで
底上げする計画をつくり、そのために「本社からベテラン技術者を派遣しても
らい、現場主義の育成策を」実施している（大石 1999、p.70-71）。この時点で、
仕入先「育成」施策へと転換されたことが重要であるが、仕入れ先の地場メー
カーの中に入り込むのが、日本型の育成政策であることが特徴的である。

エンジニアリングの必要性

　タイでは 1990 年代後半になると、ホンダの City、トヨタの Saluna などの乗用車、三菱などのピックアップトラックの新モデルが立ち上がってきたので、地場メーカーもエンジニアリングが必要になった（高橋 2003、p.3）。しかし、2006 年の時点で、タイ地場メーカーのエンジニアリングの遅れが顕著であり、この弱点の克服を怠ると、生産性・製品開発力に劣る地場メーカーから、競合する中国製の輸入品に代替されていく恐れがあった（古井 2013、p.158）。だからこそ、自動車産業が、ASEAN 製造業の潜在能力を向上させることが最も重要な契機となっていた（土屋ほか 2006、p.104）。

　タイ部品メーカーが貸与図から承認図メーカーへとレベルアップするには、①摺り合わせ技術の向上、②設変能力、③開発管理の 3 点が必要である。特にタイ系部品メーカーが円滑に設変への対応ができるようになるには、開発・生産における「摺り合わせ」技術が必要になってくるが、しかし、タイ部品メーカーにはマネジメント能力が欠如しているので、承認図メーカーになれない（黒川 2008、p.114-119）。日本型のマネジメントは、学校では教わらないし、何よりもマニュアルなどに基づいて座学で習得することができないのである。かかる現状を打破するために、当面、部品メーカーが検査（テスティング）から参画して、徐々に技術力を高める方途があるが、タイ系の部品メーカーはその重要性を十分に認識していなかった（黒川 2008、p.122）。

3　欧米企業によるシステム化

　このような途上国における現地生産という「新しい仕事」に直面したときの対応形態に、欧米部品メーカーと日系部品メーカーとでは、大きな違いがある。欧米型では、きっちりとしたシステムを構築することで、ヒト・サプライヤーが入れ替わっても恒常的に機能する仕組みを作って対応する。システムとは、「ヒト・サプライヤーを入れ替える」ことで、企業経営を機能させる仕組みで

あると言える。

（1）「ヒトとサプライヤーを入れ替えて機能させる」という、欧米型システム

　春日剛・岡俊子・山口揚平・比嘉庸一郎・星野薫（2003）「欧米系自動車部品メーカーのタイ進出状況とわが国自動車部品メーカーの対応」（『開発金融研究所年報』16、p.6-38）によると、タイに進出した欧米メーカーの経営手法の特徴は、企業活動のあらゆる側面において、《システム化》に取り組んでいるところにある。つまり、全般管理、人事・労務管理、調達、購買・物流、製造、出荷・物流、販売・マーケティング、サービスなどにおいて、人が入れ替わっても事業継続に支障が生じないような《仕組み》の構築を目指している。それが、ここで言う《システム》であり、《システム》化というのは、そのような《仕組み》の構築である。《システム》化の理由として、人材の流動性が非常に大きい欧米系部品メーカーにおいては、生産の安定性を維持するために、世界各地の人種・文化・教育水準が違う従業員が激しく入れ替わっても、短期間に一定の業務を遂行できる《仕組み》の構築が必要であったからだと述べている。

　この点で、日系部品メーカーと欧米部品メーカーとを比較すると、経営手法において鮮やかな対比が見られる。「日系メーカーは各個人のノウハウ・経験に基づいた『ものづくり』を重視し、生産工程の隅まで人的にコントロールすることで高い QCD レベルまで追求している。これに対して、欧米系部品メーカーは、QS9000/ISO などの管理システムにより生産活動をコントロールしている」（春日ほか 2003、p.18）。つまり、春日剛たちは、タイにおける欧米部品メーカーと日系部品メーカーとの間に存在する経営手法の違いを、経営手法の中に《システム》が組み込まれているか否かであると見ている（春日ほか 2003、p.22）。欧米メーカーの《システム》化の特徴として、第一に、グローバルな人事システムを挙げられる。欧米系部品メーカーにおいて、往々にして、「グローバルトレーニング」が実施されていて、「トレーニング」と銘打たれていることも

あって、しばしば「人材育成」システムと見なされている。しかし、かかる全世界的に展開されて、各地域において同一の基準で実施されている訓練の主要な目的は、当該の職務における作業と諸規定の習得を目的にしている。「あらかじめ決められた事柄」がどのような内容を持っているか、どのように行動することを求められているかを習得する機会提供である。職能形成は、あくまでも外部の学習機関で実施する。春日ほか（2003、p.20）で述べられているように、徹底したマニュアル化であるから、職能領域には関与していないのであり、スキルの養成ではないと考えるべきであろう。

　欧米メーカーの《システム》化の第二の特徴として、世界統一基準が施行されていることである。欧米系部品メーカーが大規模化した理由は、その活発なM&A活動の結果である。M&Aによる大規模化の利点として、欧米系部品メーカーは、完成車メーカーに対する交渉力のほかに、エリア・カバレッジとプロダクト・カバレッジにおいては、大きな競争力を持つにいたっている。それに対して、日系部品メーカーは、多くの場合、世界3大市場を中心に、比較的少ない種類の部品を専門的に生産してきた（春日ほか 2003、p.19-20）。もちろん、欧米メーカーが、恒常的に、かつ、継続的に大規模なM&Aを実施できるのは、かかる《仕組み》を構築するノウハウがあるからでもある。

　欧米メーカーの《システム》化の第三の特徴が、「契約の重視」である。「契約の重視」と呼ばれる慣行の内容は、あらかじめ決めることの重視とあらかじめ決められたことを遵守することの重視であり、その事例が春日ら（2003、p.20）によって提起されている。

　このように《システム》とは、新しい状況、なかんずく新しい仕事への対応を「人の入れ替え」によって行うことであると定義とすると、この《システム》が円滑に機能するためには、何よりもまず、あらかじめ仕事の内容（職務）が厳密に決定されていなければいけない。そうでないと、誰が最適な人材かを決定できないからである。さらに、この仕組みでは、最適な人材は、往々にして、外部から調達することになる。社内に最適人材がいればいいが、最適人材が必ずしも社内にいるとは限らないし、むしろ、いないことの方が普通であろう。「な

ぜなら、現有の人材は別の職務にふさわしいと認められて採用されたからである。従って、あらかじめ決められた職務に最も適する人材を発見するためには、できるだけ募集の範囲を広げて社外に人材を求めた方が、最適の人材を採用できる可能性が高まることになる。

マネジメントの特徴は、「ヒトが入れ替わっても、経営目標を達成できる仕組み作り」あるいは「ヒトを入れ替えることで、効率を高める仕組み」であるとしたら、その特徴は以下の3点にまとめられる。

（1）職務の限定と個体化。すなわち、仕事の内容（つまり、職務）をあらかじめ厳密に決める必要があること。

（2）限定された固有の職務に最適な人材の採用。

（3）人材が仕組みに適合しているかどうかの検証・評価と、その結果としての雇用継続あるいは不適な人材の馘首。

欧米の部品メーカーと日系の部品メーカーとの決定的な違いは、前者が管理システムで管理するのに対して、後者は現場での管理に重点を置いていることである。その結果、「欧米系部品メーカーは、現地マネジメントをシステムによって補完しているからこそタイ人への権限委譲が可能なのであり、彼らの事業構造・マネジメント構造は日系の『モノづくり型組織』とは根本的に異なる」（春日ほか 2003、p.21）。

システムとは、ヒトの確定に先行して、制度・機構・慣行を確定することであるから、欧米系部品メーカーで言うマネジメントとは、《システム》において、ある職務（＝仕事）に、職能的に相応しい人を選択すること、選択した後で仕事を遂行させて、成功ならばあらかじめ決められた賃金（＝対価）を支払うし、仕事を完遂できなければ馘首することを意味する。すなわち、職務遂行の正否を前提にして、「人の入れ替え」を決めているのである。その結果、業務・仕事・職務の定型化が容易であるから、その分だけ標準化が進展している。

(2)「ヒトとサプライヤーを育成して機能させる」という、日本型組織[7]

　欧米系メーカーにおける《システム》化が、「人の入れ替えで機能させる仕組み」であるとすれば、日系メーカーにおける「ヒトとサプライヤーを育てる仕組み」をどのように規定できるだろうか。日本型組織では、「あらかじめ決められた人々」の「技能・技術を育成しつつ」、「職務を入れ替える（＝高度化する）」ことで機能させていると言える。

　例えば、トヨタ生産方式では、多能工化・多台持ち・U字型ラインなど、単純なひとつの作業から、訓練によって複数の職務を受け持つように訓練される。先に見たように、「育てる」とは、まず、現状の職務に加えて、より高度な職務を付加的に担うことができるように訓練することである。高度な職能を獲得するように訓練することについて、タイ進出日系メーカーを調査した中川多喜雄が、なんと30年以上も前に、「日系メーカーでは従業員の職能的側面にまで降りてくる」という、非常に興味深い指摘をしている（中川多喜雄1984、p.103）。ヨーロッパでは、企業は、個々の従業員の職能的側面に、原則として、関与しない。職能は、企業の外で形成され、社会的な評価を受けて、公的な資格として認定されるからである。企業は個々の従業員が有する職能資格に変更を加えない。それに対して、日系メーカーにおいては、すでに1997年の通貨危機以前から、現地従業員たちへの「職能的側面にまで降りたきめ細かい管理と指導」が、つまり「人を育てる」ことが試みられてきた。

　黒川基裕（2008）が、欧米システムにおける「マネジメント」と、日本型物づくり組織における「管理」の異同に関して、きわめて興味深い事例を提出している。

　発注元の日系自動車メーカーとの取引関係において、タイの現地部品メーカーが、貸与図段階から承認図段階にまで、その地位を上昇するのは容易ではない。製品開発能力の構築が追いつかないからである。黒川は、タイ部品メーカーがかかる製品開発能力の構築になかなか成功しない最大の理由として、「マ

ネジメント能力」の欠如を挙げている。

　承認図によるサプライヤーになることは、自動車メーカーによる開発そのものかなり上流から参画することになるが、社内各部門間の擦り合わせ関係の質的向上、設計変更能力の向上、開発管理能力の向上が必要になる。「それらの能力向上のためには、組織づくりや開発業務に係わる『マネジメント側面』の強化が必要である」（黒川 2008、p.115）。

　「承認図生産をこなせるだけのマネジメント要件が大きくなってくる。例えば、貸与図生産レベルでは、大量生産テストの結果や生産準備をマネジメントするだけだったものが、設計変更のために開発部門と生産部門の擦り合わせ関係が強化される必要が生じてくる」（黒川 2008、p.118）。

　日本の部品メーカーであれば、発注メーカーからの変更（リバイズ）の記録は必ず残しているが、タイ現地部品メーカーはリバイズの記録を残さないという。発注元であるメーカーとタイの地場メーカーとの関係は、単発取引が原則である。たとえ、繰り返し受注していても、それは長期的・恒常的な受発注関係を結んでいるのではなく、単発取引の繰り返しであり、それぞれの取引は形式的には一過性であり、個々で完結している。お客からの個々のリバイズは、このような単発取引の単なる繰り返しの中では、個々のそれぞれの取引で終わってしまった業務であり、個々の記録を残す必然性は薄い。

　それに対して、長期安定的取引ならば、変更プロセスを残す必要が生じてくる。ここで黒川が述べている「マネジメント」とは、「お客との取引過程の情報管理」であるが、(1) お客との取引関係が長期的・安定的であり、(2) 個々のお客に固有のやり方・仕方が本質的な要素になる。(3) 業務手順は定型化できるかもしれない。しかし、製品によって、材料によって、工程によって、設備によって、非常に大きな多様性が生じてしまう。各社の社内的事情に固有の要素が本質的に存在するので、一般化・定型化は、およそ現実的ではない。換言すると、教科書に書かれた一般化された普遍的な業務ではないので、学校で習得できない。その結果、現場での経験によって、すなわち、OJT によって学ぶしかない。日本企業内では、かかる業務は、「管理」と呼ばれている。も

ちろん、日本企業では、これを、往々にして、「マネジメント」とも呼ぶが、欧米企業内でマネジメントと呼ばれる業務には、含まれないか、あるいは、収まりきれないのではないか。この業務は、いわば、顧客との関係の中での業務遂行能力であるから、サプライヤーの担当者には顧客との関係維持・発展に向けての能力が求められる。これは、関係技術とか、対人技術とでも呼ぶべき分野が含まれていて、自分一人では決められない分野（あくまでもお客さんの意向を尊重しなければならない分野）での業務遂行能力である。

(3) 日本型組織とその移転――現場監督者育成の難しさ

　井原基(2003)は、日本型の取引システムを最も具現化したものが、「原価管理、特に工数（工程当たりの人員）に関わる管理を通じての、能率向上のしくみにある」と捉えて、「原価目標→標準作業の改訂→コスト低減という一連の現場へのコントロールと、能率管理に代表される従業員への動機付けといった工数管理の仕組みが、どのようにタイに移転されているのか、されていないのか」(井原 2003、p.5)と述べて、タイへの日本型組織の移転を、品質管理、原価管理、動機付けという3つの視点から検討している。

　高橋与志（2001、2003）によると、現地メーカーが1次メーカーとしての地位を獲得するために性急に製品開発などのエンジニアリング能力の向上を求める傾向があるが、しかし、むしろ2次・3次サプライヤーとして、製造面でのQCDの向上に務めることが重視されるべきである。QCD向上は、比較的に少額な投資で効果が見込める上に、QCDの継続的な改善を実現する能力が、工程設計の技術の習得の前提となっているからである。「QCDの改善にはルーティンの業務をこなしていく『業務遂行能力』よりも、むしろ、生産上の問題点を発見し、対策を講じる『問題解決能力』が求められるが、後者は設計技術の習得・実践過程で不可欠の要素と考えられる」(高橋与志 2003、p.4)。お客から「言われたことをやる」（システム化・マニュアル化）だけでなく、企業としてもワーカーとしても、問題解決能力が必要となっている。同じく高橋与志

によると、「管理水準を高めるためには、ロスや不具合が実際に出て、その中で考えながら改善していくことが必要である。ローカルの従業員はこの点が弱い」（高橋 2001、p.54）。

従って、在タイの日系メーカーにおいて、現場監督クラスの力量不足が強く指摘されている。スーパバイザーの最良の部分ならば、品質や納期の管理は一定の水準にまで到達している。しかし、原価管理まではまだ担当できていない。「日本の職長のように、たたき上げで技能（固有技術）と管理（管理技術）の両面に優れたマルチの人間はこちらにいない」（高橋 2001、p.56）。日本人マネージャーは、現場監督たちは応用する力が不足しており、カイゼン意識に乏しいという、大きな不満を持っていた。班長も、現場における監督者として、原価管理を期待されているし、そのための教育訓練を受けている[9]。

AOTS（日本の経済産業省傘下の海外技術者研修協会）の制度を利用して、現地従業員を毎年 1 人ずつ 1 年間日本に派遣している日系メーカーでは、日本で研修して帰国した現場監督クラスの「自己啓発のマインドを育てる面で効果がある」（高橋 2001、p.54）と肯定的に評価されていた。

上記のように現場監督者クラスのかかる問題解決能力を習得させるのが難題となっている。それはまた、この難問解決こそ日本型組織の運営に決定的な核となっていることを意味している。かくて、日系メーカー自身が自社内で行う現場監督者の育成という、「管理」職能育成にこそ、職能の育成の日本型の特徴が表れている。高橋与志が 2002 年に B 社（タイの日系部品メーカー）で行ったヒアリングでは、現場監督について、非常に特徴的な訓練を実施している。「気づき」あるいは「心構え」訓練である。常に変化する現場にあって、現場監督は現場の異変についてすぐに「気づく」ことが不可欠であり、その場で異常を直ちに発見して、自らの手で迅速に対応することこそ、現場の監督者に要請されていると考えられている。

「一方、現場監督者については、『気づく』活動の展開を行っている。現場の日常管理活動は変化しつづけるという前提のもとで、監督者が現場を巡回したときに異変が起こっていることに気づくことが不可欠と考えている。その場で

387

発見・理解し、自らの手で身近で対応することで、管理活動の迅速化が実現できるためである。変化と異常への対応は伝統的には経験や勘に頼りがちであった内容であるが、これを教育訓練の対象として取り上げている点に特徴がある。同社では活動展開を図る上で、まず『正常』と『異常』の違いを明確にすることにした。製品の特性や不良率だけでなく、人の動き、作業方法、加工条件、機械やラインの稼動状況、物の置き方、かんばんのまわし方など網羅した。その上で、『気づく』ために用いる感覚器別に項目を抽出している。例えば、視覚の場合は前物の大きさ・形・色・つや、ものの流れ、滞留、人の行動等を前後左右上下から見ることを必要とした。実際に訓練を行う際には、感覚器別ではなく品質、生産、設備等の機能別にリストを再構成し、OJTで現場を巡回させ各項目を判定している。品質の場合、『工程の流れは正常か』『不良品の処理はよいか』『決められた仕事をしているか』等、十数項目が挙げられている[10]」（高橋 2003、p.21）。

えてして経験や勘に頼りがちであった「変化と異常への対応」を、教育訓練の対象として取りあげている。日本で実践していることをタイでも実践している。すなわち、B社では、日本の工場での経験や勘に依存しがちであった現場の気づきという「職能」を、タイの工場では教育訓練の一環として取り上げて、最終的に、「現場で判断できる人材」を養成しようとしていた。この「気づき」の有無を喚起したのはきわめて重要な論点であり、日系企業における班長の役割の意義を確認している。

おわりに　正反対の組織編成原理──「ヒトを育てる」日本型と「ヒトを選別する」欧米型

新しい仕事（状況）が出現したときに、その対処の仕方でその組織の原理・原則がわかる。欧米社会と日本社会ではその成り立ちが異なっているが、本稿の課題は、深層現調化を手がかりにして、「日本型システムとは何か」という

388

問いに応えることであった。以下、詳細な注と参考文献の提示は控えるが、かかる問いに対して、概括的な見通しを提起して本稿を終えたい。

（1）日本型は「人←仕事」（人をまず決めてから、その人に仕事を割り当てる）であるのに対して、欧米型は「仕事←人」（仕事をまず決めてから、その仕事に人を割り当てる）という、組織編成原理を持っている。すなわち、欧米型と日本型とでは組織編成原理が正反対である。日本型は疑似親族原理で編成されているが、欧米型は機能本位原理で編成されている。疑似親族原理では、新しい状況が生じて新しい仕事が発生したとき、現有の人々が新しい職能を身につけて、その仕事を担うほかない。一方、機能本位原理では、機能を主眼にして、まず仕事を確定して、《システム》を整合的・合理的に確立した上で、その《システム》における個々の仕事に最適の人を社の内外から探してきて配置するので、きわめて効率的であり、競争力が大きい。

（2）そもそも、欧米型のヒト・サプライヤーを入れ替えるシステムと、日本型のヒト・サプライヤーを育てる仕組みとの違いは、何に起因するのか。疑似親族原理の「人←仕事」は、人類史の99％以上の期間で、唯一の組織統合原理であった。その限りで、伝統的に、かつ、歴史的に人間の組織編成原理として、原基的である。一方、機能本位原理の「仕事←人」は、前5千年頃に発生した遊牧に起源を持っているので、その出現は人類史上において、派生的な組織編成原理である。つまり、組織編成において、あらかじめ仕事を確定してからヒトを配置するか（欧米型）、あるいは、ヒトを確定してから仕事を割り振るか（日本型）という正反対の組織編成原理を想定すると、歴史的に、ヒトを確定してから仕事を振り分けるという日本型は、むしろ、原基的であり、欧米型のヒトを入れ替えるシステムの誕生は、比較的新しいことがわかる。

（3）「仕事←人」という機能本位原理こそ、ヨーロッパ起源の組織編成原理の礎にあり、グローバリゼーションはその世界的規模での拡散である。機能本位原理は非常に競争力が大きいうえに、対抗原理（疑似親族原理）の存在を許さないきわめて攻撃的な性格を持っているので、世界の各地で、「人←仕事」という原基的な疑似親族原理を持つ社会を圧倒し、駆逐してきた。

　日本型の組織編成原理は、機能本位原理が圧倒的に支配的になった現代世界において、企業経営として辛うじて生き残った現代的な疑似親族原理である。もしも日本社会が疑似親族原理の原初的な形態のままであったとしたら、「日本型経営」などという慣行も、当然、早々に競争に負けて、蹴散らされ、破壊されていたであろう。「人←仕事」という組織編成原理は、あらかじめ確定された「人々」が、日々刻々と変化し、高度化していく「仕事」（職務）を担えるだけの職能を身につけなければ、企業統治原理としては、生き残れなかったにちがいない。深層現調化に表れた「ヒトとサプライヤーの育成」、そのノウハウこそ、長年の蓄積の成果であり、発現に他ならない。企業統治において、欧米型機能本位原理の普遍化・世界制覇に対抗して、疑似親族原理としてはほとんど唯一と言うべき日本型の《仕組み》が生き残ったのも、「ヒトとサプライヤーの育成」に盛られた長年の伝統と技能と智恵の集積のおかげである。

　効率追求・市場志向の欧米企業に対して、長期的視野・人間重視の日本型というような対比において、古くはアベグレンが定式化した「終身雇用制・年功序列・企業内組合」なども、疑似親族原理の洗練化・高度化と見なされよう。「ヒトを育てる」という組織的な慣行が日本の社会で培われて、それによる蓄積が、深層現調化、すなわち、「現地でヒトとサプライヤーを育成する」という、日系メーカーの行動様式として発現し、その実行を可能としているのである。

[注]
(1) D社 Bangpakong 工場（2013年9月10日）。なお、同工場でのインタビューによると、「深層現調化というのは、［同社同工場の］前々社長が7年前ぐらいから取り組み始めた」のであり、タイ工場が主導して、この用語が唱えられ始めた。
(2) D社 International Asia（2013年9月9日）。
(3) D社 Siam Manufacturing（2013年9月10日）。
(4) 現地日系企業の悩みとしては、労働流動性が高いことであり、教育訓練の成果が頻繁なジョブホッピングによって台無しになることである。研修甲斐がないともいえる（鉢野 1997、p.110）。また、現地人従業員の意欲の欠如が指摘

される。日系メーカーにおけるタイでの社内教育の限界として、どうしても教育内容が詰め込みになってしまうので、覚えることに精一杯であり、改善する能力・意欲・方法がわかっていない（高橋2001、pp. 56-58）。

(5) D社 Siam Manufacturing（2013年9月10日）。

(6) D社 International Asia（2013年9月9日）。

(7) 日本型では、職務の確定を先行させないので、システムという定義にはそぐわない。日本型システムと呼称するのは、本稿の立場から言うと、形容矛盾になってしまう。そこで、日本型組織と呼んでおこう。

(8) 本稿で、「顧客との関係の中での業務遂行能力」と呼ぶ自動車メーカーとサプライヤーとの日本型の企業間関係に関して、「曖昧さ」という切り口から取り組んだのが、清（1990）である。同論文は、豊富な実態調査を基礎に、契約先行の欧米型に対して、一見して情緒的な「曖昧さ」という独自の視点を打ち出すことで、日本型の特徴の解明に寄与した斬新な問題提起であった。

(9) D社 Siam Manufacturing（2013年9月10日）。

(10) 上記のB社で実施されている「現場監督の気づき」の訓練は、普段の作業を行う中での異常の検知能力である。この能力は、外部の教育、学校の教育では身につかない（高橋2003、p.21）。この能力は、安定的な雇用を基礎に、個別の人事評価、その結果としての内部昇進という人材育成の仕組みによって身についていく。この能力を身につけさせることが日系企業で実施されている「ヒトを育てる」仕組みの重要な側面であろう。日本の現場作業者が「ふだんと違う作業」を行う上で不可欠の「問題をこなす技能」「変化をこなす技能」の重要性を指摘したのが、もはや古典となった小池和男の「知的熟練」論であるが、上記の「現場監督の気づき」の訓練こそ、小池の言う「知的熟練」養成の過程であると言えよう。例えば、小池（2005）を参照。

［参考文献］

阿部誠（2004）「日系多国籍企業におけるタイ現地生産の実態と位置——電機産業の事例」『大分大学経済論集』55（5）、pp. 27-62。

井原基（2003）「日タイ合弁研究の労使関係と労務管理」*PRI Discussion Paper Series (M. 03A-16)*、財務省財務総合政策研究所研究部、p. 61。

大石芳裕（1999）「在アジア日系企業における国際ロジスティックス戦略の展望——タイ自動車企業の課題」『経営学論集』69、pp. 62-73。

小池和男（2005）『仕事の経済学（第3版）』東洋経済新報社、p. 342。

春日剛・岡俊子・山口揚平・比嘉庸一郎・星野薫（2003）「欧米系自動車部品メー

カーのタイ進出状況とわが国自動車部品メーカーの対応」『開発金融研究所年報』16、pp. 6-38。

黒川基裕（2008）「タイ国自動車産業におけるものづくり能力の構築──承認図生産に向けたタイ系部品メーカーの対応」『国際ビジネス研究学会年報』14、pp. 113-124。

川邊信雄（2006）「タイの自動車産業自立化における日系企業の役割──タイ・トヨタの事例」『産業経営』早稲田大学産業経営研究所、40、2006 年 12 月、pp. 75-115。

古賀武陽・有村定則（2002）「タイ・日系企業進出調査──ホンダ・タイランドとキャノン・ハイテク・タイランドのケース」『東亜経済研究』60（4）、pp. 81-104。

清晌一郎（1990）「曖昧な発注，無限の要求による品質・技術水準の向上──自動車産業における日本的取引関係の構造原理分析序論」中央大学経済研究所編『自動車産業の国際化と生産システム』中央大学出版部。

清晌一郎（2013）「中国・インドの低価格購買に対応する『深層現調化』の実態──自動車産業における中国・インド現地生産の実態調査を踏まえて」日本中小企業学会編『日本産業の再構築と中小企業』同友館。

高橋与志（2001）「タイ日系製造業における技術援助──自動車部品産業を事例として」『国際協力研究誌』7（2）、広島大学大学院国際協力研究科、pp. 47-63。

高橋与志（2003）『タイ自動車部品産業における生産管理能力の養成に関する調査報告書』*PRI Discussion Paper Series (M. 03A-18)*、財務省財務総合政策研究所研究部、p. 39。

高橋与志・黒川基裕（2003）「タイ国自動車産業における技能検定制度の課題と展望」『産業教育学研究』33（1）、pp. 86-93。

高橋与志・黒川基裕（2007）「途上国企業の製品開発能力構築過程における QCD 管理能力向上の効果──タイ系自動車部品メーカーを事例として」『国際ビジネス研究学会年報』2007 年、pp. 69-81。

田中武憲（2006）「タイにおけるトヨタの経営『現地化』とトヨタ生産システム──『IMV+TPS= 現地化』の法則」『名城論叢』、7（3）、2006 年 11 月、pp. 43-115。

土屋勉男・大鹿隆・井上隆一郎（2006）『アジア自動車産業の実力──世界を制する「アジア・ビッグ 4」をめぐる戦い』ダイヤモンド社、p. 243。

中川多喜雄（1984）「タイにおける日系企業の経営構造──現地化期の海外企業経営」『経済論叢』133（3）、pp. 196-217。

中川洋一郎（2014）「なぜ『新卒一括採用』は、外国人には理解不可能なのか──

それは、組織編成原理が真逆だからだ」『中央評論』288、pp. 101-109。

日本労働研究機構編（1995）『調査研究報告書 No.79 日系企業の人づくり政策
　　── NGO 型人づくり協力Ⅲ』日本労働研究機構、p. 316。

野村俊郎（2015）『トヨタの新興国車 IMV：そのイノベーション戦略と組織』文眞
　　堂、p. 200。

鉢野正樹（1997）「タイへの企業進出に関する事例研究──自動車部品メーカー H
　　社の場合」『北陸大学紀要』21、pp. 103-114。

古井仁（2010）「日本多国籍企業における経営現地化、研修システムと業績──タ
　　イ日系自動車部品メーカーの事例から導出した分析枠組」『亜細亜大学国際関係
　　紀要』19（1/2）、pp. 149-175。

宮本謙介（2005）「タイ日系企業の労働市場：バンコク首都圏の事例分析」『経済学
　　研究』55（3）、pp. 1-16。

森本博行（2006）「東アジア諸国の産業政策と日本企業の戦略的行動の進化──自
　　動車企業を事例にして」『国際ビジネス研究学会年報』12、pp. 291-305。

山本郁郎（2007）「日本型人材育成方式の移転と『ローカル・コンテキスト』──
　　インドネシア進出日系自動車企業5社を中心に」『金城学院大学論集 社会科学編』
　　4（1）、pp. 36-65。

早稲田大学商学部・㈶経済広報センター（1995）編『自動車産業のグローバル戦
　　略──挑戦から共生へ』中央評論社、p. 247。

あとがき

　1990年前後を起点に一層急速な発展を遂げてきた世界の自動車産業。新興国と中国市場の浮上、リーマンショック、地域経済圏の変化といった激変する市場環境の中、日本の自動車産業及び部品産業は全地球的な規模で様々な様態を見せながら、グローバル競争に向けた進化を遂げてきた。各々の地域・国家において海外生産拠点が展開され、日本の拠点を含む海外生産拠点間のネットワーク化が進み、そして安定かつ円滑な生産体制を支えるサプライヤーの海外拠点拡大と調達システム構築が進み、その拡大と変貌を遂げてきた。

　この海外生産拡大のプロセスは海外生産オペレーションを遂行する上で、日本の自動車産業及び同部品産業に様々な課題と問題を突きつける。「深層の現調化」というキーワードは、2000年代に入って、特にリーマンショック以降の海外における安定かつ持続的なグローバル競争優位を確保するための極めて重要な戦略であった。自動車メーカーおよび部品サプライヤーはどのような状況に置かれ、どのようなロジックで対応してきたのか、また、様々な地域で各々の企業が直面している経営課題はどのようなものであろうか。これらについて、現時点で立ち止まり、対応のロジックや直面する諸課題について考察、検討することは有意義な課題であることに間違いはない。

　本書は、こうした問題意識と背景に遂行されたそれぞれの研究を、プロジェクトの成果としてとりまとめたものである。本書では日本の自動車及び同部品産業が展開している主要地域、とりわけ2010年代に注目されたASEAN、インド、中南米などの地域をカバーしながら、日本自動車及び同部品産業が喫緊の課題として取り組んできた「深層の現調化」を読み解こうとした。

　本書は、3部構成になっている。以下、各章の内容と主張を簡単に整理した上、

その含意について考えてみたい。

　第Ⅰ部は総論である。第1章（清）では、2007年のリーマンショック以後、日本自動車の調達様態が変わったことをマクロ貿易データから明らかにしたうえで、これまでの見かけの現調率から深層現調化への転換を分析し、この変化を支えるのは主として日系1次サプライヤー企業によるものであることを明らかにする。その理由は、高水準のQCD管理と長期取引による「安定した生産体制の構築」、「仕事と仕事をつなぐ職種構造」が、海外生産オペレーションを支える「日系系列」形成の基軸になっていることを究明する。

　他方、第2章（具）では、市場環境の変化によって迅速な生産活動の調整が必要なグローバル生産時代と捉え、海外生産ネットワークの調整と再編（入れ替え）という視点から生産拠点のリデザインが戦略的課題であることを主張する。また、分散されている各々生産拠点の能力を生かし、グローバル生産ネットワーク全体にシナジー効果を享受させるためには、それぞれの機能を統合する戦略軸として「ロジスティクス戦略」の重要性と「ロジスティクスのための設計」の取り組みとその含意について論じ、生産・調達・開発を統合的に認識すべきであることを主張している。

　第Ⅱ部は、日系自動車メーカーのグローバル生産展開とサプライヤーシステム管理に関する議論である。まず、第3章（富野・新宅・小林）では、サプライチェーンが複数の国や地域に跨っている状況の中で、適切なタイミングで部品を生産あるいは調達し、各世界地域、それぞれに異なる市場特性に応じた完成品を効率よく送り出せる、調達・生産・販売の連携の仕組みの重要性に着目する。米国と中国地域におけるトヨタの事例を取り上げ、日本との比較を行っている。特に販売と生産のリンクに焦点を当てて、米国や中国拠点では在庫販売モデルを基盤にしながら、日本の生産計画修正の仕組みを入れているものの、日本からの支給部品がネックになっていることが、日本中心の国際的な生販連携になることを指摘する。

　第4章（野村）では、急速に成長しつつあるインド乗用車市場で躍進しているスズキとトヨタの事例を取り上げ、市場状況と変化について考察している。

物品税の優遇措置によって、コンパクトカー・セグメンテーションが拡大していることを論じる。スズキの場合、従来の軽自動車から最新モデルの投入へ製品戦略が変わっている。トヨタの場合、イノベーションのジレンマのような新興国市場適応遅れの克服のため、SUV/ミニバンの新しいセグメンテーションにおいてはIMV車両を中心に、また低価格車セグメンテーションに対してはインドネシアダイハツの経験値を活用して対応しようとする動きが見られる。また、徹底した製造コストダウンと現調率向上のため、日系たけではなくローカル企業、米欧系を含めて実施されていることが確認された。そのため、長距離輸送でもJITを実現するロジスティクスで対応している。さらに、タイマツダの事例でも確認されるように、サプライヤー支援策としてSPTT活動に力を入れることが確認される。

　第5章（木村）では、東南アジアの中核地域であるタイにおけるマツダ拠点（AAT）とサプライヤーの協働システム構築事例としてのA-ABC（ASEAN-Achieve Best Cost）活動について紹介する。円滑な生産活動を持続的に維持・向上させるためには、サプライヤーシステムの構成メンバーの能力構築が必要であり、それはサプライヤーとの関係構築と意思疎通が軸となることを主張する。具体的には、「方法」、「価値観」、「地域性」の共有を通じて、新たな関係構築と成長プロセス構築を図ろうとする事例であろう。このようなサプライヤー能力構築における協働活動が深層現地化を目指す重要な取り組みであることが示唆される。

　第6章（中山）は、グローバル生産時代の危機管理を題材にし、タイ洪水によって発生したサプライチェーンの寸断と自動車メーカーの危機管理と復旧活動に焦点を当てている。ホンダの事例を通して、危機対応の生産システム・サプライヤーシステムの再現性分析から深層現調化について考察する。そこでは、危機対応の生産システムのあり方を通じて、サプライヤーマップの作成や整備、育成が行われ、少なくてもタイではTier1、Tier2、Tier3の企業数は増加し、深層の現調化が進展するきっかけになったことを報告する。海外生産とリスク管理、危機対応のため、サプライヤーシステムの構築が深層の現調化に繋がる

ことを示唆される。

第7章（小林）は、アジア最後のビジネスフロンティアとして浮上しているミャンマーの自動車及び部品産業の動向に注目する。ASEAN 諸国に続くCLMV 市場における一般的な生産展開と集積地の特徴としては、2010 年以降、産業インフラの整備された工業団地を中心に、多くの外資企業の生産拠点が展開されている。ミャンマー市場は主に 2 輪がメインであり、4 輪車の場合、輸入中古車中心に形成されている。自動車市場の発展段階から見ると、ミャンマーは準備段階にあり、タイとの近接性からタイの外延的一角として労働集約的部門を中心に工業化が展開される可能性が高いことを指摘する。

第Ⅲ部では、中小企業を含めて部品サプライヤーのグローバル展開に焦点を当てて、中南米と ASEAN 地域に生産展開している日系サプライヤーの現状と課題について考察し、そのプロセスに潜んでいる様々な問題への取り組みについて検討している。

まず、第8章（具）では、再び注目されるメキシコの自動車産業集積が進むのは、労働コストの競争優位性があるものの、産業基盤の弱さにより、NAFTA の枠組みの中で米国依存度が高いことを指摘する。同時に、産業基盤の弱さはサプライヤーシステムの貧弱性をいうものであるため、新しく産業集積地に形成されるサプライヤーシステムは「系列型」や「アルプス型」を超えて、複数のメーカーや地域（リージョン内）などのサプライヤーをリンクした複合的なサプライヤーシステムが形成されることを主張した上、「複合リンケージ SCM 戦略」概念を提示しつつ、そのロジックについても検討を加えている。このことは、第4章のインドの事例と第9章のブラジルでも類似な現象を反映する包括的な議論を行なっていることが確認された。

第9章（野村）では、オリンピック後、国内経済情勢が不安定であるものの、南米最大市場といわれるブラジル市場の特徴と競争状況、国家間分業などについて考察した。急成長期前の 2005 年には 8 割の市場を Big4（FCA、GM、VW、Ford）が占めていたが、その後、現代と日系企業の参戦・躍進により、6 割まで低下し、市場をめぐる競争が一層激しくなっている。また、コンパク

トカーが6割を占めており、FTAの枠組みの中で、トラックはアルゼンチンとの分業により、輸入調達される構図である。トヨタは苦戦しているものの、インドネシアから系列調達と、アルゼンチンからの非系列調達をミックスしながら現地調達環境へ適応している。具体的に、承認図方式の普及、STTPのルーチンなどにより能力構築を行っていることを報告している。

第10章（兼村）では、2010年前後の超円高の中でタイに進出した後発進出小規模企業が取り込んでいる、専業企業の生き残りのための新しい「工程間連携」について考察している。プレス加工、樹脂成形などといった〝単一工程〟の技術を担う専業企業が目指すべき事業戦略の一つを提示する。タイの企業数の飽和状態と厳しい競争環境から、後発進出小規模専業企業の「工程間連携」戦略がしやすい状況になっており、事業成長のチャンスになることを主張する。

第11章（遠山）では、ASEANのタイに続き、日系中小部品サプライヤーの進出先が集中しているインドネシア地域に焦点を当てて、中小企業が海外進出まで至る過程と、「海外進出の是非」に関する意思決定プロセスについて注目、考察した。原価管理、受注の見通し、利益創出と投資回収の不確実性への対応姿勢が進出有無の要因であるとする。中小企業が直面している海外進出のリスクと不確実性の低減を図るプラットフォームとして機能しているのを日系商事がイニシアティブをとる、「テクノパーク」としてみている。計画段階から対応し、資金、人材、ノウハウ、情報が不完全で不足する中小部品サプライヤーが海外進出の不安や負担、リスクを軽減し、レンタル工場とアドミニストレーション・サービスの提供により、中小企業の現地でのものづくりと営業に注力でき、生産立ち上げまでの時間と費用の両面において大きな節約効果を享受できる仕組みである。このような取り組みは、確かな量産品質の確保と納期を達成できるTier3の確保は、安定したSCM構築と現調率のためには必要なものとして理解できる。だが、地場企業が弱い場合、日系Tier2, Tier3などの中小企業の進出を促す仕組みは、「日系系列」構築の重要な手段となることを伺える事例分析として位置付けられる。このことは第10章の「工程間連携」と議論と整合性が取れるものであろう。

第12章（田村）では、ややミクロの視点から生産準備から量産段階までの製品開発プロセスにおける日本的生産方式の海外移転問題について、組織論、すなわち工場の生産職場でのオペレーターとエンジニアの関係を組織構造＝「職場の分業と連携」という視点から海外拠点間の比較を行い、日本型生産方式（製品開発）の問題と課題を提示する。中岡氏の分業論、小池氏の知的熟練論と熟練的分業論の区別、藤本氏の情報転写論を踏まえた上、日本型生産組織は「生産技術」と「製造技術」の２つの管理担当領域と「作業遂行組織」がオーバーラップしながら、組織的な分業と連携が行われる生産活動の特殊性を有していることを指摘する。このような３層構造の日本型生産方式が海外展開される際、様々な問題に逢着する。エンジニアの育成、高い離職率の中で、海外拠点において日本型生産方式を完全に実現するには管理組織と技術移転、人材育成などが今後の課題になるはずであろう。

　第13章（中川）では、コスト競争の激化による現調率向上の圧力が高まる中、安定かつ持続的に生産現場の競争力向上のために必要不可欠なヒトとサプライヤーの育成問題について着目している。欧米型システムが「ヒトとサプライヤーを入れ替えて機能させる」ものだとすれば、日本型システムは「ヒトとサプライヤーを育成して機能させる」ものとして捉える。とりわけ、タイの生産拠点の事例より、海外生産拠点への日本型組織及び管理体制移転には、現場の問題解決能力を有する現場監督者育成が喫緊の課題であることを指摘する。裏を返すと、ヒトによる現場管理・問題解決能力や調整能力が競争力の根底にあるとすれば、日本企業の強みが海外生産拠点展開の際に、現場管理能力の弱みになる可能性がある。それを克服するためには、長期的な時点にたった取り組みが必要であることを示唆する。

　以上が各章の内容の簡単な要約であるが、各論文ともに、主として2010年代における ASEAN、中南米、インド地域市場と日系自動車・同部品産業グローバル展開の全体的な状況を切り取って見せている。これらの本書の議論は、全地球的規模で展開する海外生産と、自動車メーカー、Tier1、Tier2、Tier3 を

含めてサプライヤーシステムの全体図を把握するうえでの端緒として、豊富な題材、議論を提供しながら、他方で具体的な支援策や取り組みなどをも取り上げ、検討を加えている。サプライヤーシステムの変化、あまり取り上げられてこなかった危機管理、生産システムの移転問題、中小企業の海外生産、人材育成などの問題を含め、日本型生産システムとその移転問題について、学術的に新しい視点を考える一助となれば幸いである。

　本プロジェクトでは、リーマンショック後の2010年代の記録を残すころが一つのねらいであった。1990年代初頭のバブル崩壊が一つの時代の区切りになったように、おそらくリーマンショック後の2010年代のグローバルサプライヤーシステムの変化は、歴史の転換点として重要な意味を持つだろうからである。本書を編集し終わった段階で明らかになってきたのは、日系自動車メーカーと1次サプライヤーを中心とした「日系系列」の形成が巨大化し、その中だけで受発注関係を構築してもビジネスが成立する規模になっていることである。この「巨大日系系列」の分析は今後の自動車産業研究、グローバリゼーション研究の重要な一分野であり、この点を示唆できたことは本書の大きな貢献であると言ってよい。

　しかしながら、本書に残された問題も少なくない。本書は、地域市場として新興国地域を中心に扱ったが、相対的に日系が苦戦しており、最も大きい市場規模を誇る中国地域に関して、充分な検討を行う余裕がなかった。また、カスタマー・サプライヤー関係の中では、機能戦略的な側面から重要な位置を占める、自動車メーカーとサプライヤー間の「開発」関連の議論について、これも取り上げることはできなかった。さらに大きな問題として、グローバル化の進展と並行する格差拡大の実相とその反作用、あるいは対応に関する諸問題も大きな研究分野に浮かび上がった。本書編集中の2017年1月に成立した米国トランプ政権誕生を支えた有力な力の一つは、アメリカの鉄鋼・自動車産業の衰退したラスト・ベルトの現実そのものであったからである。この中で資材・部品産業と労働力編成のグローバルな編成を分析し、国内の実態を洗い出すことは、各国自動車産業分析にとって特別に重要な位置に置かれることになった。

なお、本書を取りまとめてみて、改めてグローバルサプライヤーシステム研究について、難しい課題だと再認識したことをあげておきたい。全世界を対象として、しかも自動車メーカーや1次サプライヤーの戦略的取り組み、マネージメントの諸問題、2次・3次サプライヤーの問題、あるいは先進国から新興国への産業基盤の移転など、問題領域は広く、アプローチの仕方も多様である。これをどのように取り上げ、切り取って見せるか、今後の研究を進める場合によく考えてみる必要があろう。さらに言えば、現代製造業研究には不可欠なこれらの実証研究であるが、大学院生にとってはもちろん、我々研究者にとっても、時間も資金も必要な難しい分野になっている。その意味で、幅広い枠組みでの緩やかな共同研究を継続し、必要な場合にプロジェクト研究に結晶させる、柔軟で奥行きのある取り組みが大切であることを指摘しておきたい。

　2017 年 2 月

清晌一郎・具承桓

索引

[著者略歴]

編著者

清晌一郎（せい・しょういちろう）（はしがき、第 1 章）
1946 年生まれ。関東学院大学経済学部教授。
横浜国立大学経済学部経済学科卒業。㈶機械振興協会経済研究所研究員を経て現職。
編著に『日本自動車産業グローバル化の新段階と自動車部品・関連中小企業―― 1 次・2 次・3 次サプライヤー調査の結果と地域別部品関連産業の実態』（社会評論社、2016 年）、『自動車産業における生産・開発の現地化』（社会評論社、2011 年）。
共著に『地域振興における自動車・同部品産業の役割』（小林英夫・丸川知雄編著、社会評論社、2007 年）。
主要論文に「曖昧な発注、無限の要求による品質・技術水準の向上」『中央大学経済研究所研究叢書』21、1990 年、「価格設定方式の日本的特質とサプライヤーの成長発展」『関東学院大学経済経営研究所年報』第 13 号、1992 年、「基本要素の確立による生産のシステム化」関東学院大学『経済系』177 集、1993 年、「契約の論理を放棄した『関係特殊的技能』論」『関東学院大学経済経営研究所年報』第 24 号、2002 年ほか。

分担執筆者（50 音順）

兼村智也（かねむら・ともや）（第 10 章）
1962 年生まれ。松本大学総合経営学部教授。
早稲田大学大学院アジア太平洋研究科修了（学術博士）。㈱富士総合研究所（現・みずほ総合研究所／みずほ情報総研）を経て現職。
単著に『生産技術と取引関係の国際移転――中国における自動車用金型を例に』柏植書房新社（平成 26 年度、一般財団法人商工総合研究所中小企業研究奨励賞準賞）。
共著に『日本自動車産業グローバル化の新段階と自動車部品・関連中小企業―― 1 次・2 次・3 次サプライヤー調査の結果と地域別部品関連産業の実態』（清晌一郎編著、社会評論社、2016 年）、『金型産業の技術形成と発展の諸様相――グローバル化と競争の中で』（馬場敏幸編著、日本評論社、2016 年）、『中国産業論の帰納法的展開』（渡辺幸男・植田浩史・駒形哲哉編著、同友館、2014 年）ほか。

木村弘（きむら・ひろし）（第5章）

1973年生まれ。広島修道大学商学部准教授。中小企業経営論。

九州大学大学院経済学研究科博士後期課程単位取得退学。

広島大学大学院社会科学研究科マネジメント専攻博士課程後期修了。博士（マネジメント）。

共著に『中小企業経営入門』（井上善海・木村弘・瀬戸正則編著、中央経済社、2014年）。主要論文に、「理念がつなぐ組織づくり」『九州経済学会年報』第15集、2016年、「経営戦略の策定と生産現場づくり」『日本経営診断学会論集』第15集、2015年、「自動車部品サプライヤー・ネットワークの多面的分析視座」『経営教育研究』Vol.16、No.2、2013年ほか。

具承桓（ぐ・すんふぁん）（第2、第8章、あとがき）

1968年韓国釜山生まれ。京都産業大学経営学部・大学院マネジメント研究科教授。

1997年来日。東京大学大学院経済学研究科博士課程修了、博士（経済学）。

2003年京都産業大学経営学部専任講師として着任後、准教授を経て現職。

単著に『製品アーキテクチャのダイナミズム――モジュール化・知識統合・企業間連携』（ミネルヴァ書房、2008年）。

共著に『コアテキスト　経営管理』（高松朋史と共著、第5〜8、10〜12章担当、新世社、2009年）。

共編著に『ICTイノベーションの変革分析――産業・企業・消費者行動との相互展開』（藤原雅俊と共編著、はじめに、第4、終章担当、ミネルヴァ書房、2012年）、"The rise of the Korean Motor Industry" (Paul Nieuwenhuis & Peter Wells (eds). The Global Automotive Industry. Wiley, 2015)。主要論文に「現代自動車グループのモジュール生産戦略の展開とその特徴」『研究　技術　計画』第30巻第3号、201-216：2015年ほか。

小林英夫（こばやし・ひでお）（第7章）

1943年生まれ。

東京都立大学大学院社会科学研究科博士課程単位取得退学。早稲田大学自動車部品産業研究所顧問。

著書に『産業空洞化の克服』（中公新書、2003年）、『アセアン統合の衝撃』（西村英俊・浦田秀次郎と共著、ビジネス社、2016年）、『ASEANの自動車産業』（西村英俊と共編、序章・第七章・第8章担当、勁草書房、2016年）ほか。

小林美月（こばやし・みずき）（第3章共著）
1984年生まれ。立命館大学経済学部准教授。
主要論文に「立地特性と現地サプライヤー関係——中国日系電子機器メーカーの事例」『国際ビジネス研究』第5巻第2号、2013年、「取引関係からみる中国企業の人事施策——ソフトウェア企業の事例」『国際ビジネス研究』第4巻第2号、2012年ほか。

新宅純二郎（しんたく・じゅんじろう）（第3章共著）
1958年生まれ。東京大学大学院経済学研究科教授。
単著に『日本企業の競争戦略』（有斐閣、1994年）。
共編著に『ものづくりの国際経営戦略』（有斐閣、2009年）、『ものづくりの反撃』（筑摩書房、2016年）ほか。

田村豊（たむら・ゆたか）（第12章）
1960年生まれ。愛知東邦大学教授。
明治大学大学院経営学研究科修了。博士（経営学）。
共著に「海外進出の生産マネジメントへのインパクト——日本型管理分業への着目とその評価」（清晌一郎編著『自動車産業における生産・開発の現地化』2013年、社会評論社）、「成長をどのように維持させるのか——リーマンショック以降の愛知の自動車部品メーカーの動向を振り返る」（清晌一郎編著『日本自動車産業グローバル化の新段階と自動車部品・関連中小企業——1次・2次・3次サプライヤー調査の結果と 地域別部品関連産業の実態』2016年、社会評論社）。
主要論文として「スウェーデン型組織の成り立ちと構造——生産組織の編成原理モデル化への試み」社会政策学会誌『社会政策』第5巻第1号、2013年ほか。

遠山恭司（とおやま・きょうじ）（第11章）
1969年生まれ。立教大学経済学部教授。
中央大学大学院経済学研究科博士後期課程単位取得退学。
共著に、『日本自動車産業グローバル化の新段階と自動車部品・関連中小企業』（清晌一郎編著、社会評論社、2016年）、『中国産業論の帰納法的展開』（渡辺幸男ほか編、同友館、2014年）。
主要論文に「自動車部品サプライヤーの全体像把握に関する基礎データ：リーマン・ショック後、グローバル化時代の部品産業の動向」『中央大学経済研究所年報』第48号、2016年、「トヨタ・日産・ホンダ系サプライヤーシステムにおける中小自動車部品メーカーの特徴」（共著）『立教経済学研究』第69巻第1号、2015年ほか。

富野貴弘（とみの・たかひろ）（第3章共著）

1972年生まれ。明治大学商学部教授。

同志社大学大学院博士課程修了。博士（経済学）。

主要著作として、単著として『生産システムの市場適応力』（同文舘出版、2012年）。共著として『日産プロダクションウェイ』（下川浩一・佐武弘章編著、第7章担当、有斐閣、2011年）、『日本のものづくりと経営学』（鈴木良始・那須野公人編著、第3章担当、ミネルヴァ書房、2009年）ほか。

中川洋一郎（なかがわ・よういちろう）（第13章）

1950年生まれ。中央大学経済学部教授。

東京大学大学院社会学研究科国際関係論専攻博士課程単位取得退学。

パリ（I）大学第三期課程博士（経済史学）。

著書に『フランス金融史研究──《成長金融》の欠如』(中央大学出版部、1994年)、『ヨーロッパ《普遍》文明の世界制覇──鉄砲と十字架』（学文社、2003年）、『環境激変に立ち向かう日本自動車産業』（池田正孝と共編著、中央大学出版部、2005年）、『ヨーロッパ経済史I・II』（学文社、2011・2012年）ほか。

論文に、「地球環境の悪化とユダヤ・キリスト教の人間中心主義──文明の（だが、同時に環境破壊の）起源としての遊牧」『経済学論纂』57（3・4）、中央大学、2017年ほか。

中山健一郎（なかやま・けんいちろう）（第6章）

1968年生まれ、札幌大学地域共創学群教授。

名古屋市立大学大学院経済学研究科博士後期課程単位取得退学。

編著に、『自動車委託生産・開発のマネジメント』(塩地洋と共編著、第1章、第8章担当、中央経済社、2016年)、『品格経営の時代に向けて』（武者加苗・菊池武と共編著、第1章、第5章担当、日科技連出版社、2015年）、共著に、『中国におけるホンダの二輪・四輪生産と日系部品企業』（出水力編著、第4章を担当、日本経済評論社、2007年）。主要論文に「日本自動車産業の委託生産の生成──トヨタ、日産、本田を中心として」『産研論集』No.50号、2016年ほか。

野村俊郎（のむら・としろう）（第4、第9章）

1959年生まれ、鹿児島県立短期大学教授。

立命館大学大学院経済学研究科博士後期課程単位取得退学。論文により京都大学博士（経済学）。

単著に『トヨタの新興国車 IMV ～そのイノベーション戦略と組織～』（文眞堂、2015 年）。共著に『ビジネスガイド・インドネシア』（尾村敬二編、日本貿易振興会、1996 年）、『AFTA（ASEAN 自由貿易地域）── ASEAN 経済統合の実状と展望』（青木健編、日本貿易振興会、2001 年）、『中国・日本の自動車産業サプライヤー・システム』（山崎修嗣編、法律文化社、2010 年）、『欧州グローバル化の新ステージ』（朝日吉太郎編、文理閣、2015 年）、『トヨタ快進撃の秘密』（洋泉社、2015 年）ほか。

日本自動車産業の海外生産・深層現調化と
グローバル調達体制の変化
リーマンショック後の新興諸国でのサプライヤーシステム調査結果分析

2017 年 3 月 31 日　初版第 1 刷発行

編著者＊清晌一郎
装　幀＊後藤トシノブ
発行人＊松田健二
発行所＊株式会社社会評論社
　　　　東京都文京区本郷 2-3-10
　　　　tel.03-3814-3861/fax.03-3818-2808
http://www.shahyo.com/
印刷・製本＊倉敷印刷株式会社

Printed in Japan

日本自動車産業グローバル化の新段階と 自動車部品・関連中小企業

1次・2次・3次サプライヤー調査の結果と地域別部品関連産業の実態

●清晌一郎編著

A5判★3200円

中国に続いて次第に成長を始めたＡＳＥＡＮ地域の自動車産業。グローバル化の中で、日本各地の自動車・部品メーカー、中小企業は、どのように対応しようとしているのか。アンケートに基づき分析。

自動車産業における 生産・開発の現地化

●清晌一郎編著

A5判★3200円

高度経済成長期以降、一貫して日本の製造業の中軸的存在であった自動車産業。「日本的生産方式＝生産や開発における日本的な仕事のやり方」の海外移転可能性をめぐって、一線の研究者が論じた共同研究。

アジア自動車市場の変化と 日本企業の課題

地球環境問題への対応を中心に

●小林英夫

A5判★2800円

いま、世界の注目を浴びているアジア自動車市場。特に中国市場はいまやアメリカを抜いて世界最大だ。日本の自動車・同部品企業は、この巨大市場とどのように向き合うのか。その現状と課題を分析する。

地域振興における自動車 ・同部品産業の役割

●小林英夫・丸川知雄編著

四六判★3000円

日本の産業構造でトップの位置を占めている自動車・同部品産業。国内各地とアジア的規模での自動車産業集積の実態、そして部品メーカーとの関連性の検討を相互比較の中で総体的に扱う共同研究。

日本機械工業史

量産型機械工業の分業構造

●長尾克子

A5判★4000円

日本における戦時統制経済以来の機械工業の歴史的展開の研究。とくに戦後の家電・自動車など量産型機械工業が、社会的にいかなる分業構造を持ちつつ発展してきたかを考察する。

トヨタ・イン・フィリピン

グローバル時代の国際連帯

●金子文夫・遠野はるひ

四六判★2800円

世界の労働界では有名なフィリピントヨタ社の労働争議。労働権を侵害した世界最大級の自動車メーカーが、現地政府を脅し意のままにするという絵に描いたような構図が、争議を政治的なものにした。

現代社会における組織と 企業行動

●奥山忠信・張英莉編

A5判★2800円

日本経済と世界経済が長期不況を脱するためには、抜本的な経済システムと企業システムの改革が求められている。どのようなシステムの下で、経済と企業は健全な発展を遂げることができるのか。

表示価格は税抜きです。